中国民居建筑丛书

贵州民居

罗德启 著

中国建筑工业出版社

图书在版编目（CIP）数据

贵州民居／罗德启著. —北京：中国建筑工业出版社，2008（2025.2重印）
（中国民居建筑丛书）
ISBN 978-7-112-10275-4

Ⅰ.贵··· Ⅱ.罗··· Ⅲ.民居－建筑艺术－贵州省 Ⅳ.TU241.5

中国版本图书馆CIP数据核字(2008)第121289号

责任编辑：唐　旭
责任设计：董建平
责任校对：王　爽　关　健

中国民居建筑丛书
贵州民居
罗德启　著
*
中国建筑工业出版社出版、发行（北京西郊百万庄）
各地新华书店、建筑书店经销
北京圣彩虹制版印刷技术有限公司制作
建工社（河北）印刷有限公司印刷
*
开本：880×1230毫米　1/16　印张：18½　字数：592千字
2008年11月第一版　2025年2月第四次印刷
定价：**96.00**元
ISBN 978-7-112-10275-4
　　　　　（17078）

总序——中国民居建筑的分布与形成

陆元鼎

先秦以前，相传中华大地上主要生存着华夏、东夷、苗蛮三大文化集团，经过连年不断的战争，最终华夏集团取得了胜利，上古三大文化集团基本融为一体，形成一个强大的部族，历史上称为夏族或华夏族。

春秋战国时期，在东南地区还有一个古老的部族称为"越"或"於越"，以后，越族逐渐为夏族兼并而融入华夏族之中。

秦统一各国后，到汉代，我国都用汉人、汉民的称呼，当时，它还不是作为一个民族的称呼。直到隋唐，汉族这个名称才基本固定下来。

历史上的汉族与我国现代的汉族的含义不尽相同。历史上的汉族，实际上从大部族来说它是综合了华夏、东夷、苗蛮、百越各部族而以中原地区华夏文化为主的一个民族。其后，魏晋南北朝时期，西北地带又出现乌桓、匈奴、鲜卑、羯、氐、羌等族，南方又有山越、蛮、俚、僚、爨等族，各民族之间经过不断的战争和迁徙、交往达到了大融合，成为统一的汉民族。

汉族地区的发展与分布

汉族祖先长时间来一直居住在以长安京都为中心的中原地带，即今陕、甘、晋、豫地区。东汉——两晋时期，黄河流域地区长期战乱和自然灾害，使人民生活困苦不堪。永嘉之乱后，大批汉人纷纷南迁，这是历史上第一次规模较大的人口迁徙。当时大量人口从黄河流域迁移到长江流域，他们以宗族、部落、宾客和乡里等关系结队迁移。大部分西移到江淮地区，因为当时秦岭以南、淮河和汉水流域的一片土地还是相对比较稳定。也有部分人民南迁到太湖以南的吴、吴兴、会稽三郡，也有一些迁入金衢盆地和抚河流域。再有部分则沿汉水流域西迁到四川盆地。

隋唐统一中原，人民生活渐趋稳定和改善，但周边民族之间的战争和交往仍较频繁。周边民族人民不断迁入中原，与中原汉人杂居、融合，如北方的一些民族迁入长安、洛阳和开封、太原等地。也有少部分迁入陕北、甘肃、晋北、冀北等地。在西域的民族则东迁到长安、洛阳，东北的民族则向南入迁关内。通过移民、杂居、通婚，汉族和周边民族之间加强了经济、文化，包括农业、手工业、生活习俗、语言、服饰的交往，可以说已经融合在汉民族文化之内而没有什么区别。到北宋时期，中原文献中已没有突厥、胡人、吐蕃、沙陀等周边民族成员的记载了。

北方汉族人民，以农为本，大多安定本土，不愿轻易离开家乡。但是到了唐中叶，北方战乱频繁，土地荒芜，民不聊生。安史之乱后，北方出现了比西晋末年更大规模的汉民南迁。当时，在迁移的人群中，不但有大量的老百姓，还有官员和士大夫，而且大多是举家举族南迁。他们的迁移路线，根据史籍记载，当时南迁大致有东中西三条路线。

东线：自华北平原进入淮南、江南，再进入江西。其后再分两支，一支沿赣江翻越大庾岭进入岭南，一支翻越武夷山进入福建。

东线移民渡过长江后，大致经两条路线进入江西。一支经润州（今镇江市）到杭州，再经浙西婺州（今金华市）、衢州入江西信州（今上饶市）；另一条自润州上到升州（今南京市），沿长江西上，在九江入鄱阳湖，进入江西。到达江西境内的移民，有的迁往江州（今南昌市）、筠安（今高安）、抚州（今临川市）、袁州（今宜春市）。也有的移民，沿赣江向上到虔州（今赣州市）以南翻越大庾岭，进入浈昌（今广东省南雄县），经韶州（今韶关市）南行入广州。另一支从虔州向东折入章水河谷，进入福建汀州（今长汀县）。

中线：来自关中和华北平原西部的北方移民，一般都先汇集到邓州（今河南邓县）和襄州（今湖北襄樊市）一带，然后再分水陆两路南下。陆路经过荆门和江陵，渡长江，从洞庭湖西岸进入湖南，有的再到岭南。水路经汉水，到汉中，有的再沿长江西上，进入蜀中。

西线：自关中越秦岭进入汉中地区和四川盆地，途中需经褒斜道、子午道等栈道，道路崎岖难行。由于它离长安较近，虽然，它与外界山脉重重阻隔，交通不便，但是，四川气候温和，土地肥沃，历史上包括唐代以来一直是经济、文化比较发达的地区，相比之下，蜀中就成为关中和河南人民避难之所。因此，每逢关中地区局势动荡，往往就有大批移民迁入蜀中。而每当局势稳定，除部分回迁外，仍有部分士民、官宦子弟和从属以及军队和家属留在本地。虽然移民不断增加但大量的还是下层人民，上层贵族官僚西迁的仍占少数。

从上述三线南迁的过程中，当时迁入最多的是三大地区，一是江南地区，包括长江以南的江苏、安徽地区和上海、浙江地区；二是江西地区；三是淮南地区，包括淮河以南、长江以北的江苏、安徽地带。福建是迁入的其次地区。

淮南为南下移民必经之地。由于它离黄河流域稍远，当时该地区还有一定的稳定安宁时期，因此，早期的移民在淮南能有留居的现象。但是随着战争的不断蔓延和持续，淮南地区的人民也不得不再次南迁。

在南方入迁地区中，由于江南比较安定，经济上有一定的富裕，如越州（今浙江绍兴）、苏州、杭州、升州（今南京）等地，因此导致这几个地区人口越来越密。其次是安徽的歙州（今歙县地区）、婺州（今浙江金华市）、衢州，由于这些地方是进入江西、福建的交通要道，北方南下的不少移民都在此先落脚暂居，也有不少就停留在当地落户成为移民。

当然，除了上述各州之外，在它附近诸州也有不少移民停留，如江南的常州、润州（今江苏镇江）、淮南的扬州、寿州（今安徽寿县）、楚州（今江苏淮河以南盱眙以东地区），江西的吉州（今吉安市）、饶州（今景德镇市），福建的福州、泉州、建州（今建阳市）等。这些移民长期居留在州内，促进了本地区的经济和文化的发展，因此，自唐代以来，全国的经济文化重心逐渐移向南方是毫无异议的。

北宋末年，金兵骚扰中原，中州百姓再一次南迁，史称靖康之乱。这次大迁移是历史以来规模最大的一次，估计达到三百万人南下。其中一些世代居住在开封、洛阳的高官贵族也陆续南迁。这次迁移的特点是迁徙面更广更长，从州府县镇，直到乡村，都有移民足迹。

历史上三次大规模的南迁对南方地区的发展具有重大意义。三次移民中，除了宗室、贵族、官僚地主、宗族乡里外，还有众多的士大夫、文人学者，他们的社会地位、文化水平和经济实力较高，到达南方后，无论在经济上、文化上，都使南方地区获得了明显地提高和发展。

南方地区民系族群的形成就是基于上述原因。它们既有同一民族的共性，但是，不同民系地域，虽然同样是汉族，由于南北地区人口构成的历史社会因素、地区人文、习俗、环境和自然条件的差异，都会给族群、给居住方式带来不同程度的影响，从而，也形成了各地区不同的居住模式和特色。

民系的形成不是一朝一夕或一次性形成的，而是南迁汉民到达南方不同的地域后，与当地土著人民融合、沟通、相互吸取优点而共同形成的。即使在同一民系内部，也因南迁人口的组成、家渊以及各自历史、社会和文化特质的不同而呈现出地域差别。在同一民系中，由于不同的历史层叠，形成较早的民系可能保留较多古老的历史遗存。如越海民系，它在社会文化形态上就会有更多的唐宋甚至明清、各时期的特色呈现。也有较晚形成的民系，在各种表现形态上可能并不那么古老。也有的民系，所在区域僻处一隅，地理位置比较偏僻，长期以来与外界交往较少，因而，受北方文化影响相对较少。如闽海民系，在它的社会形态中会保留多一些地方土著特点。这就是南方各地区形态中保留下来的这种文化移入的持续性、文化特质的层叠性，同时又有文化形态的区域差异性。

历史上，移民每到一个地方都会存在着一个新生环境问题，即与土著社群人民的相处问题。实际上，这是两个文化形体总合力量的沟通和碰撞，一般会产生三种情况：一、如果移民的总体力量凌驾于本地社群之上，他们会选择建立第二家乡，即在当地附近地区另择新点定居；二、如果双方均势，则采用两种方式，一是避免冲撞而选择新址另建第二家乡，另一是采取中庸之道彼此相互渗入，和平地同化，共同建立新社群；三、如果移民总体力量较小，在长途跋涉和社会、政治、经济压力下，他们就会采取完全学习当地社群的模式，与当地社群融合、沟通，并共同生存、生活在一起。当然，也会产生另一情况，即双方互不沟通，在这种极端情况下，移民被迫为了保护自己而可能另建第二家乡。

在北方由于长期以来中原地区和周边民族的交往沟通，基本上在中原地区已融合成为以中原文化为主的汉民族，他们以北方官话为共同方言，崇尚汉族儒学礼仪，基本上已形成为一个广阔地带的北方民系族群。但是，如山西地区，由于众多山脉横贯其中，交通不便，当地方言比较悬殊，与外界交往沟通也比较困难，在这种特殊条件下，形成了在北方大民系之下的一个区域地带。

到了清末，由于我国唐宋以来的州和明清以来的府大部分保持稳定，虽然，明清年代还有"湖广填四川"和各地移民的情况，毕竟这是人口调整的小规模移民。但是，全国地域民系的格局和分布都已基本定型。

民族、民系、地域在形成和发展过程中，由稳定到定型，必然需要建造宅居。宅居建筑是人类满足生活、生存最基本的工具和场所。民居建筑形成的因素很多，有社会因素、经济物质因素、自然环境因素，还有人文条件因素等。在汉族南方各地区中，由于历史上的大规模的南迁，北方人民与南方土著社群人民经过长期来的碰撞、沟通和融合，对当地土著社群的人口构成，经济、文化和生产、生活方式，礼仪习俗、语言（方言），以及居住模式都产生了巨大的影响和变化。对民居建筑来说，由于自然条件、地理环境以及社会历史、文化、习俗和审美的不同，也导致了各地民居类型、居住模式既有共同特征的一面，也有明显的差异性，这就是我国民居建筑之所以呈现出丰富多彩、绚丽灿烂的根本原因。

少数民族地区的发展与分布

我国少数民族分布，基本上可以分为北方和南方两个地区。现代的少数民族与古代的少数民族不同，他们大多是从古代民族延伸、融合、发展而来。如北方的现代少数民族，他们与古代居住在北方的沙漠和山林地带的乌孙、突厥、回纥、契丹、肃慎等民族有着一定的渊源关系，而南方的现代少数民族则大多是由古代生活在南方的百越、三苗和从北方南迁而来的氐羌、东夷等民族发展演变而来。他们与汉族共同组成了中华民族，也共同创造了丰富灿烂的中华文化。

我国的西北部土地辽阔，山脉横贯，古代称为西域，现今为新疆维吾尔自治区。公元前2世纪，匈奴民族崛起，当时西域已归入汉代版图。唐代以后，漠北的回鹘族逐渐兴起，成为当时西域的主体民族，延续至今即成为现在的维吾尔族。

我国北方有广阔的草原，在秦汉时代是匈奴民族活动的地方。其后，乌桓、鲜卑、柔然民族曾在此地崛起，直至6世纪中叶柔然汗国灭亡。之后，又有突厥、回鹘、女真等在此活动。12～13世纪，女真族建立金朝。其后，与室韦—鞑靼族人有渊源关系的蒙古各部在此开始统一，延续至今，成为现代的蒙古族。

在我国西北地区分布面较广的还有一个民族叫回族。他们聚居的区域以宁夏回族自治区和甘肃、青海、新疆及河南、河北、山东、云南等省较多。

回族的主要来源是在13世纪初，由于成吉思汗的西征，被迫东迁的中亚各族人、波斯人、阿拉伯人以及一些自愿来的商人，来到中国后，定居下来，与蒙古、畏兀儿、唐兀、契丹等民族有所区别。他们逐渐与汉人、畏兀儿人、蒙古人，甚至犹太人等，以伊斯兰教为纽带，逐渐融合而成为一个新的民族，即回族。可见回族形成于元代，是非土著民族，长期定居下来延续至今。

在我国的东北地区，史前时期有肃慎民族，西汉称为挹娄，唐代称为女真，其后建立了后金政权。1635年，皇太极继承了后金皇位后，将族名正式定为满族，一直延续至今即现代的满族。

朝鲜族于19世纪中叶迁到我国吉林省后，延续至今。此外，东北地区还有赫哲族、鄂伦春族、达斡尔族等，他们人数较少，但是，他们民族的历史悠久可以追溯到古代的肃慎、契丹民族和北方的通古斯人。

在西南地区，据史书记载，古羌人是祖国大西北最早的开发者之一，战国时期部分羌人南下，向金沙江、雅砻江一带流徙，与当地原著族群交流融合逐渐发展演变为羌、彝、白、怒、普米、景颇、哈尼、纳西等民族的核心。苗、瑶族的先民与远古九寨、三苗有密切关系，经过长期频繁的辗转迁徙，逐步在湖南、湖北、四川、贵州等地区定居下来。畲族亦属苗瑶语族，六朝至唐宋，其先民已聚居在闽粤赣三省交界处。东南沿海地区的越部落集团，古代称为"百越"，它聚居在两广地区，其后，向西延伸，散及贵州、云南等地，逐渐发展演变为壮、傣、布依、侗等民族。"百濮"是我国西南地区的古老族群，其分布多与"百越"族群交错杂居，逐渐发展为现今的佤族等民族。

我国西南地区青藏高原有着举世闻名的高山流水，气象万千的林海雪原，更有着丰富的矿产资源，世界最高峰珠穆朗玛峰耸立在喜马拉雅山巅，从西藏先后发现旧石器到新石器时代遗址数十处，证明至少在5万年前，藏族的先民就繁衍生息在当今的世界屋脊之上。

据史书记载，藏族自称博巴，唐代译音为"吐蕃"。公元7世纪初建立王朝，唐代译为吐蕃王朝，族群大多居住在青藏高原，也有部分住在甘肃、四川、云南等省内，延续至今即为现在的藏族。

羌族是一个历史悠久的古老民族，分布广泛，支系繁多。古代羌族聚居在我国西部地区现甘肃、青海一带。春秋战国时期，羌人大批向西南迁徙，在迁徙中与其他民族同化，或与当地土著结合，其中一支部落迁徙到了岷山江上游定居，发展而成为今日羌族。他们的聚居地区覆盖四川省西北部的汶川、理、黑水、松潘、丹巴和北川等七个县。

彝族族源与古羌人有关，两千年前云南、四川已有彝族先民，其先民曾建立南诏国，曾一度是云南地区的文化中心。彝族分布在云、贵、川、桂等地区，大部分聚居在云南省内，几乎在各县都有分布，比较集中在楚雄、红河等自治州内。

白族在历史发展过程中，由大理地区的古代土著居民融合了多种民族，包括西北南下的氐羌人，历代不断移居大理地区的汉族和其他民族等，在宋代大理国时期已形成了稳定的白族共同体。其聚居地主要在云贵高原西部，即今云南大理地区。

纳西族历史文化悠久，它也渊源于南迁的古氐羌人。汉以前的文献把纳西族称为"牦牛种"、"旄牛夷"，晋代以后称为"摩沙夷"、"么些"、"么梭"。过去，汉族和白族也称纳西族为"么梭"、"么些"。"牦"、"旄"、"摩"、"么"是不同时期文献所记载的同一族名。建国后，统一称"纳西族"。现在的纳西族聚居地主要集中在云南的金沙江畔、玉龙山下的丽江坝、拉市坝、七河坝等坝区及江边河谷地区。

壮族具有悠久的历史，秦汉时期文献记载我国南方百越群中的西瓯、骆越部族就是今日壮族的先民。其聚居地主要在广西壮族自治区境内，宋代以后有不少壮族居民从广西迁滇，居住在云南文山州。

傣族是云南的古老居民，与古代百越有族源关系。汉代其先民被称为"滇越"、"掸"，主要聚居地在云南南部的西双版纳自治州和西南南部的德宏自治州内。

布依族是一个古老的本土民族，先民古代泛称"僚"，主要分布在贵州南部、西南部和中部地区，在四川、云南也有少数人散居。

侗族是一个古老的民族，分布在湘、黔、桂毗连地区和鄂西南一带，其中一半以上居住在贵州境内。古代文献中有不少关于洞人（峒人）、洞蛮、洞苗的记载，至今还有不少地区保留"洞"的名称，后来"峒"或"洞"演变为对侗族的专称。

很早以前，在我国黄河流域下游和长江中下游地区就居住着许多原始人群，苗族先民就是其中的一部分。苗族的族属渊源和远古时代的"九黎"、"三苗"等有着密切的关系。据古文献记载，"三苗"等应该都是苗族的先民。早期的"三苗"由于不断遭到中原的进攻和战争，苗族不断被迫迁徙，先是由北而南，再而由东向西，如史书记载说"苗人，其先自湘窜黔，由黔入滇，其来久有"。西迁后就聚居在以沅江流域为中心的今湘、黔、川、鄂、桂五省毗邻地带，而后再由此迁居各地。现在，他们主要分布在以贵州为中心的贵州、云南、四川和湖南、湖北、广西等各省山区境内。

瑶族也是一个古老的民族，为蚩尤九黎集团、秦汉武陵蛮、长沙蛮的后裔，南北朝称"莫瑶"，这是瑶族最早的称谓。华夏族入中原后，瑶族就翻山越岭南下，与湘江、资江、沅江及洞庭湖地区的土著民族融合而成为当今的瑶族。现都分散居住在广西、广东、湖南、云南、贵州、江西等省区境内。

据考古发掘，鄂西清江流域十万年前就有古人类活动，相传就是土家族的先民栖息场所。清江、阿蓬江、酉水、娄水源头聚汇之区是巴人的发祥地，土家族是公认的巴人嫡裔。现今的土家族都聚居于湖南、湖北、四川、贵州四省交会的武陵山区。

我国除汉族外有少数民族55个。以上只是部分少数民族的历史、发展分布与聚居地区，由于这些少数民族各有自己的历史、文化、宗教信仰、生活习俗、民族审美爱好，又由于他们所处不同地区和不同的自然条件与环境，导致他们都有着各自的生活方式和居住模式，就形成了各民族的丰富灿烂的民居建筑。

为了更好地把我国各民族地区民居建筑的优秀文化遗产和最新研究成就贡献给大家，我们在前人编写的基础上进一步编写了一套更系统、更全面的综合介绍我国各地各民族的民居建筑丛书。

我们按下列原则进行编写：

1. 按地区编写。在同一地区有多民族者可综合写，也可分民族写。

2. 按地区写，可分大地区，也可按省写。可一个省写，也可合省写，主要考虑到民族、民居、类型是否有共同性。同时也考虑到要有理论、有实践，内容和篇幅的平衡。

为此，本丛书共分为18册，其中：

1. 按大地区编写的有：东北民居、西北民居2册。

2. 按省区编写的有：北京、山西、四川、两湖、安徽、江苏、浙江、江西、福建、广东、台湾共11册。

3. 按民族为主编写的有：新疆、西藏、云南、贵州、广西共5册。

本书编写还只是阶段性成果。学术研究，远无止境，继往开来，永远前进。

前　言

2007年8月份，笔者应中国建筑工业出版社聘请，担任了"中国民居建筑丛书"的编委，并承接了"丛书"的分册之一《贵州民居》的主编任务。承接这项工作既感到高兴，又感到有压力。高兴的是，40多年来，在贵州多次跋山涉水，去山寨村落调查、收集、测绘积累的民居资料，可以通过这次撰稿，静下心来系统分析、总结，使这些资料能够发挥更大的作用。说有压力，因为50多年来，一直致力于我国建筑行业图书出版的中国建筑工业出版社，对于这套"丛书"的出版非常重视，并已将其申报作为"十一五"国家出版重点工程项目；因而建工出版社对于这套"丛书"的编写，对"丛书"的作者也提出了更高的要求，由此深感压力不小。　贵州地区曾经有过对"贵州民居"建筑书籍的出版，自20世纪80年代以来，已经出版过《石头与人》、《贵州干阑建筑》、《老房子——贵州民居》等书籍近十种；同时，《建筑学报》、《南方建筑》、《新建筑》等相关学术刊物还发表过若干篇这方面的论文。从总体上看，这些研究成果为后来研究贵州民居积累了丰富的资料、奠定了良好的基础，同时在一定程度上也引起了社会的注视和反响。另一方面，这些已出版的专著和研究成果内容都比较分散，也较单一，多偏重于对某些方面的不同重点进行研究，其中更多的是以单体建筑调查和平面分析为主，缺乏对聚落和外部环境空间的综合研究。同时，在研究方法上，基本上以建筑学学科为主，缺乏从社会学、人文学、民俗学、民族学等方面分析，显得综合性、系统性不够。因而可以说，至今还没有一本内容比较系统完整的、能全面反映贵州民居实践与理论的专著。由此，如何编写好这本书，当然应该是我首先思考的问题。

贵州许多山寨和民族村落还聚集有千姿百态、各具特色的民居建筑，还保留着不少丰富多彩和极具浓烈个性的民族和地域文化。贵州民居之"花"，源自现实的"空间形态"——壁立的群山缺乏沃土，没有平原支撑的省份，是开在山川与溪流之上，与自然山水天然相融，优势与缺陷同步共存的民居类型。它与大山的雄浑险峻相一致，有着大山的粗犷和内涵，又体现着特殊的震撼力，还蕴含着高山峻岭的锐气。

长期以来，中外许多学者都从本原意义上探索人类文化源头。因为地方民居所蕴含着的丰富思想文化，是一种包容性极广、极复杂的文化现象。贵州民居，它是贵州边远各少数民族，用取之于自然的乡土材料，通过木匠、石匠、泥瓦匠和普通的庄稼汉，以日积月累、代代相传逐渐地创造出来，它反映了边远的贵州民间习俗、反映了许许多多民间工匠们的智慧的伟大、反映与贵州乡土的关系，也反映出贵州山乡的朴实风貌。因此它具有浓郁的山地特色、民族特色，是朴实而完美的西部山地民居形态。贵州民居不仅能表现贵州边远山区少数民族的精神和性格，而且我们从贵州民居本身，还能够看出一个时期的文化背景与社会精神。因此贵州民居也是从另一个侧面体现中国建筑文化古老悠远和绚丽多姿的风貌，体现中华民族伟大的创造力和厚朴简洁、华美精巧兼而有之的审美内涵。若要继承和发扬中华民族的优秀传统文化，调查和研究各民族的各种地方民居文化，不失为一途。

中华文化浩如烟海，而发掘、剖析和发扬自己优秀的传统文化才更为根本，也更有价值。本书就是立足贵州，在介绍贵州山寨村落民居的同时，又体现紧贴生活、情系乡土的内容表达，以达到 "从一隅观世界"。因此当每一个特殊的空间被看到后，都可能会激起人们"回溯"历史的热情。本书以贵州山寨民居文化为切入点，做一些重点调查和分析，从对贵州民族和地方民居文化的深入研究中，映射出中国乃至世界文化的影像。这种探索和尝试，或许是有意义的。

贵州有17个世居少数民族，是我国民族最多的省区之一。长期以来，由于民族、地域、政治、经济、历史等多种原因，贵州也是山地民居类型多样、民居文化现象十分丰富的一个省区。贵州这块土地，现今许多山乡村寨，还保留着不少极具强烈个性的民居，它们都是依山就势、高低参差，表现独特且与环境相结合的山地民居。

贵州是多民族交融混生、互为消长的"活化石"，也是研究中国少数民族和山地民居文化的"沃土"。有理由相信，仍然活跃在贵州大山里的民族民居文化，是一个不会让淘金者失望的金矿。因而，不论是从比较学、历史学、社会学的角度来考察，或是从地理、生态、民族、宗教、技术背景来归纳、研究和评价，贵州山寨民居都具有极为重要的研究价值。

正是基于以上认识，我们依托贵州这块肥沃的民居文化沃土，从多角度、全方位、深入具体地发掘贵州具有丰富层次和断面的各民族民居文化，并对典型实例进行细致的分析，注重学理品位，强调交流互补，提倡多维视野，从而以自己的研究成果对弘扬本土文化作贡献，并向世界打开一扇了解贵州民居文化的"窗口"。

编著本书，希望能以丰富的能充分反映山地建筑特色的内容和多彩的贵州民族民居文化为特色，同时希望资料新、观点新，希望能为今后的贵州本土文化研究起到抛砖引玉的作用；使民居文化研究从描述性逐步上升到规律性的探索。更希望使贵州民居的研究始终有长足的后劲、有延续的开拓与深入，使研究成果不仅是充实贵州民居文化研究本身，同时也是宣传贵州民族文化的一个窗口，更有助于加深人们对贵州乃至西南地区社会历史和山地民居建筑文化的理解。

以建筑研究的角度看，从一个地区、一个城镇、一个村寨、一幢民居，乃至一个局部构件，贵州民居都不同程度反映出这一地域一个时期的历史文化背景和社会精神，都透散着贵州山乡浓郁的生活气息。

贵州是一个"欠发达欠开发"的省份，这既说明滞后，也说明这里还有广阔的发展余地。远古的民居，无论是"时间形态"还是"空间形态"，都已经是"过去时态"，关键是新的起步。因此，本书专门增加了"贵州民族村寨的保护与再生"、"山地民居文化对建筑创作的影响"的章节，总结了近年来在民居保护、利用、借鉴等方面的经验与做法，同时还选摘了部分新农村民居建筑方案实例，以对当前的新农居建设提供有实用价值的资料，同时也体现本书"与时俱进"的内容特色。

在"全球化"进程日益加速、现代化诉求和实践的迅猛发展，包括民居文化事象在内的传统社会文化现象，有的改变了，有的正在改变，有的已经消逝，这就需要大力抢救。从这个意义上讲，本书也是作为贵州山寨民居文化积累而做的一件实事，也希望能让更多的学子认识本土和关注我们自己脚下的土地。

目　录

第一章 概 论

　　贵州不仅有优越的自然条件，而且还有悠久的历史和光辉灿烂的文化史迹。在这片丰沃的土地上，有刀耕火种的原始生产方式；有图腾崇拜、佛道巫术、祭祀乐舞的宗教遗留；有创世神话、讴歌祭调、谣谚传说一直到各类迁徙、叙事、自娱的民间歌舞艺术得以流传的生态环境；也有从远古岩画、古黔青铜器、寺庙雕刻、蜡染刺绣、鸡卜星历、地戏、阳戏、傩戏、花灯一直到民族服饰、民族曲艺、民族图案及工艺品得以存在的精神氛围……，表现出贵州特有的自然形态和文化形成，显示了在复杂的历史时期形成的多元民族文化，形成了它的多样化格局和灿若云锦般的辉煌。

第一节 古代贵州及贵州民居的历史渊源

一、古代贵州和民族

贵州是中国古人类发祥地之一，远古人类化石和远古遗存发现颇多，中国南方主要的旧石器时代文化遗址，很多都在贵州境内发现。这说明贵州各族人民的祖先很早以前就在这块土地上繁衍生息，并在劳动生活中创造了贵州远古文化。

贵州不仅有优越的自然条件，而且还有悠久的历史和光辉灿烂的文化史迹。远在两千多年前的春秋战国时期，这里已经有了文字记载的历史。

根据考古学和人类学发掘的成果，最早在偏僻的山地居住的人类，可以追溯到旧石器时代早期。据文献记载：有学者把殷朝甲骨文、《竹书纪年》中称为"鬼方"的地方，就认为是殷、周时期的贵州。

春秋时期，贵州被封为"黔中"，设立了大小不同的城市，其中规模最大的土著国家是"牂牁国"，其政治中心是"夜郎邑"（今贵州安顺一带）。到春秋末期，牂牁国势力开始衰退，位于盘江上游的"濮"人兴起，占领了牂牁国领土，建立起新的国家，其政治中心仍然是夜郎邑，国号改为"夜郎"（图1-1）。

历史上秦汉政区制度为郡县制时期，秦始皇

图1-2 "武阳传舍"铭铁炉

统一中国后，将全国分为36郡，贵州分属巴郡、蜀郡、黔中郡和象郡管辖。汉武帝于建元六年派遣唐蒙出使并劝夜郎侯归顺，其后设置了武陵郡、巴郡、犍为郡和牂牁郡。从1958年赫章可乐出土的铸有"武阳传舍比二"铭文的东汉铁炉，可以知道当时武阳是西汉所设犍为郡的属县，东汉时曾是郡县治所在。"传舍"是官府在交通线上设置的接待过往官吏、驿传人员的宿食站。这件铁炉便是西南与中原交通联络的见证。（图1-2）

魏晋南北朝时期的政区制度为州、郡、县三级制时期。唐宋时期的政区制度为道路时期，唐王朝（618～907年），在贵州设黔中道，建黔州郡，设黔州都督府。元、明、清至今的政区制为行省制度时期。

宋朝（960～1127年）开始出现"贵州"名称。明永乐十一年（1413年）正式建制为省，设置贵州承宣布政司，分领府、州、县，并以贵州为省名。清雍正年间，贵州疆域基本形成。

贵州简称"黔"，现今贵州的部分版图，在战国时（公元前475—前221年）就属于楚国的黔中地方，其地域面积在贵州沿河道榕江以东，包括铜仁地区和黔东南部分县域。贵州的历史总离不开一个"黔"字，代代相因，直至贵州建省。这也是贵州简称"黔"的由来。

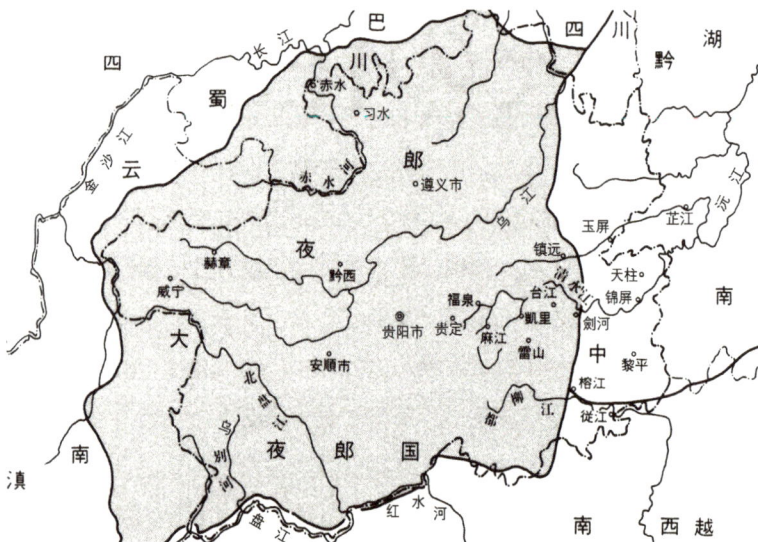

图1-1 战国"大夜郎"范围示意图

贵州的历史简表　表1-1

始建年	时期	简况
旧石器时代早期	殷、周时期	"鬼方"之地被认为是殷、周的贵州
公元前770～公元前476年	春秋时期	当时在贵州现境内有牂柯古国并与中原有交往
公元前221年后	秦始皇统一中国后	贵州分属巴郡、蜀郡、黔中郡和象郡管辖
公元前135年	汉建元六年	设置了武陵郡、巴郡、犍为郡和牂柯郡
618～907年	唐朝	在今贵州设置黔中道、建黔州郡、设黔州都督府
960～1127年	宋朝	开始出现"贵州"名称
974年	宋开宝七年	土著首领普贵以所领矩州归顺，土语"矩"与"贵"同音，朝廷敕书就其语称："惟尔贵州，远在要荒……"，贵州名称就此见于文献。当时的矩州，相当于今贵阳地区
1119年	宋宣和元年	朝廷为奉宁军承宣使、知思州军事土著首领田佑恭加授贵州防御使御使衔，"贵州"才开始成为行政区划的名称，区域也相应扩大
1413年	明永乐十一年	设置贵州承宣布政司，正式建制为省，以贵州为省名
	清雍正年间	贵州的疆域基本形成

这里采用简明的方式，归纳贵州的历史（表1-1）。

据先秦时期的文献记载，牂柯国、夜郎国的土著居民被称为"濮"或"濮人"。而从汉朝到南北朝则被称为"撩"、"濮撩"、"撩濮"。至唐宋不再用"濮"，而是称为"犵撩"、"猪撩"、"狸撩"、"獦撩"、"犵狫"、"革狫"。引人注目的是，明代有文献称现在的仡佬族（仡佬＝犵狫）就是从前的"撩"。在《嘉靖图经》中有"犵狫，古时称为撩"之说。这些称呼变化，归纳起来可追溯出仡佬族—撩—濮的系谱，也就是说可以把现在的仡佬族看做是古夜郎国居住的祖先后裔。

仡佬族在汉藏语系中是语族未定的民族。现在，贵州有仡佬族约55.9万人，其居住地也集中在被认为是夜郎邑的安顺、平坝、普定一带，以及毕节、遵义地区和六盘水市境内。

壮侗语族中自称多用与"布""濮"相近的发音，即布越、布黎、布依中的"布"相当于壮侗语族中的"人"。而在《春秋左氏传》中处处可见的"濮"也就是这个"布"。因此，包含在壮侗语系中的侗族、布依族也是"濮"的子孙。

由此看出：在贵州这片丰沃的土地上，有刀耕火种的原始生产方式；有图腾崇拜、佛道巫术、祭祀乐舞的宗教遗留；有创世神话、讴歌祭调、谣谚传说一直到各类迁徙、叙事、自娱的民间歌舞艺术得以流传的生态环境；也有从远古岩画、古黔青铜器、寺庙雕刻、蜡染刺绣、鸡卜星历、地戏、阳戏、傩戏、花灯一直到民族服饰、民族曲艺、民族图案及工艺品得以存在的精神氛围……，表现出贵州这片土地上特有的自然形态和文化形成，显示了在复杂的历史时期形成的文化，以其"十里不同天，一山不同族"的多元民族文化，形成了它的多样化格局和灿若云锦般的辉煌（图1-3）。

二、贵州民居的历史渊源

图1-3　东汉铜马

图1-4 西汉"干阑式"陶屋模型

图1-5 东汉陶屋模型

贵州自古迄今的民居发展进程，反映了贵州各个历史时期的不同生产力水平和居住文化发展状况。从黔西县沙井地区发掘的观音洞文化遗址，揭示出贵州早在旧石器时代已经有古人类集体穴居岩洞的史实。

贵州省博物馆对毕节青场古文化遗址的考古发掘证明，在新石器时代有地穴式居住地，以穴壁为墙，四周及中部均有柱洞，是人类穴中立木柱支撑原始住房盖顶的特征。而且附近尚建有地表房屋的遗迹，房屋布局为背山向水，平面长约8米，进深约3米，内部分为二间，布置有火塘，经鉴定，属商朝遗址。以上史实表明贵州古人类居住方式的演变过程是从穴居、半穴居到地面居住的过程，也是原始营建技术重大转变和进步的过程。

赫章县可乐村古墓群出土的西汉"陶屋"模型，房屋造型架空而建，有廊、有斗栱、下层设置一副脚踏碓。仁怀出土的东汉陶屋模型，造型高挑、单薄并附斗栱，其形属由巢居发展而成的"干阑式"建筑，这又说明贵州在史前时期已有长江流域和多水地区常见的古代干阑式木构建筑。出土文物中的斧、锯、刨、钻、曲尺、墨斗等木工工具，更进一步表明贵州在春秋战国时期，木构建筑已有一定发展（图1-4、图1-5）。

望谟县的"蛮王城"遗址，是一道石头垒砌的城堡式高墙，遗址内的地基形状和布局，该属春秋战国时期士大夫的四合院住宅。此种布局在秦、汉以迄民国的漫长历史时期中，都是贵州寺庙、府衙、官邸、民宅普遍沿用的传统建筑布局手法。这种四合院布局的民居，现今古城镇远尚存33座。

明、清时期的540多年，是促进贵州木构建筑和石建筑发展的时期。其中斗栱、石作、瓦作、铁作、柱础、栏杆、基座，以及彩画装修，在贵州民居中被广泛应用。特别是民居建筑群体结合山地自然环境，因山就势的布局手法，已达到相当成熟的程度。著名的平坝天台山五龙寺、镇远青龙洞和黄平飞云崖等建筑群，其总体布局和单

图 1-6 天台山五龙寺

体建筑特有的风格特征，以及从清镇县到镇宁县之间许多村寨的民居建筑，均依山就势，就地取材，所建造的石墙、石门、石窗、石柱、石院、石阶、石径和石板屋面，都充分显现出贵州山地建筑因地制宜、就地取材的地域风格和山地特色（图 1-6）。

值得提及的是，贵州古、近代建筑的营建和设计，不仅较好地继承了传统和借鉴外省的经验，而且自身还有颇多创造，享誉中外的侗族鼓楼和花桥等建筑，无不体现匠师们的卓越智慧和超高技艺（图 1-7）。

鸦片战争后，西方建筑科技传入我国，也相

图 1-7 享誉中外的侗族鼓楼

继传入贵州，促进贵州建筑结构与风格的变化。20世纪30年代前，主要体现在部分府邸、庄园乃至民居，以至出现了中西合璧的建筑类型。20世纪30~40年代，贵阳、遵义等地先后建造了一批西洋格调的别墅、住宅等居住建筑类型。

贵州漫长的历史时期，因受经济条件、社会制度和自然环境诸因素的影响，同时也受建筑材料、结构类型的局限，致使贵州民居发展的速度始终比较缓慢。然而数千年来，贵州人民辛勤创建的类型多样的山地民居建筑，确是凝聚着前人的智慧、技艺和情感，它既是留给当今人们认识贵州民居历史演变的实证，也是联结历史和现在的纽带。

第二节　自然条件概况

一、地貌特征

贵州高原是一方神奇的土地，素有"山国"之称，在17.6万平方公里面积的土地上97%为山丘。其中，山地占87%，丘陵占10%，盆地

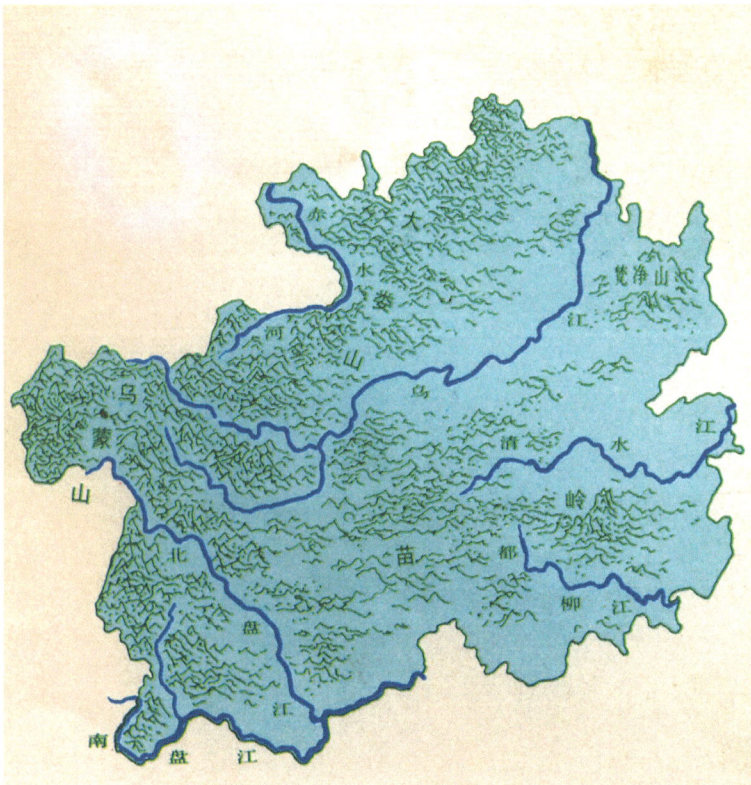

图1-8　贵州地形示意图

和河谷平原占3%。这里有复杂多样的地貌类型，且海拔高低差别极大，贵州中部地势大都在海拔1000米左右的范围。黔东和黔东南海拔在500~800米之间。黔北和黔南在500~1000米左右。在贵州这个崎岖不平的切割高原上，山地、丘陵、河谷、盆地交错分布。全省最高处是赫章、威宁与六盘水市交界处的韭菜坪，海拔达2900米。最低处则位于黎平县都柳江支流的水口河出省处，海拔仅137米。贵州又是世界岩溶地貌发育最典型的地区之一，境内山峦起伏，绵延纵横，岩溶地貌面积占全省总面积的73%，素称"地无三尺平"。这里有高原、山地、丘陵、盆地、河谷台地等各种形态的地貌，其中乌蒙山、大娄山、苗岭、武陵山等诸山脉纵横交错于境内。这里既有群峰联嶂，如刀削剑砍；有峭岩独秀，如玉簪螺髻；亦有丘陵起伏，如海波乍兴，使贵州山地的自然风光显得特别出奇和瑰丽（图1-8）。

俗语道："地无三尺平"就是用来形容贵州山多的程度。另外，"八山一水一分田"的说法，大致是说明山地所占的比例。贵州的山坡度一般在30~40度之间，中部地区一般在20~30度之间，西部山高而坡势较缓，但也有15~30度左右，15度以下的坡势则较少见。由此可见，贵州不只山多，而且山势更是险峻，尤其在岩溶发育地区，因受到长年溶蚀，群峰连转如刀削剑砍般，亦有峭壁耸立，特殊而壮丽。独特的地质构造和地形地貌，使贵州的山地建筑造化神奇。

举世罕见的岩溶瀑布、岩溶湖泊、岩溶洞穴、岩溶园林、岩溶峡谷……都辉煌地呈现在这块土地上。由于其发育充沛的喀斯特地貌，形成"地上山水如诗，地下无限风光"，所以还有"地质贵州"的赞语。地质学的研究成果不仅可以解释自然风光的成因，还可以解析民族文化的特质。在雷公山、清水江和都柳江流域，碎屑岩的地质特征有利于高大树木的生长，于是杉树成为聚居于此的苗族和侗族的重要生活材料，造就了吊脚楼、风雨桥、木筏等干阑建筑文化特色。而在南北盘江流域，石灰岩地质特征的产物就是石板，以及

图1-9 "地无三尺平"

贵州中部海相沉积有厚有薄，硬度适中，材质均匀，易于加工与开采，是石头建筑绝好的材料。

由此可见，贵州民居因受制于山地而独具风采。山给予民居多变的平面，给予民居以青山绿水优美的环境，还给予民居以丰富的建筑材料，因此，山给贵州民居建筑带来特殊的风貌，使它屹立于中华民族建筑之林（图1-9～图1-11）。

二、气候特征

谈到贵州的气候，"天无三日晴"的凄风苦雨景象是一般人的第一印象。事实上贵州的气候并非如此吓人，大部分地区的气候特点是，四季分明、气候温和、雨量充沛。

贵州属典型的亚热带温润季风气候，由于海

图1-10 群峰联嶂的"山国"

图 1-11 "八山一水一分田"

拔较高,纬度较低和受东南风影响,雨量充沛,温暖湿润,水热条件好,空气非常清新,气候适宜,年均气温 15℃ 左右,最热的七月份平均气温为 22～25℃,最冷的一月份平均气温多在 5℃ 以上,年温差小,可谓春无沙尘,秋无台风,冬无严寒,夏无酷暑。省内大部分地区降雨量 1200 毫米。年平均相对湿度在 80% 左右,全年日照数在 1200～1800 小时之间,日照百分率在 30%～40% 之间。年平均风速在 1～3 米／秒之间。从总体上说,为开敞的建筑布局提供了气候条件。

由于贵州地处云贵高原东半部,地势由西向东、南、北三个方向倾斜,从气候的差异性来说,垂直差异远较水平差异来得大,立体气候明显。

由于地形、地势的影响,省内气候大致可分为以下几个基本气候区:黔西北属温暖夏湿凉温润气候区,黔南属副热带夏湿春干炎热气候区,黔中属副温润和气候区,黔北属副热带温润暖气候区。整个来看,贵州在我国的气候体系上,算是相当特殊的例子。因此,不同地区的建筑,还是会受到地区气候影响而具有差异性。

贵州南部距海洋仅 500 多公里,省境内的倾斜坡面又朝向海洋,终年都受到来自海洋的温暖湿气流影响,具有易于凝云致雨,空气湿度大的气候特色。

因为山多,且地形复杂,地处亚热带地区,每年秋季至翌年春季,北来的寒流与孟加拉湾来袭的温暖气候在此交汇,受省内崎岖地形的滞碍,形成较持久的阴雨天气。气候温润,冬无严寒,夏无酷暑,也是决定贵州建筑形态的因素之一。由于特殊的气候,贵州冬暖夏凉,所以有"南国凉都"之称,成为全国避暑之都的绿洲。由于贵州淡水资源丰富,所以又有"高原水乡"的美誉(图 1-12)。

三、植被特征

贵州植被具有明显的亚热带性质。但由于受特殊的地理位置、复杂的自然条件和人为活动的影响,贵州植被也具有自身的特点。这里既有中亚热带典型的地带性植被常绿阔叶林，又有近热带性质的沟谷季雨林、山地季雨林；既有寒温性亚高山针叶林，又有暖性山地针叶林；既有大面积次生的落叶阔叶林，又有分布极为局限的珍贵落叶林。针叶林是贵州现存植被中分布最广、经济价值较大的一类，包括暖性针叶林及寒温性针叶林两个类型。前者分布于全省各地丘陵、山地，代表类型是马尾松林、云南松林和杉木林，在森林植被中占有重要地位，是贵州主要用材林；后者分布于中山或亚高山山地，以冷杉林，铁杉林为代表，仅在海拔较高的山体上部分布。常绿阔叶林是贵州的地带性植被，包括湿润性（偏湿性）常绿阔叶林与半湿润（偏干性）常绿阔叶林两类。前者分布较广，在省的中部及东部地区分布，后者局限分布于省的西部地区。

在南部低纬度地区，有南亚热带常绿阔叶林；在中部和北部高原山地，有中亚热带常绿阔叶林及其次生的暖性针叶林、灌丛、灌草丛等典型的亚热带植被分布；省的中部及东部地区发育了湿润性常绿阔叶林，树种与华中、华东地区的种类相似；在西部地区，则为半湿润常绿阔叶林，树种与西部云南的种类相似。

黔东南自治州素有"宜林山国"之称，不仅森林资源丰富，而且发展林业的自然条件优越。森林自然生长率为 8.1% 以上，每亩生长量为 0.24 立方米以上，远高于全国的森林自然生长率 2.26% 和每亩生长量 0.12 立方米的水平，属于林业丰产型的山区。在自治州崇山峻岭生长着的两千多种植物中，既有用途广泛的杉树、马尾松等建筑主要用材树种，还有大量宝贵的常绿阔叶林及珍奇稀有树种、珍贵药材，堪称祖国的一个绿色宝库。在木材丰富的地带，木材自然成为主要的建筑材料，"干阑式木楼"也随处可见，这当然与材料出产情况有关，同时也还反映出一种民族传承关系（图 1-13）。

图 1-12　四季分明的气候

图 1-13　"宜林山国"

第三节　民族概况

一、综　述

每个民族都有其特定的文化，每个地域的文化，必定是居住在这个地域的各个民族文化的复合体。地域文化也有着特定的民族学背景。建筑，作为文化的物质表现形式之一，更是在民族学背景前面展现出多彩多姿的面貌。

西南地区的民族分为四大族群，即氐羌、百越、苗蛮和百濮。

据史籍记载，氐羌族群最初在青藏高原过着游牧生活，后来逐渐向南迁徙，散布到川西南和滇北广大地区。

百越本来是居住在我国东南和南方地区的古代民族，由于迁徙活动频繁，散布范围很宽。其后裔种类繁多，成为今天的壮族、布依族、侗族和水族先民的一部分。百越族群以水稻农耕为主业，其建筑形式大多是干阑式，虽然在细部特征上有一些差异，但楼上住人，楼下圈畜贮物的建筑格局则是基本一致的。

苗蛮族群的成分较为单纯，主要是苗族和瑶族。苗族和瑶族分离是在南北朝时期，瑶族先民逐渐南迁。自明代起，部分瑶族陆续从广西、广东和贵州等地迁入云南，而苗族则是在隋唐以后陆续扩散到今湘、鄂、川、黔、滇、桂、粤等省区，其中又以湘、黔两省分布最为密集。黔东南及湘西的苗族生活相对稳定，居住建筑质量也较好。

百濮族群最早居住在云南南部地区，后来南迁进入东南亚，虽然以刀耕火种农业为主业，但在居住建筑的格局上与百越族群有很多相似之处，干阑式建筑亦为常见形式。

如果说民族迁徙可以促使民族学背景的总体特征发生较大的变化，那么邻近民族的相互影响则是民族学背景的具体特征出现微差的主要原因之一。

尤其是在与其他民族杂居地区，更易受先进民族的影响，呈现出比较强烈的地域特征。当然

贵州的侗族建筑，也表现出许多汉族文化影响的成分。而在这种场合，比较进步的民族建筑形式常常成为其他民族模仿的对象，也许正是在这种不断地互相学习和模仿过程中，建筑才得以保持蓬勃旺盛的生命力，并进而演化为一种共同文化特质。

贵州民族分布特点是成片聚居，交错杂居。全省少数民族主要聚居在3个自治州、11个自治县。在全省人数较多的少数民族中，苗族、布依族、侗族、彝族、仡佬族、水族、壮族、瑶族都有自己的语言。上述各少数民族的语言分属汉藏语系中的苗瑶、壮侗、藏缅3个语族；苗语、瑶语、壮傣语、侗水语、彝语5个语支；各种语言内又分为若干方言、次方言和土语，特别是苗、瑶语比较复杂，各地差异很大，方言甚至次方言之间竟不能通话（表1-2）。

二、贵州少数民族概况

贵州是一个多民族的省份。从有文字记载的历史看，贵州自古即是多民族聚居地。世居在这块土地上的，除汉族外，还有苗、布依、侗、土家、彝、仡佬、水、白、回、壮、蒙古、畲、瑶、毛南、仫佬、满、羌等17个少数民族，少数民族人口占全省人口的37.85%。

多彩的贵州犹如一个骨子里透着豪气的多情

贵州少数民族语言系属表　　表1-2

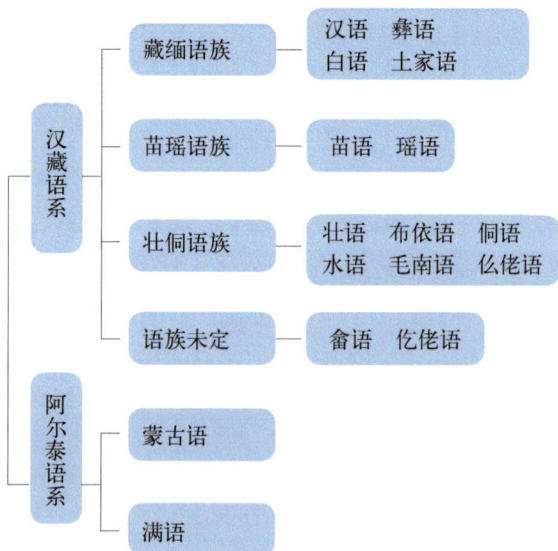

汉藏语系	藏缅语族	汉语　彝语　白语　土家语
	苗瑶语族	苗语　瑶语
	壮侗语族	壮语　布依语　侗语　水语　毛南语　仫佬语
	语族未定	畲语　仡佬语
阿尔泰语系	蒙古语	
	满语	

女子，她的风情来自于这里知足而安逸地生活着的少数民族；来自于他们一个个优美的故事和承载这些故事的数不胜数的节日；来自于那掩映在节日及习俗里颇有节奏的快乐生活。

　　贵州是十多个兄弟民族共有的大家庭。独特而多元的民族风情，不仅为壮丽的高原景观增光添彩，还给贵州山川打下鲜明的文化印记。贵州是一个多姿多彩的民族大观园，到过贵州的国内外游客把贵州称赞为"世界上最大的民族博物馆"。

　　贵州的民族建筑，犹如一部凝固的音乐，蕴藏有极为丰富的文化内涵。如苗、布依、侗、水等民族的干阑式建筑和吊脚楼，部分布依族、仡佬族和汉族"屯堡人"的石板房，水族的石板墓、石刻墓，彝族的土司庄园，瑶族的茅草圆仓以及各具特色的水磨、水碾、水车、粮仓、晾禾架等附属建筑物；又如苗族龙船廊、铜鼓坪、芦笙堂、跳花场，侗族的鼓楼、戏楼、风雨桥、祖母堂，布依族的凉厅、歌台，彝族、水族的跑马道等公共建筑，这些外部造型迥异，社会功能有别的各类建筑，从多侧面、多层次反映出贵州各族人民的社会发展、文化心态与创造才能。

　　在贵州还保留有相当丰富的具有浓郁的地方特点和民族特色的典型民族村寨，其中，苗族、布依族、侗族、水族、彝族、仡佬族、瑶族、土家族等都有一些历史比较悠久，具有民族特色的典型村寨，如雷山县的郎德上寨、花溪区的镇山村、从江县增冲寨等等，这些村寨都比较全面地反映出苗、布依、侗等各民族的历史文化和发展轨迹。

　　贵州各地的民族节日共有一千多个，具备独特、多样而神秘的民俗民风，少数民族的文化、风情、服饰、节日等，处处反映着这片土地上各民族的悍勇、粗犷、慷慨、诚实、热情、古朴，形成了具有鲜明的民族节日特色和浓郁的地方特点的多彩贵州风情，展示出贵州各个民族的历史、风俗及文化艺术，令人感到一种人与自然亲密无间的契合，领略到一种充满原始生命力的乡土情调（图1-14～图1-18）。

图1-14　节日

　　聚居黔东南的苗族，以他们的锦衣绣裙、神话史诗、芦笙舞、飞歌和斗牛，使秀丽的清水江流光溢彩。分布于黔南、黔西南和安顺地区的布依族，以他们洁白的石头村寨、蓝白的蜡染、古朴粗犷的地戏、巍伟壮观的瀑布和奇幻的岩溶洞穴平添了淡怡的情趣。聚居黔东南的侗族，高耸雄伟的侗寨鼓楼，那壮丽的建筑和多声部大歌，映视着莽莽苍苍的杉山林海，更加声色并茂。黔西北的彝族，依地形而建的土墙茅屋，古朴幽静，以他们威风凛凛的羊毛披毡、短刀和月琴，使磅礴沉雄的乌蒙群山显得剽悍而又妩媚。六枝梭嘎苗族社区因其文化独特并保存良好，建成了中国第一个生态博物馆。

　　在贵州高原山区这一特定的地理环境内，各民族承袭着自己的传统，经历了几百年甚至上千年的积累，创造了绚丽多姿的文化，它们之间有

图 1-15 风俗

图 1-16 风情

图 1-17　服饰

图 1-18　文化

相通性，但又各自独立，每一种文化经验和智慧，以及信息库藏，都是其他文化无法完全替代的。

　　总之，从东到西，自南到北，无论是峻岭深谷，还是大山激流，在这块土地上，如果你入乡进寨，总能见到不同风格的山地民居，总能遇到五光十色的民族服饰、旋律独特的民歌乐曲、繁复多端的婚丧礼仪、沸腾盛大的节日庆典……贵州各民族独特的山乡村寨和山地民居建筑、众多的风物特产、可口的美食餐饮、历史名人文化、屯堡文化等等的传承弘扬，并与独特的喀斯特风光构建起贵州民族文化的灵魂，使贵州的山山水水充溢着浓郁多彩的文化氛围。它们千差万别，争妍斗异，使人眼花缭乱。　如果一一溯本清源，寻根问底，又各有奇妙的传说故事，能使你心醉神迷。贵州各民族在漫长的历史岁月中所创造的灿烂文化，将以其卓然不群的高原地域特征和绚丽厚重的多样性，融入山地民居生活习俗之中。

三、贵州少数民族分布情况

　　贵州少数民族大致分布情况是：苗族主要集中在黔东南、黔南、黔西南3个自治州和黔东北的松桃自治县，在省境中部的贵阳市郊区和安顺地区，黔西北的毕节地区和六盘水市也有苗族分布。布依族主要分布在黔南、黔西南两自治州和安顺地区南部、贵阳市郊区。侗族主要分布在黔东南自治州的东部和玉屏、万山等地。土家族主要分布在铜仁地区北部和遵义地区东北部。彝族主要分布在毕节地区、六盘水市、安顺地区西部和黔西南自治州境内。仡佬族主要分布在遵义、安顺、毕节3个地区和六盘水境内。水族主要分部在三都自治县和荔波、都匀、丹寨、独山等县。回族散居在威宁、兴仁、平坝、水城、普安、安顺和贵阳市。白族主要分布在毕节地区的威宁、纳雍、大方、赫章等县。壮族主要分布在从江、黎平、独山、荔波等县。瑶族主要分布在荔波、独山、罗甸、黎平、从江、榕江等县。满族主要分布在毕节地区的金沙、黔西、大方等县。蒙古族主要分布在铜仁地区的石阡县和毕节地区的黔西、大方、金沙等县（表1-3，图1-19）。

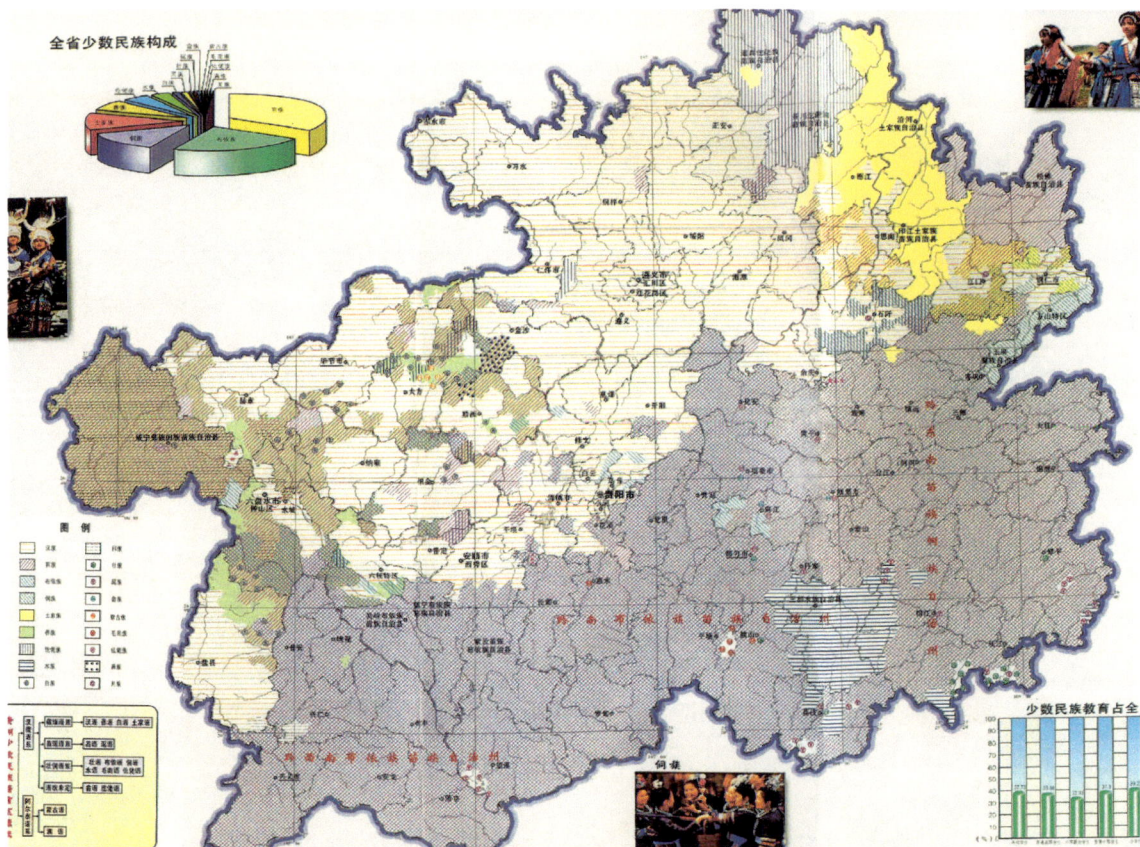

图1-19　贵州少数民族分布图

贵州17个世居少数民族分布情况表　　表1-3

分布特点				成片居住、交错杂居						
				黔东南	黔南	黔西南	黔中	黔西北	黔北	黔东北
民族	语言	人口（万人）	占全国该民族比例（%）	苗侗族自治州	布依、苗族自治州		贵阳市、安顺市	六盘水、毕节地区	遵义市（地级）	铜仁地区
苗族	有	430	48.1	✓	✓	✓	✓	✓		松桃
布依族	有	279.82	94.17		✓	✓	安顺南部贵阳市郊	六盘水		
侗族	有	162.86	55.01	✓						玉屏、江口、万山、石阡
土家族		143.03	17.82	镇远、岑巩					东北部道真	沿河、印江
彝族	有	84.36				有部分	✓	✓		
仡佬族	有	55.9	96.48				平坝、普定、关岭	黔西	务川、道真	石阡
水族	有	36.97	90.86	榕江、从江、雷山、丹寨	三都、荔波、都匀、独山					
白族		18.74						✓		
回族		16.87				兴仁	平坝、普定、贵阳	六盘水市、威宁		
壮族	有	5.21		从江、黎平	独山、荔波					
蒙古族	有	4.75						✓		石阡
畲族		4.49		麻江、凯里	都匀、福泉					
瑶族	有	4.44		从江、丹寨、榕江	荔波	望谟				
毛南族		3.12	29.1		平塘、独山、惠水					
仫佬族		2.84	13.69	麻江、凯里、黄平	福泉、都匀、瓮安					
满族		2.19						黔西、金沙、大方三县结合部		
羌族		0.14								石阡、江口

第二章 贵州民居的生成条件和影响背景

　　居住建筑形态的形成与特定的文化环境有着密切的联系，作为文化的物质表现形态之一的建筑，必然是该地域特定文化环境因素的复合产物。贵州民居也不例外，它也受着地理环境、建筑材料及民族文化的影响和制约。

第一节　地理环境的影响

地理环境是人类社会和文化的重要组成部分，任何文化的形成都必然与其特定的地理环境有着密切联系。地理环境往往制约着历史文化发展的方向，它的差异，对物质生产方式的影响又往往反映在文化的区域特征上。

贵州地处云贵高原，各族人民因地制宜修建形态各异的山地民居，无论是吊脚楼、石板房或是下层打桩、上层建房的干阑建筑，这些都与地理环境有着十分密切的关联。

贵州高原 97% 被山地所占据，73% 被岩溶所覆盖。祖祖辈辈生活在"石头王国"里的贵州各族人民，因地制宜修建了不计其数的山地建筑。

黔东南地区雨量充沛，气候温和，晨昏多雾，雨后爽朗。但由于地形复杂，起伏较大，加之受纬度、高度及大气环流等影响，各地区气候差异十分明显。所谓"山下桃花山上雪，山前山后两重天"，"七山一水一分田，一分道路和庄园"，"开门见山，出门爬山"的民谚，形象生动地概括了这一地域气候复杂、多山、多雨、多湿的自然条件以及高山、坡地、岩坎纵横、田土面积有限的特定的高原地貌环境。

黔东南地区地处中南与西南地区相邻的大山里，交通闭塞，与外界交流极少，从总的状况来说，多年来仍然处于自给自足的自然经济社会。对山坡地貌较为适应的干阑建筑，在有限的用地上，最大限度地利用地形、开拓场地、争取使用空间，在基本不改变自然环境的情况下，跨越岩、坎、沟、坑以及水面，特别是以抬高居住面层的方式，建立起既适应地势，又具有安全性，并依赖它维持生存和发展的生活居住空间，十分突出地体现出地理环境作用于建筑文化的结果。

黔中地区山丘多而不成林，这里岩石，分布以水成岩为主，山多石头多，石材比比皆是，因此这一带民间广泛建造石头建筑。在贵州安顺、关岭、镇宁等地的居民以石块为墙、石板代瓦建造石板房。其中以扁担山石头寨最为典型，这里的房屋结构及家庭生活用具均用石料制成。这些石头建筑，虽然布置自由并无规划，然而正是在无序中却体现出贵州山地建筑文化的特色，同时还让人们看到，地理环境可以为建筑文化的多样性提供可能。

此外，黔东南地区的侗族分南部方言区和北部方言区，由于"南侗"位于黎平、从江、榕江诸县一带；"北侗"包括相连的玉屏、天柱、锦屏、三穗、岑巩等诸县。他们虽然同族同源，但正是由于地理环境不同，"南侗"与"北侗"的建筑文化差异很大：楼上起居，楼下堆放杂物、养畜、煮食，这种生活起居方式在南部方言区比比皆是。北部方言区则相反，楼上大多堆放粮食及杂物，用作杂物房，楼下住人，于房屋侧面另辟用地圈养牲畜和设置厕所。

"南侗"的村寨最能体现侗寨特征，因为"南侗"至今仍是村村有鼓楼，溪溪有风雨桥，远远一看就知道是侗寨，寨子有几座鼓楼，就明白寨子有几个大姓；而"北侗"由于受汉文化影响的时间长，汉化的程度较深，村寨已基本上不设鼓楼，仅少数县有几座零星鼓楼。风雨桥也仅有玉屏县的飞凤桥保存尚好，其余的只是很少见到一两座。

婚恋习俗上，南北侗也有不少差异。北部地区的青年男女喜好"赶坳"，多在野外玩山、对歌交朋友、找恋人；而南部地区却多在侗寨鼓楼里和房舍里对歌谈情，名曰"行歌坐夜"。

民族乐器方面，侗族南北乐器也有不同侧重。南部地区主要用琵琶、芦笙和"牛腿琴"；北部地区的主要乐器是萧、笛、唢呐、木叶，其中以闻名遐迩的玉屏笛为代表。

祭祀方面，"南侗"几乎寨寨有飞山庙，大多数村寨都有一座"萨祖"坛。而"北侗"土地神坛随处可见。所谓"土地神坛"，其实就是没有实物偶像而在田边、地坎上、山路边用三五块石板架成的方形空巢。以上充分说明，地理环境影响与社会文化的关联程度十分密切。

第二节　材料的影响

材料是民居建筑构成的物质要素。贵州多山且气候湿热，雨量充沛，木材茂盛。因而在建筑构成上自然形成了以资源丰富的石材、木材为主，并配以砖瓦土材料的格局。这里建房作屋面材料的还有采用树皮、茅草或稻草铺设。

贵州处在森林资源丰富的地带，木材自然成为主要的建筑材料。黔东南苗族侗族自治州地处中低纬度，这里雨量多，湿度大，水土肥沃，为植被林木的生长繁茂提供了良好的条件。因而在建筑材料构成上，自然形成以资源丰富的木材为主。这里森林覆盖率高于全国平均水平，是全国著名的木材产地之一，素有"宜林山国"之称。喜温、喜湿、属湿润性亚热带树种的杉树和马尾松分布面广、蕴藏量大。特别是水杉纹理通直，结构均匀，质地坚硬，木质细密，用于建造房屋可以不加任何油饰，保持木纹本色，为干阑木构建筑广泛建造提供了用材的物质基础。

穿斗式木结构房屋节点容易处理，灵活性大，有优越的应变能力。它对于这一地域的气候和地理环境的适应性很强，特别在山坡地段建造民居，基础难以处理的情况下，往往柱脚只需铺垫块石，即可省去基础，素有"没有基础的房子"之誉。由于材质赐予的灵活性，使侗族干阑建筑在构造技术的处理上不拘一格，也为建筑外观造型的起伏多变和轻盈优美创造了良好的条件。盛产杉木的贵州黔东南地区，"木楼"就随处可见。这当然与材料出产情况有关，同时也反映出一种民族传承关系。

除黔东南以外，各地民居因受制于群山而独具风采。山给予建筑以多变的平面，山给予建筑以优美的环境，山还给予建筑以丰富的材料。石材造就出多姿多彩的石头民居。贵州西部为海相沉积的石灰岩，沉积有厚有薄，硬度适中，材质均匀，易于开采和加工，是石头民居最好的材料。这里生产的适宜建筑的岩石层，被称为"合棚石"，

它有 1.5～5 厘米厚的片石，也有 50～60 厘米厚的块石。块石用于砌墙，碎渣铺填宅基，有时还将开凿出的石壁作墙体。色彩明快的块石墙、片石瓦、石门、石窗、石基座、石台阶的石头村寨，构成了贵州山寨的地域特色。

夯土墙或土坯墙同样带有明显的地域文化色彩，在贵州地区仅在黔西北地区比较常见，此外，砖石并用的情况在汉族地区普遍都可以见到。以上说明材料对于民居的构成有着直接的影响。

第三节　民族文化的影响

地域文化由于受固有民族传统文化和所处社会环境及自然条件的双重制约，使生活模式和社会形态带有鲜明的地方特色，尤其是具有区域和民族特点的民族学，将成为地域文化的特质，并始终作用于建筑的内外形态中。

一、节日文化的传承

由于群落断裂和山地阻隔的人文地理，使交通闭塞，居住分散，以农耕文化自给自足的人们，常常由于一山一水之隔，平时很少往来。作为节日文化的活动场所，也就成为村民聚合的公共活动空间。因此节日文化所具有的民族传统烙印，也为这些公共空间增添了浓郁的地域色彩。

贵州少数民族节日种类繁多，内容丰富，形式多样。据不完全统计，全省的民族节日有近1000个。贵州少数民族不仅同一民族有共同的节日，而且不同地区还有各自的节日。这些节日源远流长，它与各民族的社会生活、历史进程和生产方式密切相关，同时也互相影响和渗透到各个方面，其中也包含在生活居住中（图2-1～图2-3）。

二、对"萨神"、图腾及火塘的崇拜

"萨神"，是侗族共同崇拜的对象。侗族的"萨"崇拜既有英雄崇拜方面的内容，也有对天、太阳、图腾、土地、祖先、母性、生育以及对其他社会现象和自然现象崇拜的内容，并且它已影响到建筑文化的形态。

图 2-1 节日跳芦
笙场

图 2-2 节日赶场

图 2-3 节日斗牛

侗族有"立寨必欲设坛，坛既设，则乡村得以吉"之说。萨坛多设在寨中，有一间小屋称亭萨，内设神位，也有设于寨外的。设在寨外只用石块砌成方垒或圆丘，中间或周围栽有古青树或枫树、楠树。

增冲寨于村寨的西侧设有露天的神坛，青石砌筑高出地面，平面呈八角形，这种现象实际是古代氏族祖先崇拜的一种遗迹。鼓楼、花桥或在建筑物门额和屋脊上置有的"龙"形装饰以至村落寨头所蓄的"风水林"和"遮荫树"以及将小井、巨石等视为"地脉龙神"，此外还对牛、鱼、蛇、鸟、铜鼓、太阳、田地崇拜等等，这些都体现这里的人们对自然界的一些自然现象的一种崇拜心理（图 2-4～图 2-7）。

苗族、侗族架空的生活居住形态只有解决了生活中最基本的物质要素——用火的问题之后，才得以摆脱地面的束缚。火塘是家家户户离不开的生活设施，也是生活、饮食、聚亲会友、交流信息、传承历史、沟通感情的场所，从而已经形

图 2-4 神位

图 2-5 肇兴大寨
祖母堂

图 2-6 增冲寨露
天祭坛

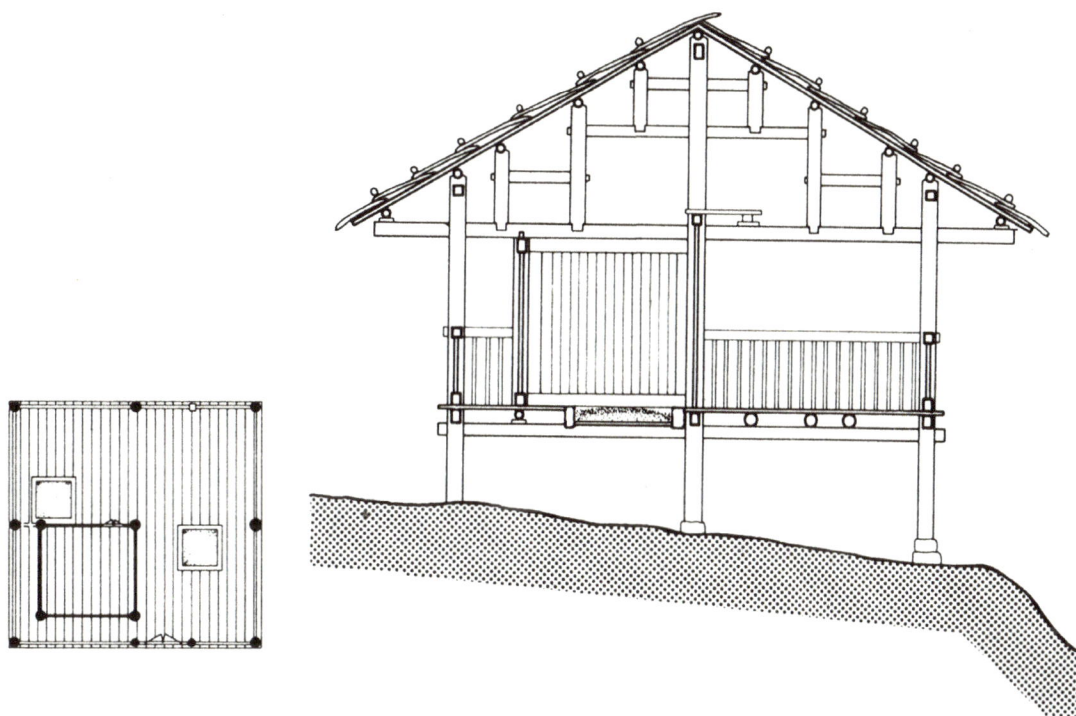

图 2-7　巨洞寨祖母堂

成一个独特的火塘文化，可以说火塘是一个小社会。如果说，侗族的鼓楼文化是偏重于社会型，即外向型；那么火塘文化则是家庭型，即内向型（图 2-8、图 2-9）。

可以说，图腾崇拜的内容和成分、质量及意义，已远远越过了人们对人（英雄、具体偶像）的崇拜，体现了人们对物象崇拜的同时而转为精神崇拜。而且这种对"萨神"崇拜以及对图腾、对火塘崇拜的观念，反映在对民居形态的影响方面也十分强烈。

图 2-8　村民围火议事

第四节　稻作文化的影响

禾稻不仅是人类一半以上的人口赖以生存的主要食粮，而且也是产生人类精神文化的主要物质基础。稻作文化即原始农耕文化，也是历史上长期生产过程中，农业耕作技术不断进化而产生的精神文化。稻作文化可以反映出一个国家、一个民族的文明历史和进步，反映出它们的演变过程与规律。而且一个民族的饮食习俗与居住形态有着天然的联系，多样性的食文化势必会支配和

图 2-9　民居高台式火塘

图 2-10　稻田

图 2-11　打粑粑

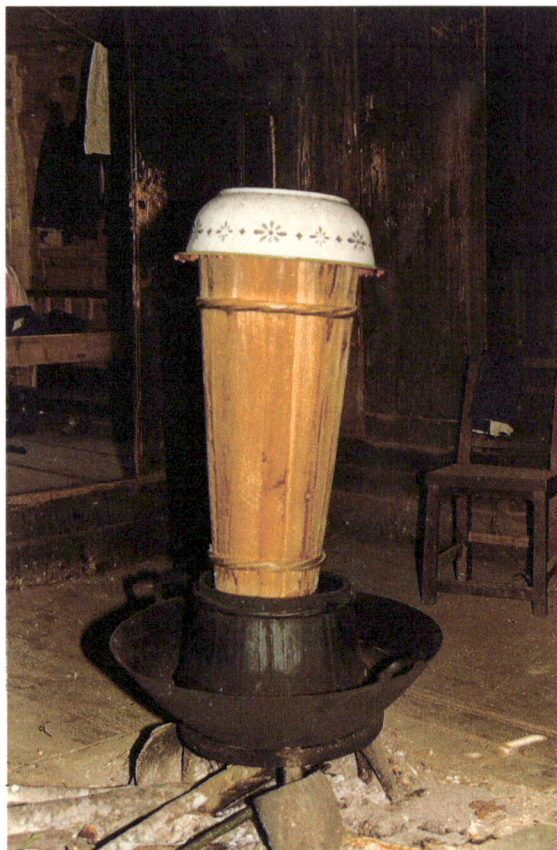

图 2-12　蒸锅

影响室内居住的环境空间（图 2-10）。

　　侗族作为食用水稻的民族，糯米是南侗、北侗的共同嗜好。大面积种植糯谷是所有侗民们约定俗成的习惯，在南北方言区中，家家户户都有专门的摘禾稻刀，晾晒禾把的禾架、禾桶，蒸糯米饭的小蒸笼，以及用糯米酿成的米酒（图 2-11、图 2-12）。

　　侗族常食大米，有"现舂现煮"的习惯，因此于干阑木楼底层每户都置有碾磨等家庭必备的用具。在从江县往侗寨还有打米用的水车、水碾。

　　作为稻作民族，因谷物的收获而必须设置谷仓这类的建筑物借以贮备粮食，所以，谷仓在村寨整体布局中，有的集中布置于村寨中心，有的集中于村寨的一侧，也有的单独建于水塘之上，但都考虑防火。

　　除饮食习俗外，在干阑木楼中的宽廊或在三楼，大多放有轧花机、织布机、纺车、纺锤等工具，还有的人家在此制作木器、银器、竹器。这些极富地方和民族习俗的生活模式，使干阑侗居的内部空间，增添了浓郁的民族气氛和地域色彩（图 2-13、图 2-14）。

　　贵州民居亦和文化的总概念一样，不是那么单一纯净，它受着所处地域的各种固有文化因素的影响，是多元文化环境因素的复合体，是颇为壮观的文化系列相互作用的结果。正是由于这些特定而多样统一的文化环境背景和建筑文化的内在因素，才培育出有明显个性和浓郁的地域特质的贵州山地民居空间形态。

图 2-13　竹器

图 2-14　纺织工具

第五节　技术背景

建筑的发展总是与建筑技术水平发展相适应的。一般来说，建筑本身功能要求的复杂性是促进建筑技术发展的重要因素，一旦原有技术条件不能满足新的功能要求时，就有可能促使技术自身的变革和进步；另一方面，建筑技术的发展又受到经济基础的制约，任何技术都不可能超越经济基础所允许的条件而向前跃进。除此而外，还有多种因素都有可能影响建筑技术的发展，这些因素也就是所说的技术背景。

建筑材料的出产情况，直接左右着建筑技术的发展。村寨民居建筑的各个专项技术，如竹、木、土、石等建筑技术的发展，除了与材料的出产情况有关之外，还与民族传承有关。不同的民族或族群由于生活习性与居住地域不同，加之材料出产情况的影响，也会表现出不同专项技术的差异。百越民族久处南方，喜居干阑式住宅，又有竹、木繁盛之便，故对这两项技术比较精通。然而，即使是在同一族群中，也有一些差异。如生活在盛产杉木地区的侗族群众在竹建筑技术方面就显然不能与生活在竹海之中的傣族相匹敌，而那些与汉族较为接近的民族如黔西北彝族等，则采用

了土木结合的土坯房形式，有木梁承重，用土坯或夯土墙作外墙，有时也用土墙单独承重，表明建筑技术已达到一定水平。

民族迁徙在一定程度上促进了建筑技术的发展，因为建筑本身是不能移动的，也很少有能适应于所有人的居住的建筑模式。从一地迁徙到另一地的人们，必定会将本民族的建筑技术带到新的居住地去，从而为这一地域的原有建筑技术注入新鲜血液；与此同时，外来民族也会吸收土著民族建筑技术的某些成分，对自己的建筑技术作出修正，以适应环境条件的变更。

加工工具也是构成技术背景的重要因素，正如生产工具是衡量生产力的重要标准一样，加工工具的发展水平也制约着技术水平的进步，在不同历史阶段中，主要的加工工具往往决定着当时的技术发展方向。

侗族建筑的柱、梁等构件的规整程度，远远超过邻近的其他少数民族，其原因并不在于他们拥有更先进的加工技术，而在于他们较早地采用了汉族常用的木工工具，相对来说，这类工具在其他少数民族中尚未普及，因此明显地阻碍了其技术的发展和进步（图2-15、图2-16）。

建筑的度量方法也属于技术背景的范畴。虽然一般常用的度量方法是标准尺制，但标准尺制

图2-15　大木作

图 2-16　木工工具

的出现已是发展到一定水平之后的事情，其应用范围也大多是在文化较为发达的地区。

还有如像"床不离五，房不离八"的苗家匠作口诀，就是因为视八为吉祥数字而采用的一种以"八"为尾数的十进位制模数方法。

竹竿不仅可以用来测量距离，还可以作为建筑的设计图，侗族工匠常用的"香杆"就有这种功能。所谓"香杆"实际是半片毛竹，刮去青皮后，裸露出金黄色的竹质，光滑而不沾墨，既易于书画，又易于涂抹，侗族工匠用一把曲尺、一杆竹笔将一座房子的各种柱子、檩条等图形和尺码都绘制在这竹片上。"香杆"的长度通常与房屋的中柱相当，使用起来，横比竖量，得心应手。此外，侗族工匠还用一种代代相传的术语代字，一般有26 个字，根据规模大小繁简程度用字又可多可少，经常使用的有下面13 个：（前）（后）（左）（右）（上）（下）（中）（尺）（土）（挂）（梁）（方）（柱）。这种将繁杂的构件简化为少量的文字，未尝不是标准化程度较高的一种表现（图 2-17）。

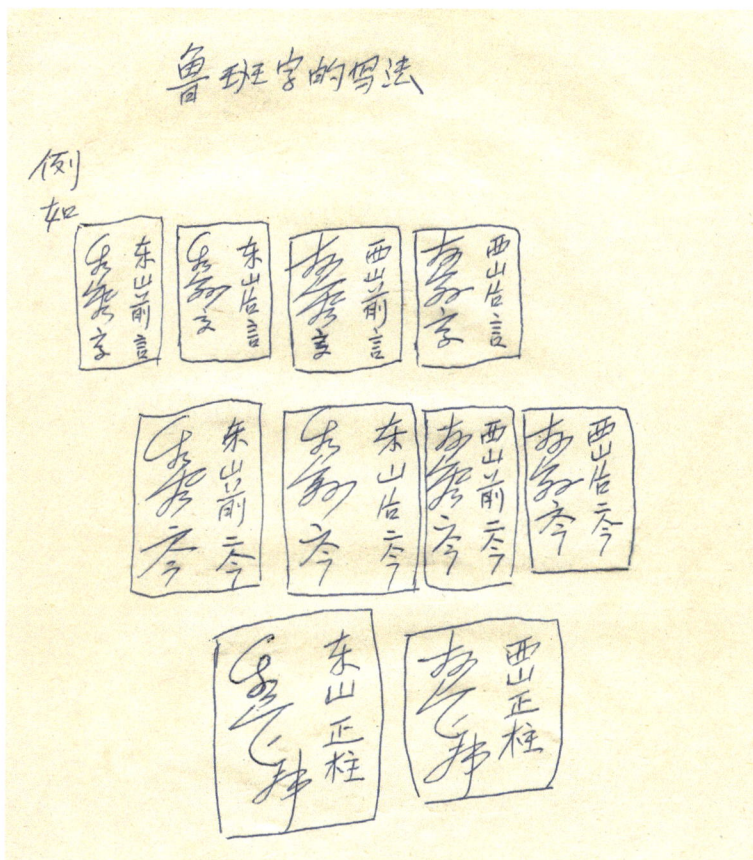

图 2-17　工匠用鲁班字

第三章　村寨——贵州民居生成的聚落

以生产的先后程序而言，一般说村寨先于城镇，村寨是人类聚落的童年，自古以来一直是人类精神家园和物质家园的体现。

村寨又是民俗文化空间和实体的体现，因为村寨为我们提供了接近自然和生态的居住场所。村寨是通过建筑物，建造技术，以及各种材料，通过与自然环境的相互作用，因地制宜，以其简洁的造型，自由多变的布局，向人们展示出人工与自然、建筑与风景、已塑造的和未塑造因素之间的和谐。

村寨建筑形态的形成与发展，是历史、社会、文化等因素共同作用的结果。然而山区村寨建筑能够形成自我个性与特质的一个重要方面，是在于它对环境和文化特殊性的重视，而且其个性反映在建筑的功能与类型的特征之中，表现在它特有的与山地环境相结合的建筑形态之中。

图3-1　依山建寨的苗寨

图3-2　板凳桥

第一节　村寨选址原则

一般说来，村寨的选址取决于村民的生产特点和生活习性。如以稻作农耕为主的民族村寨大多建在平地、水网或河谷地带，我国侗族、布依等民族大多都是如此。而以旱地烧耕为主的民族，就不得不将高山、山腰或丘陵地带作为村寨的寨址，其代表者为我国的部分苗族、瑶族等民族。另外，以渔捞业为主的民族，由于居住在沿海地带，有些甚至将村寨建在水上，形成水上村寨。这种不同格局的形成是因为在技术水准较低的情况下，人们尚无能力与自然环境相抗衡，只能根据生产特点去选择适合自己居住的地点。

村寨具体位置的选择，虽然考虑因素大致相似，但不同的民族也表现出不同的特点。布依族同姓集聚区，村寨多为依山傍水，环境优美，大小树木郁郁葱葱，远眺山寨，可见到建筑群体因地形高差而展现出不同的层次和高低错落的轮廓。苗居聚落依山建寨，择险而居，村寨周围环境既要适宜居住耕种，又要有利于防守，作为苗族建筑主体的民居及附属建筑物，就构成了高度凝聚苗族文化精华的聚落——苗寨。然而苗寨环境也有千差万别，仅就位于山腰的苗寨环境也各不相同。如黔东南一带村寨竹木葱茏、流水淙淙，寨前寨后梯田层层；而黔西北一带缺水少树，梯土多于梯田。位于山顶的苗寨，为数不多，寨子也小，有的甚至独户而居（图3-1）。

苗族村寨总体布置有一定的格局，其中位于雷公山下、清水江畔的苗族村寨最为典型。这里的苗寨星罗棋布，一般寨址都是寨脚有河，河上建有板凳桥，河畔有成群的水车、水碾。寨后有山，山上古木参天，郁郁葱葱。树林里，许多眼泉水顺着山沟流向苗寨，村民用木、竹水槽将泉水引进农田、鱼塘内乃至家门，村头寨尾还修筑有岩菩萨（即土地庙）（图3-2）。

瑶族在选择村寨位置时，首先要请风水先生相地，看风水龙脉。风水先生除了要选择地理条件合宜的地段外，还必须选在距水源较近的山腰地段。另外要有从村的左边流来"青龙水"作为各家各户的饮水水源，瑶族将右方（白虎）看作敌方，因此从右方流来的"白虎水"就不能饮用，有时甚至不惜舍近求远，而"白虎水"则只能用作灌溉和洗濯。

这里所说的风水龙脉，实际是指中国传统环境观的相关知识体系。在贵州山区的村寨，特别是在决定住宅、墓地、村子安排和方位时，风水仍然发挥着重要作用。当地的风水先生靠自己的知识、罗盘，向主人暗示最好的方位，而主人则完全接受其建议来修住宅或墓地。

苏洞上寨村民或是沿都柳江流域的侗族村民，都非常尊重村子的龙脉，在每个侗民的头脑里，都有了解该村寨龙脉的知识，也许这就是民族的聚集象征和文化规范。如苏洞上寨寨址背靠犹如舞动着的龙一般的山麓，前面流淌着供生产和生活用的都柳江水。一般寨址坐落在河流南面为最佳位置，坐东也不差。所以相当部分的村落都选择在河流南面或东面的山岭与河谷之间的丘陵地带，并且于河岸与村寨入口交界处种 2 棵榕树，象征是通往村寨的大门，俗称保寨门（图 3-3、图 3-4）。

我们从苏洞上寨寨址的地形背景龙脉，也可以看出，这种选址已经成为侗族村民共同的空间构成规范。同样如此，苏洞下寨、八沙寨、腊俄寨、郎洞寨、巨洞寨等侗族村寨，也都采用了相同的

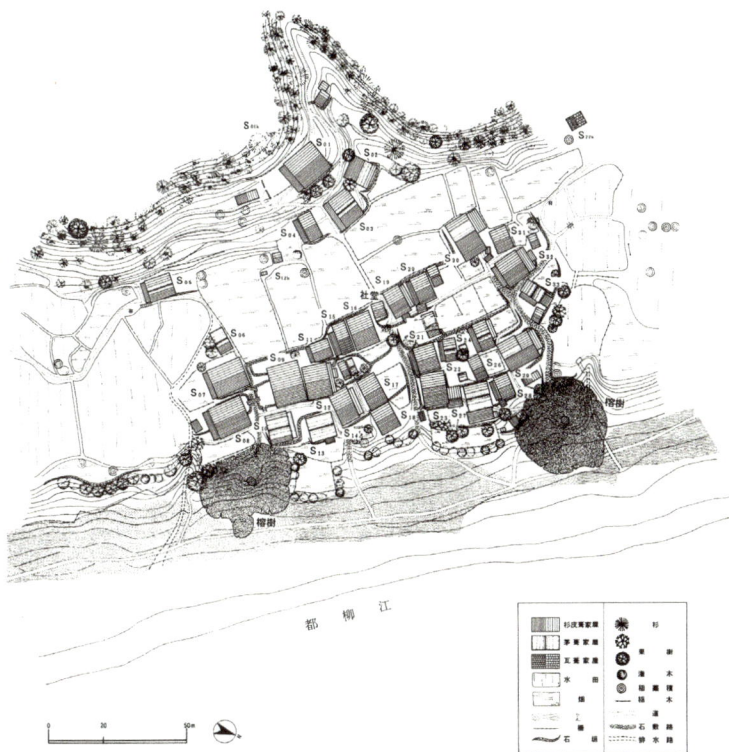

图 3-3　苏洞寨总平面图

图 3-4　苏洞寨全景

图 3-5 都柳江畔
的侗寨

图 3-6 寨门拦路
酒

空间布局。侗寨大多依山傍水，山川环境秀丽，村头寨边多植有古树，以神树为标志的林木茂盛，绿篱葱郁参差，草木峥嵘，溪流、堰塘交织成侗乡水网，人畜水源分设，水光山色相映，构成了一幅生动优美的侗乡风情。由此看出，贵州村寨选址原则无非是选择在距水源较近、便于建造房屋、又易于防卫的理想的有利区位上（图3-5）。

第二节 寨门——村寨的限定要素

贵州山区村寨一般不设寨墙，村寨领域主要依靠几个寨门的提示作用加以限定。村寨内外之间并无实际上的阻隔，也就是说，寨门是村寨的重要限定要素，设立了寨门，就算确定了村寨的范围。

在苗族住民的心目中，寨门具有防灾避邪、保寨平安的作用，同时这里也是迎送宾客的场所。迎宾时，村民群聚寨门外，设置一碗碗拦路酒，唱出一曲曲拦路歌；送客时，也是用酒相拦，唱吟难舍的分别歌，以表示对客人的尊敬（图3-6）。

侗寨寨门的入口标志性特别明显。走出寨门，就意味着离开文明的聚落社区走进了乡野；而进入寨门又表明你回到了文明之中。过去的村寨寨门具有防匪侵扰作用，而今寨门的主要功能更多的是体现礼仪，体现在精神上村寨成员之间的凝聚力。

寨门的形式多样，有形如牌楼或凉亭的木质寨门，虽曰寨门，却无门板，仅作为寨子内外分隔的标志。寨门在苗族人民心目中具有防灾避邪、保寨平安的作用。由于这种防卫作用仅仅是信念上的，因此形式也就相当自由，具有随势而立的特点。例如，苗寨有用板凳桥作寨门，有用树立于村口的保寨树作寨门，有时在进寨的山路两侧各插一棵翠竹，将两竹顶端弯在一起，也算是寨门。侗寨寨门的形式多样，有干阑楼阁式、门阙式以及两者结合等多种形式。寨门一般分为左、中、右三门式或前、后、左、右四门门洞形式。（图3-7～图3-10）。

图3-7 寨门迎宾

图3-8 形式多样的寨门

图3-9 形式多样的寨门

枝繁叶茂的古树，侗家人称曰"风水树"，像巨大的门柱屹立在寨前，具有象征侗寨人丁兴旺的含义，因此，侗寨人家多把它奉为"神树"而顶礼膜拜。高大的风水树，也是村寨的导向标志，探访侗乡时，硕大的古树，就成为村寨领域空间的特殊导向标志。

郎德上寨有上、中、下三座寨门，各有一条入寨道路，也是寨内的三条主要干道。三座寨门的造型虽然类似，然而都能根据所处地形的不同，体现个性和特点。

图 3-10　形式多样的寨门

寨门依其位置不同，具有用途上的不同区别，透过寨门的宗教性表象，还可以发现人类对限定聚居环境的重视。例如某些侗族村寨至今还保留着在春节前三天晚上，由寨老率领全村男青年绕村寨边界周游三圈的活动，其目的之一，就是要年轻人不忘村寨的界限。

第三节　寨心——村寨的灵魂崇拜

贵州少数民族村寨，在选择寨址和建寨活动中，表现出来的对村寨中心的普遍重视，大概与原始宗教信仰有关。寨心的重要性不在于它在村寨中所处位置本身所具的优势，重要的是在于它被世代相传的观念所赋予的象征意义。将寨神与祖先联系在一起的典型例子，应数侗族村寨的"祖母坛"。侗族人民所说的"祖母"，又叫萨丙或萨岁，她是侗族的女祖先和社稷神，传说她能镇宅驱邪，保佑六畜兴旺，五谷丰登。

神坛是侗寨人家迁居新地首先要做的一件大事。历史悠久或人口众多的寨子，几乎都有神坛。露天神坛设置在村寨的鼓楼坪或空旷地上，用石头垒砌而成。坛用片石围砌填土垒堆，坛上植有青叶树，如松树、柏树、桂树等树种。

"祖母坛"是供奉萨丙的神坛，分室内和室外两种。室内神坛一般是建在村寨中央，属比较正规的祖母坛。它是在一矩形小屋中，用板壁围合出神坛的所在，形成一处空间里的空间。祖母堂内一般都供奉有象征性的石头、祭台、灯具或埋于地下的木人、铁锅，上置半张开的雨伞。因为伞与太阳图腾有着非常密切的关系，他们认为太阳对五谷的生长及人类的生存起着举足轻重的关系。因此侗民将太阳比作是神的力量和光辉，认为太阳还是"萨岁"的威力寄附的光芒。由于生活中象征太阳形象的莫过于红纸伞了，所以在民间活动及祭祀中，都少不了借助太阳的力量，因此，伞在侗族地区也远远超过了它本身遮阳遮雨的作用。

侗寨的祖母坛更多的则是被赋予了村寨守护神的意义，这种将祖先与寨神糅为一体，缩短了神与人之间的距离，因此，作为村寨灵魂的寨神，就不仅是村寨的缔造者，也是村寨的保护神。

上述情况表明，在少数民族建寨活动中，最主要的两项内容就是确定寨心和建造寨门，由此可见，寨心和寨门在村寨中所占有的重要地位。

然而，具有实质意义的村寨中心，大多体现在村民作为公共活动的场所空间。苗寨几乎都有铜鼓坪或是芦笙场，铜鼓坪与芦笙场是同一地点的两种名称。一般每个寨子都有一个铜鼓坪，有的几个小寨共用一个铜鼓坪。侗寨的群体空间形态，对所表现的村寨中心普遍重视的意识也到处可见，它以芦笙舞坪、戏台广场或是以集会场所的公共建筑——鼓楼作为标志，使村寨的群体布局在自由中求得了秩序，在统一中求得了变化，成为侗族集群或村寨有鲜明特征的符号和代码。

侗族村寨虽然形态各异，不拘形式，但整体上是统一的、协调的，空间环境也是极富生活情趣和颇有人情味的。即便村寨中心布置有鼓楼广场等集会场所或交往空间，其总体格局依然是自由围合的聚落式形态。（图3-11～图3-15）

图3-11　增冲寨寨心——鼓楼

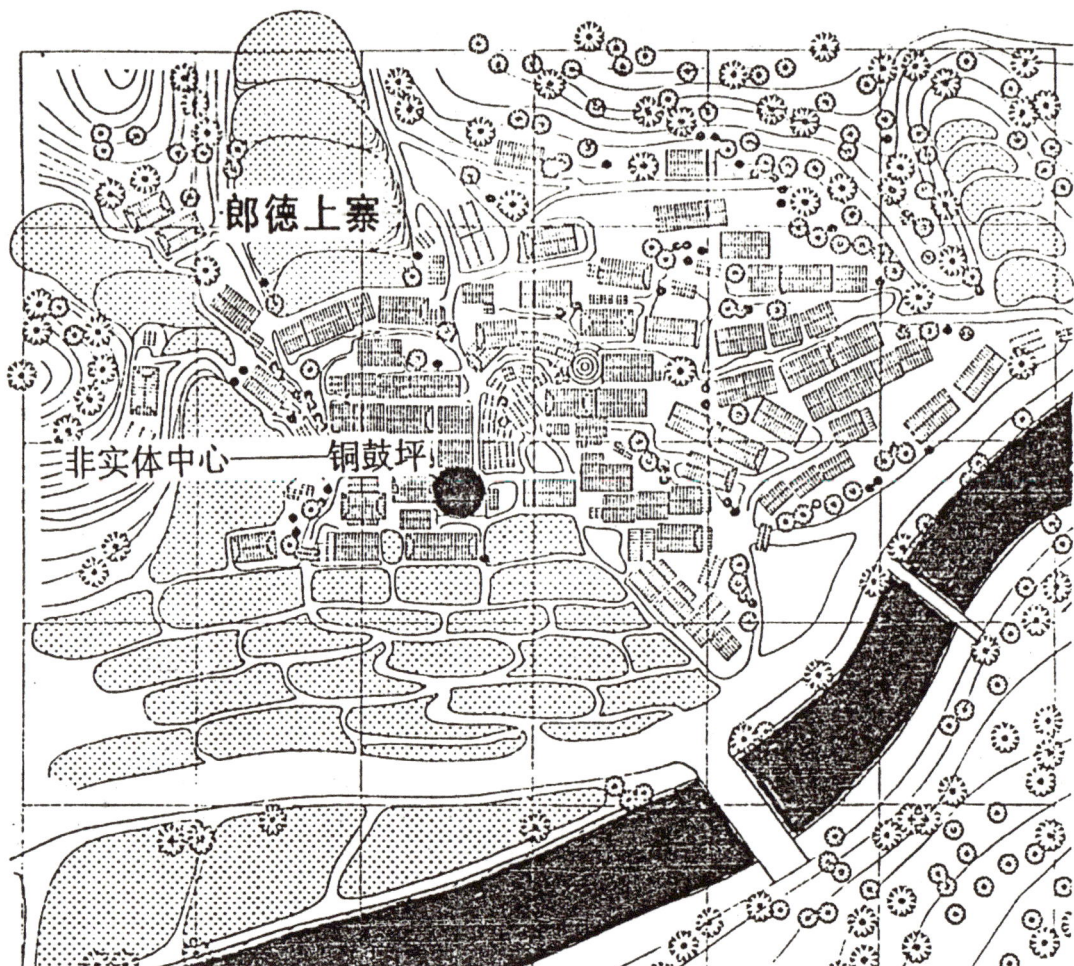

图3-12　郎德上寨寨心——铜鼓坪

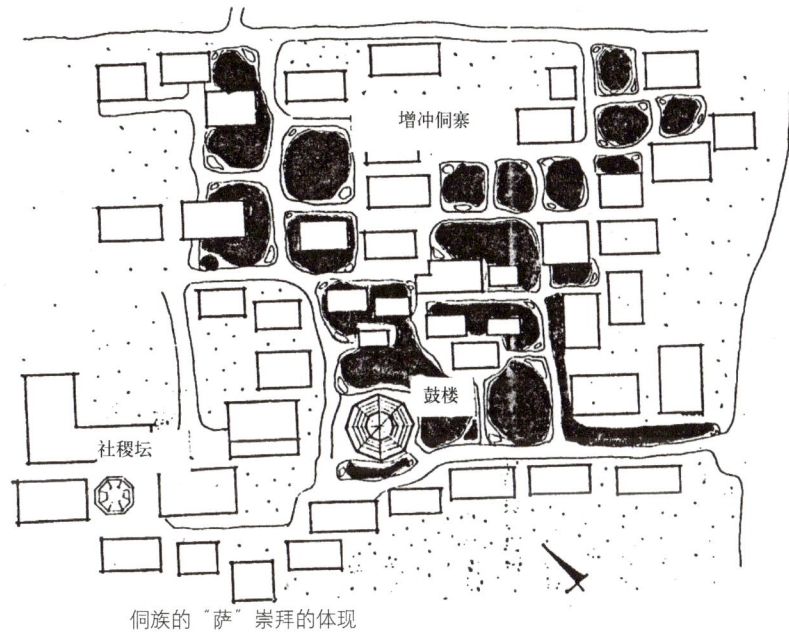

侗族的"萨"崇拜的体现

图 3-13　增冲侗寨寨心

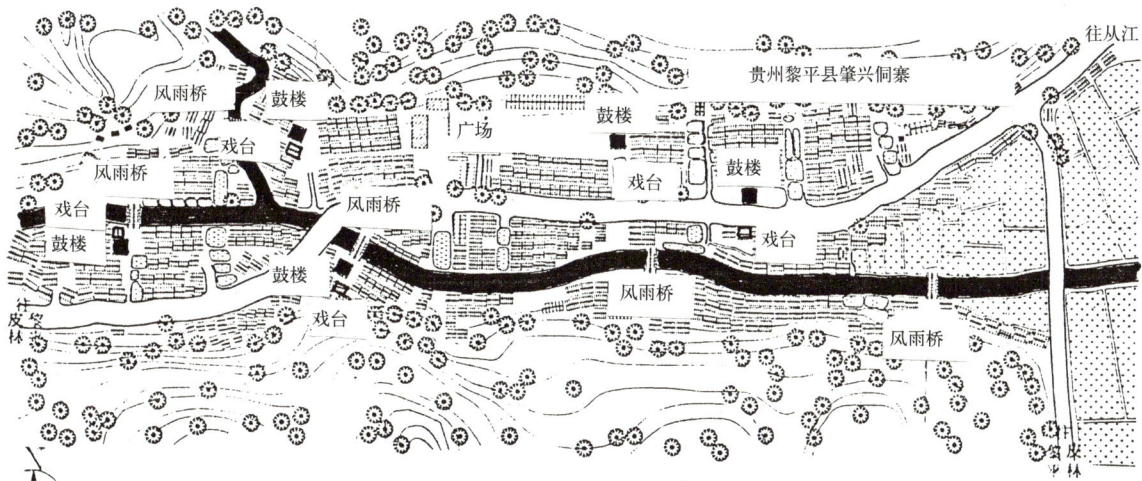

图 3-14　村民聚合的公共活动空间

图 3-15　寨心——铜鼓坪

第四章 贵州村寨类型与形态

　　贵州山寨住地选择，主要为适应农业生产的需要。贵州各族农民多在山间盆地及河谷地落寨，民谚谓之曰："鱼住滩、人住湾"。由于受到居住环境和宗法制度的制约，大多依山傍水聚族而居。然而为了少占和不占平坝地区的肥田沃土，同时也为了村寨的安全和生产、生活的需要，又多选择既方便上山又方便下田的山麓处建房。也有某些民族的某些支系，屡受战乱折磨，被迫频繁迁徙，不得不住在条件较差的半山腰甚至山顶。纵观贵州民族村寨，是呈垂直、立体分布的状况，都是由于客观条件影响的结果。

　　贵州村寨的格局，多受地理、历史和社会等多种因素的影响，各族村寨格局，既有共性又有个性。在水源先决的前提下，其平面布局有环状式、弧状式，还有环绕水井、顺着溪流，或者建成辐射状，形同蜘蛛网，或者建成环抱状，酷似靠背椅。各民族、各地区因环境和经济的差异，村寨格局又有封闭式和开放式的区别。此外按民族结构还有聚居式、杂居式等等。封闭式的寨子，有用石块砌墙、泥土夯墙、栽种竹木荆棘充当围墙以及挖掘壕沟用以自卫等多种做法。多数寨子，一族一姓，高度聚居，但多族多姓共居一寨的为数也不少，这也是经济往来、文化交流、民族融合的必然结果。

第一节 建造在山坡上的村寨

一、山腰顺势分层筑台型村寨

从江县都柳江畔的巨洞寨，寨址位于坡度为65%的山坡上，村寨的民居建筑面向都柳江，村寨采取沿等高线成三度布置，场地分层筑台，建筑分别布置在不同高程的小台地上。剑河下岩寨址类似巨洞寨，全寨45幢民居也分别坐落在不同标高的小台地上，寨内地势坡度较陡。道路纵横，曲直不一，以片石或卵石铺筑，主要纵向人行干道平行于等高线。寨内民居空间利用合理，该寨岩层倾向山里，地层走向与房屋纵向平行，吊脚楼前后两个不同高程，分设纵向挡土墙。在台地前端建设堡坎，既可防止山体坡面土层滑动与蠕动，又能保护原有山体形态，构成建筑与坡面

图4-1 都柳江畔的巨洞寨

图4-2 分层筑台型苗寨——八吉寨

图 4-3　剑河县下岩寨

共组的景观，使村寨有机地融入到自然环境之中。此外，八吉寨等村寨也属于这一类型（图 4-1 ~ 图 4-3）。

二、顺势架空生态型村寨

对于复杂坡面，尤其是径流冲刷和侵蚀的凸形坡，山地坡面险峻，为了防止滑坡和崩塌，采取利用地形架空建筑，增加建筑形态和山体形态的有机融合，能较好地保持原生态的自然环境。

郎德上寨位于黔东南雷山县苗族聚居地，它依山傍水，四面群山环绕，村前一条溪流清澈透明，宛如龙蛇悠然长卧。村寨的总体布局依山就势，疏密相间，形成似自然生长的寨落形态。村寨设置有寨门三处，作为寨落空间的界定及村寨出入口标志，显现出强烈的空间领域感。村寨居高临下，与主要道路及溪流保持有一定的距离，有一个较好的防范和缓冲区域，充分反映出村民对外界警戒和防范的意识。

村寨内部道路随地形弯曲延伸，主干道垂直于等高线走向，各支干道水平走向，路面用鹅卵石或青石铺砌，清洁卫生。寨内有一个较宽敞的铜鼓坪，场地用青石块呈同心圆放射状铺砌，图案与铜鼓面相类似，富有强烈的民族地方色彩。

村寨中部集中布置有谷仓群。为避免粮食遭受火灾，谷仓围水塘而建，屋面材料采用易吸收水分而不易起火的杉树皮。村寨的公共建筑有两处，一为铜鼓坪前的两层悬山式接待室，另一是纪念村寨民族英雄杨大六而建造的木构两层四坡顶屋面的纪念馆。

朗德上寨苗族民居多为小青瓦屋面的吊脚木楼。吊脚楼造型部分置于坡岩，部分用柱脚下吊，廊台上挑，屋宇重叠，具有较强烈的民族地域特征。

又如剑河县南哨排样村，寨址山坡坡度较陡，村寨民居采取架空干阑方式，依山就势层层跌落，利用跨越等高线数量的多少来调节建筑层面，构成村寨建筑高低变化，参差错落的吊脚楼群体空

图 4-4　剑河排羊寨

图 4-5　郎德上寨内景

间形象，同时又保护了山体坡面形态的原生状况（图 4-4 ～图 4-6）。

三、河谷坡地型村寨

滑石哨村寨位于关岭县与镇宁县交界的打邦河右岸，距著名的黄果树瀑布不到 2 公里，是布依族一个典型村寨。该村寨建于河谷坡地，坐西朝东，村寨用地南北长东西窄，全村有近 40 户居民。村寨的民居由村寨入口自上而下布置，房屋疏密相间，随坡就势。寨内的一条石阶干道，与纵横小路连成交通网络，横向小道多沿等高线

图 4-6 某架空生态型村寨

图4-7　赤水大同镇远眺

图4-8　滑石哨村

布置。

　　寨内的11株大榕树，几乎覆盖了整个村寨，构成了一幅具有布依族村寨独特风格的自然画面。寨中有两处被枝叶繁茂的千年古榕掩盖的广场，一处于进寨的入口处，广场周围设条石坐凳，这里是全寨的活动中心，通过一座石拱桥，可以将人流引入村内；另一处是寨内的"土地庙"广场，土地庙供有"土地爷爷"和"土地奶奶"，这个广场也是寨民们平时活动的场所。

　　河谷型坡地水资源较为丰富，在山地区域，土地资源有限，利用有限的河谷坡地建造小型村寨，可以借此欣赏河床深浅变换的景观，于此居住，回味无穷（图4-7、图4-8）。

四、横跨山脊顺山就势而为的村寨

　　山势是山脉的形态趋势，通常山势的变化是通过坡面轮廓的变化体现出来，村寨民居如果顺山势布置，既可兼顾山体的坡地形态，又能维护坡面生态系统的完整，同时还能取得建筑形态与自然山体形态的一致性与和谐性。

　　素有"苗都"之称的西江大寨位于雷山县东北部，背靠雷公坪，面临白水河，山环水绕，恬静清幽，距雷山县城37公里，距州府凯里81公里。苗族人只要提起西江，都不无尊敬地称其为"西江大寨"。

　　西江大寨由平寨、东引、也通、羊排、副提等12个自然村寨组成。现有1200多户，6500多人。西江千户苗寨的房屋是依山傍水顺山就势而建的山寨，寨中大多是吊脚楼。全寨民房鳞次栉比，次第升高，直至山脊别具特色，被专家誉为"山地建筑的一枝奇葩"。西江大寨总体布局的吊脚楼分为三层，高处的吊脚楼凌空高耸，云雾缠绕，低处平坦舒展，绿涛碧波。木楼屋前或屋后竖有晾禾架或建有谷仓，秋冬时节，金黄色的包谷、火红色的辣椒、洁白的棉球等一串串地悬挂于楼栏楼柱，既不怕潮霉，又能防鼠，天然粮仓，色香盈楼，把锦绣苗乡装点得更加绚丽多彩。西江大寨民居建筑的总体布局由山脚延展至山脊顺势而上，舒展平缓，特别是位于山顶、山脊处的西

图 4-9 建筑形态与山体形态一致

图 4-10 大寨内景

江排样寨，建筑高度都比较低，较好地满足了山体形态的原生态，保持了建筑与自然环境的有机融合，建筑群体轮廓的走势充分体现了与自然山体坡度形态的一致性（图 4-9～图 4-11）。

图4-11 随山势建寨

第二节 受山地河流影响形成的村寨

一、河滩阶地型村寨

于贵州从江县下江区境内，沿都柳江畔分布有腊峨、巨洞、郎洞、苏洞等若干个侗族村寨，这些村寨均以依山傍水的选址模式延续传承，至今仍保持着侗族文化的特质。

都柳江畔的苏洞寨共70户，340人，分为上寨、下寨。下寨有40户，210人，房屋密集，村寨占地范围4000余亩，山地全部绿化，这里地处亚热带，海拔低，雨水丰富。

苏洞上寨地处林区，木材、树皮成为得天独厚的建筑材料，整个山寨，全为干阑式木楼。苏洞寨上寨位于从江县下江区，东临都柳江，江水离寨仅一箭之遥，南与苏洞下寨相邻，村寨的西南与北面均为成片的杉树山林。山林称为风水林，以镇凶邪。临都柳江畔的寨前两棵大榕树，名曰"风水树"，古树树径七八人难以抱合，像巨大的门柱屹立寨前，硕大的树冠遮天蔽日。傍晚在不规整的石阶梯道上，牛群返回家园，身在其中，大有桃源之感。

苏洞寨是一个典型的河滩阶地型村寨，是风水观念之中的理想村落基地：寨后有靠山，前有朝宗，后山略呈弧形环抱村寨，形成护卫势态，村前河滩坝子空间平敞，都柳江水似如玉带，村寨坐落的地理环境，对讲究"风水"、"龙脉"的侗族村寨，尤其合适（图4-12）。

图4-12 苏洞寨村貌

二、弯曲河谷型村寨

贵州黎平县肇兴侗寨旧名为"肇洞"。村寨位于黎平县城南70公里处，是侗族南部方言地区较大的村寨之一，有"七百贯洞，千家肇洞"之称。

肇兴侗寨的地理位置属低山峡谷区，村寨所处地形为两山之间的谷地，寨址就坐落在这片弯曲型河床的阶地上。村寨民居沿山谷走向的溪流及道路两侧布置，两条长长的溪水于村寨中间汇合后流往西北。阶地土质肥沃，村寨富裕，景观秀丽。村寨占地面积为18公顷，现有住户700余户，人口约3300余人，规模为黎平县内自然村寨之冠。五座侗寨鼓楼由下而上收分变化，给人一种向上的势态和高耸的视觉效果，体现了侗寨特征。

在肇兴侗寨，除了鼓楼之外，还有五座风雨桥和戏台。风雨桥设置于每个族群的入口部位，因此，它又是群落地域空间界定的标志。

肇兴侗寨所处的地形位于两座山脉之间的谷地，侗族木楼沿着山谷走向布置，民居的分布形态呈线状格局，总体整齐而有秩序，构成了良好的人居环境（图4-13）。

图4-13 "千家肇洞"风貌

三、迂回扇形村寨

增冲寨犹如一个半岛坐落在环抱的溪流之中，村落的北、西、南三面临水，溪流绕寨而过，三座风雨桥横跨其间并与寨外相通。村寨共有197户，1093人。寨内的侗族民居以干阑式木楼为主，木楼的檐廊彼此相接，屋面青瓦若邻。于

图 4-14　迂回扇形的增冲寨

图 4-15　增冲侗乡景色

村寨的南侧，也有几幢外观经演变，仍然带有我国江南地区色彩的空斗墙的汉风住宅。被列为省级文物重点保护单位的增冲鼓楼，耸立寨中，四周鱼塘满布，水流潺潺，侗居凌驾于溪水之上。村寨的禾晾到处可见，呈现出一片侗乡特色。

增冲寨的村寨形态，属迂回扇形河漫凸岸立基建宅的类型实例，该寨是位于河道附近的大型平坝村寨。建筑基本上避开凹岸，大多布置于河流迂回扇形的凸岸，组成一个高密度的块状形态。村寨溪流水量不大，对阶地不构成水灾威胁。此类村寨距溪流较近，取水方便，此外，村落位于高处，呈团状形态，具有全方位的视觉景观面，或远眺，或俯视，可以形成辐射状的迂回扇景观（图 4-14、图 4-15）。

图 4-16　半岛台地型镇山村

四、半岛台地型村寨

镇山村位于贵阳花溪区石板镇花溪水库中部的一个半岛上,三面环水,碧波荡漾,一面临山与半边山和李村隔水相望,山清水秀,环境优美,整个村寨掩映在青山绿水之中。全村分上寨、下寨两部分,总面积3.8平方公里。房建青坡上,人在水中行,山里有寨,水里有村,步入山村,有置身于石头建筑的艺术境界,它是贵州中部地区典型的布依族村寨。三面环水的自然环境,使山、水、田园融于一体,提供布依族村民一个接近自然和生态的居住场所。村寨依山傍水的石板民居建筑风格、木构架、合院空间、石巷通道,景色迷人。下寨民居呈梯形状布局,分布在四级台地上,并向两侧延伸,形成向湖面围合的凹形空间,有良好的视觉景观。村寨建筑居高临下,可以环绕观赏周围的水库景色(图4-16)。

第三节　村寨建筑特色的构成

一、村寨建筑特色构成因素

除气候的因素之外,在贵州山区唯有地貌条件对村寨与建筑的形态影响最大。建筑与自然环境的关系,在贵州山寨表现得极其复杂,这是因为山地村寨比平原村寨更容易受自然环境的制约,山地民居对自然环境改造和适应的能力比平原村寨更为强烈。山地民居作为人类在复杂地形与复杂地貌上创造出来的一种特殊的建筑类型,充分体现出它的独特个性与特色。当地住民为了在面积有限和地形起伏、倾斜的地貌环境中,合理选择房屋的建造方式,他们在长期的建筑实践中,创造出适应山地自然环境的"占天不占地、天平地不平、天地都不平"的山地民居建筑形态。这类建筑的平面空间形态自由多变,善于根据不同山地坡面环境的坡度、生态位、山势和自然肌理,采取吊(层、柱)、架(空)、挑(悬挑)、切(切

图 4-17　左右不对称吊脚

图4-18　层层悬挑

角）等手法，构成建筑基底与坡面不同的接地方
式，以适应山区起伏不平的地形地貌，取得与山
体形态的协调和谐。

　　山地民居的形态特征，取决于赖以生存的山
地环境，而山地坡面环境又是由山地的坡度、生
态位、山势、山体自然肌理等因素构成，这些因
素对建筑的接地形式、形体特征会产生直接影响，
因此山地民居独特的形态特征，是由于环境作用
于建筑文化的结果。它还佐证了这一地域气候湿
润，山坡纵横，基地平地面积有限的特定自然条
件和环境特点，体现了山地建筑形态具有强烈的
"本土性"和"地方性"。

　　山地民居充分利用地形高差和山位，取得了
建筑与山体地段环境的适应性，构成了建筑形态
和坡面形态的有机融合，构成了村寨群体与山体
自然环境总体的协调和谐，同时还充分体现山区
人民具有尊重环境，保护地表原生地形和植被的
生态意识（图4-17～图4-19）。

　　二、村寨建筑与自然环境融合的表达手法

　　山地民居位处地理环境复杂的地区，它所在
的区域与平原和微丘陵地区不同，这里生态系

图4-19　切角

统的"类似性"较低。往往在同一个山地系统中
或同一个坡向中，由于小地形起伏、太阳高度和
日照方向的差别，可以出现悬殊的生态环境，这
也是山区地理环境特点及垂直地带性规律所决定
的。此外还有社会经济方面，表现为交通不便、
景观风貌的多样性和建造施工的艰巨性等。因此
要使山地民居能与所处地段自然环境协调和谐，
必须根据不同的实际情况，采取不同的处理方法。

图 4—20　与山体有机结合

图 4—22　架空悬挑有机融合

　　当然山地建筑虽然受到了比平原地区更多的限制，但同时也拥有更好、更独特的发展条件，这就需要我们去寻找地区的特殊性和优越性，扬长避短，因势利导。

　　首先，山地民居能针对不同的场地情况，采用不同的建筑处理手法，达到与自然环境的融合。

1．采取筑台错位的手法，可以体现建筑与自然山坡的有机融合（图4-22）。

2．陡坡地形采取吊脚，依山跌落的手法，能够取得高低错落变化，使建筑形态保持与山体自然形态的协调和谐（图4-21）。

3．地貌形态起伏变化较复杂的山坡块面，可以采用架空干阑建筑方式，以减少山体原生形态破坏，最大限度地保持地面生态系统的完整，取得建筑与自然环境的有机融合。

其次，山地民居，建筑布置能顺应山势的变化，即建筑顺应山势的走向，顺势而为，决不形成绝对的对抗，包括控制建筑的高度、体量，利用当地条件和建筑材料等。换言之，也即在考虑建筑形态时，必须兼顾山体形态，必须维护坡面生态系统的完整性，以达到建筑与自然走势的趋同及协调。

三、山地民居的生态原理及启示

通过上述许多实例分析，我们对山地民居的生态原理可以归纳如下几点：

1．当选择原生坡面环境进行布置村寨或民居时，取得建筑与自然环境协调的重要手段是，采用合理的建筑接地形式。即必须根据建筑所处的地段环境，包括具体地段的坡度、山位、地表肌理等因素，或是山顶、山脊、山腰、山谷，或者陡坡、陡崖等不同情况，调节建筑的底面，采用不同处理手法，会取得明显效果。

2．山地民居能取得与自然环境和谐，重要的是具有维护地面自然生态环境的意识，即在考虑建筑空间形态的同时，必须兼顾自然山体的自然形态。

3．善于合理利用地形高差，始终注意在起伏不平的地貌环境上做文章。使建筑与自然山势共构，让建筑随山势而为，采取依山就势，顺应高差，结合地形地貌，保留或运用山石，充分发挥竖向组合的特点，以架空、悬挑、吊层等手法体现山地民居的形态特征。

4．保持建筑形态与山体坡面形态的一致性，使建筑与自然环境达到有机融合、协调和谐。

鉴于以上原理，可以得到几点启示：

1．我们可以学习山地民居的思维方式，学习它集中在"不平"的构思上做文章，注意树立尊重环境保护生态的意识。

2．我们可以吸收借鉴山地民居在不同地形情况下的不同处理手法和技巧，为今天建设山地城镇和山地建筑服务。

3．从多元文化性的角度而言，山地民居是多层次建筑文化范畴中的建筑类型之一。运用山地民居建筑原理，作为当今繁荣建筑创作，达到多元文化互补的建筑格局也是十分有益的。

图4-21 依山跌落有机融合

第五章 贵州民居的类型与特征

勤劳、智慧的贵州各族人民，在世世代代的开拓与积累中，创造了本民族独具风格的建筑。无论是鳞次栉比的苗家吊脚楼，还是鲜明飘逸的布依族石头寨，或是古朴典雅的侗族鼓楼，都闪耀着美观实用的艺术光彩，展示了各族人民的聪明才智，使自己家乡的明山秀水更熠熠生辉。

第一节　综　述

贵州山地和丘陵占全省总面积的93%，是一个典型的岩溶发育山区省份。受山区自然环境的制约，贵州民居具有明显的山地特征。贵州少数民族大都依山傍水而居，选择水源好、燃料方便、离耕地较近之处建立村寨，多以血缘聚族而居。

勤劳、智慧的贵州各族人民，在世世代代的开拓与积累中，创造了本民族独具风格的建筑。无论是鳞次栉比的苗家吊脚楼，还是鲜明飘逸的布依族石头寨，或是古朴典雅的侗族鼓楼，都闪耀着美观实用的艺术光彩，展示了各族人民的聪明才智，使自己家乡的明山秀水更熠熠生辉。

居住在盛产木材的山区的苗族，他们的房舍都是依山而建，屋基的一边临山靠岩，另一边则以一排木柱支撑。这种"吊脚楼"结构奇特而又秀拔俊伟，聚寨而建的屋宇，依着山势蔓延扩展，垒金字塔般地层层叠叠，远望近观，都觉气象万千。

锦心巧手的布依人则把遍地都是的石头变成了艺术品。在典型的布依族村寨里，桥是石头修的，路是石头铺的，围墙和屋舍也是石头砌的，连屋顶也是用片石盖的。在蓝天翠林的掩映中，这些灰白色的石头村寨是那么和谐而又富于韵律，那么浑然一体而又错落有致。

技术高超的布依人修建数米高的石墙不用任何粘合剂，而侗族的能工巧匠造一座二十几米高的鼓楼则不用一颗铁钉。鼓楼是侗族人的骄傲。侗寨鼓楼大致分为：厅堂式、楼阁式、门阙式、密檐式四种。平面均为偶数，一般有正方形、四边形、六边形。立面均为奇数重檐，少则一层，多达21层不等。

过去，侗寨每有兴革大事，或遇兵匪骚扰，就在鼓楼击鼓聚众，共商良策，寨中失火，也登楼击鼓呼救。而今，国运昌盛，社会安定，鼓楼成了侗族人民议事、休息和娱乐的场所。

在侗乡，与鼓楼齐名的还有风雨桥和凉亭。风雨桥建于村寨后的溪流小河上，桥上有廊和亭，檐廊设有长椅，供行人避风雨，廊内亭檐多有彩绘，也称"花桥"。凉亭建于山梁道路之旁，形似花轿，专供过往行人避暑休息。总之，无论是贵州西部的岩石建筑，还是黔东南的干阑木构建筑，或是贵州其他地区的民居，它们都是依山就势、高低错落，富于变化，表现出独特的与山地环境相融合的建筑形态。

第二节　黔中地区

黔中一带居民善于把自己的建筑与生活和大自然瑰丽的环境融为一体，在花溪、黄果树等风景清秀之地，人们依山傍水筑屋起寨。在雄伟秀美的自然环境中，点缀出一片片与之水乳交融的人文景观。布依族同胞惜土如金，宁用自己的双手去开辟坚硬的山崖石岩来平基起屋，甚至建造世界耕作史上少见的"楼上田"来扩大耕地面积。他们就地取材，用简单的工具开采种种石料，用以砌墙、筑屋、盖瓦，形成了既有设防之便，又有居住之利，而且坚固美观的石头建筑，体现出当地同胞坚毅、刚强、厚重的民族个性。

建筑平面布置往往利用地形高差，根据不同使用功能要求，自下而上，分别布置牲畜空间、人的生活空间、储藏空间，这是贵州岩石建筑最基本、最普遍的竖向格局。平面大多为一正两厢三开间。正房前间堂屋，后间烤火杂用。两厢一般分前后二间，前间下部多利用山坡地形高差，作为牲畜空间，前间上部作卧室；两厢后间分别为卧室和厨房。厢房设阁楼作储藏谷物使用。

建筑群体沿等高线布置，村寨内部沿山坡环状布置道路系统，每隔数家，设置有垂直等高线的石砌步阶或利用天然岩石石级使上下贯通，道路交叉处留有开敞空间。远眺山寨，可见到各单体建筑因地形高差而展现出的层次丰富和高低不同的天际轮廓，也可看到随等高线布置而展现的正侧交错、疏密相间的屋面、山墙，并在其间穿插有曲折的小路、高低的坡坎、天然的石阶；在

图 5-2 黔中地区石建筑风貌

图 5-3 石建筑风情之一

郁郁葱葱的古树翠竹之中，醒目的浅土红色石墙、灰白色石板瓦、穿着布依族服饰的劳动妇女……，彼此衬托、相互映辉，构成了一幅颇有生机和浓厚"乡土"气息的朴实自然景象(图 5-1 ~图 5-3)。

图 5-1　石建筑风情之二

第三节 黔东南地区

在贵州黔东南地区，由于区域气候温和，水热条件优越，空气相对湿度大，以及土地有机质积累较多，分解缓慢，极为适宜林木生长。因而这一地区的民居，受环境影响，自然形成以资源丰富的木材为主，也为这一带居民在建筑材料选择方面提供了一个极为重要的前提。这种用木柱支托，凿木穿枋、衔接扣合，立架为屋，四壁横板，上覆杉皮，两端偏厦的干阑木楼举目皆是。黔东南地区建房选用木材的特征，显然是丰富的林木环境赋予的结果。

一、苗族吊脚楼

苗族依山建寨，因险凭高、依山林择险而居，苗族民居的最大特点是楼面层均有部分置于坡坎或与自然地表相连，即便有些场地并不受地形限制也是如此。苗居平面布置是以堂屋为中心，并向两翼展开的干阑式吊脚半边楼，这种建筑形式充分体现出苗族同胞与土地之间的亲密感情、"血肉联系"，以及因势利导、倚坡筑屋、人与家畜兼顾的建筑特点，加上村寨的铜鼓坪、芦笙场等，都凸显出苗族民居建筑质朴、灵活的建筑风格。

吊脚半边楼是利用山区陡坎陡坡等不可建用地的特定地貌，在陡坡、岩坎、峭壁等地形复杂地段建造，体现利用地形、争取空间的思想，建筑外形构成柱脚下吊、廊台上挑、屋宇重叠、因险凭高的独特建筑风格，以最经济的方法创造合理的居住空间。

苗居的基本功能空间有退堂（吞口）、堂屋、火塘间、卧室、厨房及其他辅助用房等。苗居以堂屋为中心，在进行平面组合时，强调左——中——右横向间的空间序列关系，平面一般多在三个开间内布置完成，随居住要求的完善，在基本单元组合时，其他使用空间围绕堂屋为核心，取对称式平面布局并呈放射形袋状序列。

二、侗族干阑建筑

侗居多依山傍水而建，溪流绕过寨前或穿寨而过，风雨桥横跨其间，鼓楼耸立寨中，重檐叠阁矗立蓝天。由于用地有限，为创造更多使用空间，建筑巧妙地与地形结合，手法独具匠心。由于所处的地理条件及独特的自然环境以及某些传统生活习惯的特异个性，使侗居具有极其丰富的平面空间。

侗族同胞多为聚族而居，居住方式摆脱了地面居住的束缚，采取在架空层面上生活的离地居住习惯，他们将楼层作为日常起居的主要生活层面，这是侗族干阑建筑区别于苗族居住类型的重要特征。

侗居采取入口轴线方向为导向的平面布置形式，强调纵深轴线方向的空间序列；这种强调纵深方向的空间序列，也符合居住建筑的渐进层次；即满足人们由活动区——安静区的居住心理要求。空间序列从外向到封闭，光线由明亮到暗淡，都充分体现侗族同胞自身居住习俗的物质与精神两个方面的生活需求。

干阑木楼还鲜明地反映出侗族同胞强烈的民族个性及血缘家族的凝聚力。别致的侗寨鼓楼、风雨桥，侗居内神圣的火塘，纤秀的建筑外形，精巧的卯榫结构等都反映出侗族人民的聪明才智和精巧匠心。黔东南地区民居的建筑造型因地而

图 5-4 黔东南地区干阑建筑

异，妙在以多变的建筑处理手法去适应各种不同的外部地貌环境，利用岩、坡、坎、沟和水面环境来限定外部空间。同时它能结合居住功能，进行合理处置，使整个建筑造型显得轻盈飘逸。立面随坡势起伏，因形就势；并利用不同层次变化，充分发挥竖向组合的特点；在节约用地的同时，外部空间高低错落，使村寨风貌和建筑景观让人应接不暇（图5-4）。

第四节　贵州其他地区民居

黔北地区的仡佬族具有分布面广，成点状聚居的特点。这一地区的村寨大致有三种类型：一是依坡就势，自下而上布置建筑；二是在缓坡地带呈带状布置；三是建在平地上集中布置。村寨规模由人口多少决定。仡佬族村寨内外环境都较优美，有的掩映于林木之中，显得舒适而幽静。

黔北一带多建木楼，主要结构材料和围护用材全用木料，屋面盖瓦。楼下饲养，楼上住人，顶层贮粮。黔北地区有些村寨也有建于地面上的干阑建筑。民居类型和居住方式，因受附近其他民族建造技艺和做法的影响而各有不同。

土家族分布在贵州东北部的铜仁地区，以沿河土家族自治县和印江土家族苗族自治县最多，其次是德江、思南。此外，在遵义地区的务川、道真两个仡佬族苗族自治县境内也有土家族居住。土家族建筑，同汉族建筑没有明显区别，但还保留着一些本民族的建筑特色。

土家族村寨一般选址在山脚下有泉（井）水、近河流、近田土、靠近山林、朝向较好的缓坡地带或平坝边上。村寨成组团状或带形和不规则状等类型布置。各种类型布局和村寨规模都随地形变化自然形成。

洞门前寨是土家族聚居的村寨，位于务川县城西南约15公里处，全寨有60余户，370多人，居民以唐姓为主，寨址选于群山起伏的缓坡地带，左侧有一岩溶山洞，洞内泉水甘甜可饮，村寨因建于洞门前而得名。村寨坐西南向朝东北向。寨

外绿树成荫，寨内植树种花，院落之间有小块菜园绿地，有很好的内外环境。

黔西北毕节地区的威宁、大方、赫章、黔西、纳雍、织金、金沙等县（市）和六盘水地区，有彝族居住，彝族具有大分散、小聚居的特点。

彝族村寨，多建在山区平缓地带或河谷、盆地，一般喜聚族而居。寨内的单个建筑随地形排列，不甚密集，种有多种果树或常青竹木，户间大都用木条篱笆或矮石墙相隔，界定院落范围。

毕节地区，因为气候寒冷，一般都争取建在避风、向阳的地方；有耕地、有山泉是布置村寨的先决条件。村寨内外植树造林，以避风寒和美化寨景。水城县的彝族村寨则依山而建，多布于山地林间，单体朝向随地形布置。居高远眺，建在坡地上的村寨富有变化的层次感，建于平地的村寨，民居朝向较为一致，呈较有规律的布局。

毕节大屯土司庄园，其利用地形、采用材料、建造技艺等方面在当今仍有许多可借鉴之处。

庄园始建于清道光年间，系彝族土司余象仪所建，后经余达父逐年扩建增修，遂成现有之规模。庄园依山势而建，坐东南向西北，渐次升高，总平面呈中轴线大体对称分三路，各路皆有三重堂宇，既相对独立又相互贯通。部分建筑造型具有我国唐代殿宇建筑风格。相传是余达父从日本留学归来后，命匠人仿日本唐招提寺式样所建，且又与当地民族风格融为一体。布局严谨，结构别致，独具匠心。

在贵州黔南及黔西南布依族苗族自治州属册亨县、北盘江沿岸及红水河上游沿河地带的布依族村寨都住木结构吊脚楼，其楼屋体量较大，吊层多用石条围护，总体感觉坚固厚重。入口处均筑有牢固的木质活动栅栏，防卫性能极好。

贵州省黔南地区瑶族的称谓复杂，差别也较大，自称"榕勉"的瑶族散居榕江、从江、雷山、三都等县，习惯上称为"盘瑶"或"过山瑶"；自称"多摩"的瑶族集中在荔波县瑶山瑶族乡和邻近的捞村乡，习惯上称为"白裤瑶"；自称"努茂"的瑶族集中在荔波县王瑶麓瑶族乡和邻近的佳荣

乡，习惯上称为"青裤瑶"；自称"通蒙"的瑶族居住在荔波县的茂兰乡和洞塘乡，习惯上称为"长衫瑶"；自称"巴亨"的瑶族散居在黎平县滚董瑶族乡和顺化瑶族布依族乡，以及从江县的高忙瑶族乡，习惯上称为"红瑶"或"八姓瑶"；自称"蒙"的瑶族则集中在望谟县油迈瑶族乡。

贵州瑶族的语言，大都属汉族语系苗瑶语族苗语支，唯盘瑶的语言属瑶语支。各地瑶族长期与附近的汉、苗、布依、水、侗等民族杂居，彼此友好往来，互相学习，因而在瑶族语言中有许多外民族的借词，不少瑶族还通晓其他民族的语言。

瑶族的族源，一般认为与秦汉时期的"长沙、武陵蛮"有密切关系，古时聚居于洞庭湖沿岸和湘西等地，现分布在各地的瑶族，皆系历史变迁的结果。据史书记载，贵州省的瑶族，大约是在明清两代分别从广西、广东迁入的，或由行政区划的变革划过来的。

瑶族的住房，与同一地区的水族、苗族、布依族别无二致，但其粮仓独具特色，是识别瑶寨的重要标志（图5-5、图5-6）。

图5-5　瑶族民居之一

图5-6　瑶族民居之二

此外，在各地区也混杂建造一些材料不同、风格各异的民居建筑，不同程度体现贵州民居建筑文化的多样与交融（图5-7～图5-10）。

图5-7 类似"印子房"的民居

图5-8 香纸沟民居

图5-9 黎平翘街民居

图 5-10 青瓦屋顶民居

第六章 黔东南干阑建筑

苗岭南麓，都柳江畔，侗寨风情，分外迷人，世世代代居住在黔东南苗族侗族自治州的黎平、从江、榕江三县的侗族人民至今依然保留着许多民族的遗风。

侗族自称"干"，是古骆越的后裔，历史上曾被称为"黔中蛮"、"武陵蛮"、"五溪蛮"、"僚"、"仡伶"、"峒人"、"洞蛮"、"洞苗"、"洞家"、"洞民"等等。主要分布在贵州、湖南、广西毗连地带，其中贵州人口最多，目前约有150多万。黎平、从江、榕江是贵州侗族的主要聚居区，这一带的侗族同操侗语南部方言。侗语属汉藏语系壮侗语族侗水语支，与壮语、傣语、布依语，特别是水语、毛南语、仫佬语有着密切的亲缘关系。

据说，历史上的统治者曾以"峒"、"洞"为行政单位统治侗族先民。如今侗族地区还有贯洞、停洞、大溶洞、小溶洞等地名。这多少反映出，侗族住地，溶洞成群。远古时代，人们曾在洞中栖生。

随着社会的发展和时代的进步，侗族人民与其他各族人民一样，早已走出山洞，到更广阔的天地谋生。为了便于生产，侗族搬到水边，依山傍水建寨，过着农耕生活。一般一姓一寨，寨内互不婚嫁。大的寨子分为若干家支，于是出现"外姓内氏"现象。黎平有个潘老寨，对外都称姓潘，其内又有陈氏，由此不难理解，一个部落内部包含几个氏族。

干阑又称"麻栏"，是我国南方古代民族的住房形式，是由树居或称"巢居"的居住方式演变而来的。干阑式建筑的分布范围很广，在东南亚建筑文化圈中，几乎都能见到。我国的一些少数民族，如傣族、侗族、壮族、布依族、水族、佤族、景颇族、德昂族等等也习惯居住这种房屋，另外有些山地民族如苗族，为适应地形条件，将房屋后半部建在地面，前半部架空，有人称之为"半干阑"，可视作干阑式住宅的变化形式。

从调查情况来看，无论是河谷平原，还是山腹坡地，干阑式建筑都可以满足使用要求。

第一节　贵州最早的干阑建筑原型

早期的干阑式建筑，似乎还带有巢居的痕迹，所谓"依树积木，以居其上，名曰干阑；干阑大小，随家口之数"。后来逐渐向楼的形式发展，史书即云："人楼居，梯而上，名为干阑"。促使干阑建筑产生的因素很多，如地面不易清理，难以防御虫蛇、猛兽；炎热多雨的天气，使山谷产生瘴气，同时大部分的土地潮湿，不适于居住；地形过于起伏变化，平坦地区比例过小，不利于营建；湖泊、池沼过多，使群居不方便，而在水中或沼泽中的住屋，可防止敌人、猛兽的侵扰等等，都是干阑建筑产生的原因之一，而最重要的前提是，这些地区有丰富的林木，应该说干阑式建筑是人们主动创造和选择的居住建筑形式。

贵州古代干阑建筑没有实物保存下来，但在出土文物中可窥见其形态。贵州省博物馆收藏有赫章县出土的东汉干阑建筑陶质模型，将其与都

柳江流域的苗族和水族干阑建筑相比对，可看出它们之间的某种关系，两者都不失为建筑文化史的珍贵实物资料（图6-1）。

第二节　贵州干阑建筑的分布概况

贵州干阑建筑主要分布在黔东南苗族侗族自治州的黎平、从江、榕江、剑河、台江、雷山、锦屏和黔南州三都、荔波等地。

这一带山多且地形复杂，地处亚热带地区，气候温和，水热条件优越，空气相对湿度大，土地有机质积累较多，极为适宜林木生长。自古以来，这里的各族人民与森林就有着十分密切的关系，他们住的木楼，使用的木筷、木盆桶、木犁、木锄以及木桥、木船，无一不是森林的赐予。

自古至今，苗族依山设居，侗族傍水建寨，水族干阑粮仓等等都与历史上交通闭塞，物资流通不易有关，只有致力于发展自然经济，做到就地取材、就地取衣、就地取食才能赖以生存。因此这一带的干阑建筑正是在这样的自然社会经济环境下主动创造出来的。这种形制的房屋在结构、通风、采光、占地等诸多方面都有其自身特点，因此得以长期沿袭，历经千年不衰，并成为贵州山地建筑的一大特色（图6-2～图6-4）。

图6-1　"干阑式"陶屋模型

图6-2　邮票

第三节　黔东南侗族干阑民居群体聚落特征

分布在中国西南贵州山区的侗族干阑民居与其他民居一样，居住形态的产生与发展，是历史、社会、文化因素共同作用的结果。然而侗族形成自我个性与特质的一个重要方面是在于它对环境和文化特殊性的重视。侗族民居的个性表现在它特有的与山地环境结合的建筑形态之中。

侗族一般聚家族而居，一寨一族姓，同姓家族随着人口的发展，又分成许多支寨分住与大寨、小寨或上寨、下寨，一般以老寨为中心开展社会活动构成社会原生的社会组织。贵州侗族干阑民居在适应自然与社会条件的漫长演变中，既保持了传统特色，又接受了外来的先进文化，创造性地自我发展，并形成了具有强烈个性的山地民居独特的类型。

一、特征鲜明的鼓楼标志

鼓楼是侗族一村一寨或同一族姓社会、政治、文化等聚众议事的多种文化活动中心，也是侗族聚落的重要标志。侗族干阑民居群体集落，尽管多为顺应自然地形走向的自由式分布，但群体空间形态所表现的对村寨中心普遍重视的意识却到处可见。它以芦笙舞坪、戏台广场或是以集合场所的公共建筑——鼓楼作为标志。

高耸入云的鼓楼，飞阁重叠，层层而上，斗栱结构，攒尖或歇山顶式，远看好似一株金银巨杉屹立寨中，形成了侗族的主要标志。

从功能角度看，以鼓楼为标志的村寨中心，它为聚居生活体系的村民们提供了集体交往的场所。在这里可以进行频繁的文化娱乐和民俗礼仪；可以举行全村性的祭祀和各种仪式，以商议决策集体经济和制定维护乡规民约等活动。正是由于这些平凡而经常性的活动内容，鼓楼的作用无形中使它超越了聚居环境要求提供的交往空间范畴。

侗寨鼓楼的类型分为层檐间距较大的楼阁式

图6-3　邮票

图6-4　邮票

和集塔、阁、亭于一体，具有宝塔之英姿、阁楼之壮观的密檐式。随不同地形可以起于平地或按地形先砌堡坎平台，上立鼓楼；可以底部架空，形成如同过街楼式；还可以将部分柱置于堡坎之上，部分柱立于坎下作架空处理。侗寨鼓楼的平面形式分为四边形、六边形、八边形等几种，均多采用。位于黎平县城南70公里，具有"七百贯洞，千家肇洞"之称的肇兴侗寨，全寨分为五大房族，分居于五个自然片区，都分别建有自己的鼓楼，并配有花桥和戏台，一个鼓楼代表一个族姓，从

图 6-5　高阡鼓楼

图 6-6　歇山顶鼓
楼

高处远眺，高耸的五座鼓楼竖立于村寨民居木楼
之中。这里鼓楼飞阁重叠，层层向上，远看也像
五株金银巨杉屹立寨中。五座风雨桥横跨于溪流
河水之上，极富浓郁的侗族风情，为肇兴侗寨增

添了神话般的色彩。

　　特征鲜明的鼓楼标志，使群体布局在自由中
求得了秩序，在统一中求得了变化，成为侗族村
寨有鲜明特征的符号（图 6-5、图 6-6）。

二、自然衍生的山寨形态

侗族聚落形态从宏观上区分，大致有以下几种类型：1. 群山环抱，成组成团；2. 随山就势，自由衍生；3. 于河道一侧，坐坡朝河；4. 在河道两旁，呈带状延伸（图6-7～图6-10）。

贵州从江县下江区境内，沿都柳江畔分布有若干个侗族村寨，这些村寨均以依山傍水的选址模式延续传承，至今仍保持着侗族文化的特质。苏洞大寨东临都柳江，江水离寨仅一箭之遥，村寨的西面与北面均为成片的杉树山林。村寨随山就势，应坡朝河，都柳江畔的寨前两棵大榕树，像巨大的门柱屹立寨前，苏洞寨址的选择符合防风聚气，近水靠山，周围环山的山河襟带之地，也是属于一种能攻善守之地。

肇兴侗寨所处的地势位于两座山脉之间的谷地，干阑木楼沿着山谷的走向布置，地势比较平坦，民居的分布形态呈带状格局，整个寨落各功能空间的布局形态是受侗族文化和民族习俗的影响而产生和发展，同时又随着生活方式的渐变和周边各其他民族文化的撞击，以及因时、因地、因人、因物的不同，而展现不同的风貌。

图6-7 群山环抱成组成团

图6-8 在河道两旁呈带状延伸

图6-10 随山就势自由演生

图6-9 于河道一侧坐坡朝河

图 6-11　建筑之间的通道

图 6-12　肇兴大寨环境

图 6-13　某侗寨环境

三、内向封闭的寨落空间

侗寨形态的产生和发展，是历史、社会、文化因素共同作用的产物，侗寨居住形态，总体上说，属于内向型、封闭型，这与自给自足的自然经济影响有关，但是他们能从实际出发，创造和寻求自身生存的环境空间，并能取得由内向到外向、由封闭到开敞的空间效果。

侗居寨落尽管有机自由，但是有些也设置门作为村寨空间的限定，因而寨门就成为侗寨所处方位和领域限定的特殊形式，同时还兼有村寨集落地点的标志作用。

侗寨交往空间往往以寨门、场坝、凉亭，或是小尺度的院落、窄巷构成，更有长廊阁宇式的风雨桥，横躺于寨头村脚的溪流河水之上，成为侗族男女老少交流感情、邻里交往的联结点。

内向、封闭型的寨落空间，是当地人们在特定条件下，创造生活环境，适应和满足自身物质文化生活、观念形态、行为方式和风土习俗要求的状况下发展起来的产物，无疑也成为侗寨有强烈个性的民族特征（图 6-11）。

四、生机盎然的环境风貌

侗乡山川环境秀丽，这里村头寨边多有古树，以神树为标志的林木、绿篱灌丛荫郁参差，草木

图 6-14　三宝寨内景

峥嵘。寨内以石板铺砌的主干道垂直等高线布置，配以呈脉状生态的寨内小径，随地形弯曲延伸。侗族寨址喜欢临近水面，因此，这里的侗民对水也有一种特殊和崇敬的感情。泉井、溪流、堰塘交织成侗乡水网，这里布井溪流，人畜水源分开设置，并创造有造型别致的井亭，以保护水体。都柳江畔的苏洞寨，海拔低，雨水丰富，寨中土坎路旁培植箐竹、桃李、枇杷，放出沁人心房的阵阵果香。西下阳光，洒向村寨，炊烟从侗寨冉冉升起，砌得不规整的石阶梯道上，牛群返回家园，身在其中，大有桃源之感。

肇兴除鼓楼、风雨桥、戏台外，还有歌坪、禾晾、井亭、禾仓、瓢井等公共设施，点缀于侗族木楼群体之中，组成一幅浓郁的侗族风情和山乡景色（图 6-12～图 6-14）。

第四节　侗寨的公共交往场所——鼓楼

鼓楼是侗族村寨的标志，是象征族姓群体的标志性建筑物,是侗寨社会、文化、政治的中心（图6-15）。

图6-15　鼓楼

一、鼓楼渊源

侗族先民为了防止外来民族的掠夺，因此需要协作、齐心合力。生存和生产的需要使他们必须找一个合适的场所，以满足单独聚会议事的需要，这就是所说的"公房"。随着生产技术的不断进步和生活的日渐丰富，对生产劳动以外的时光需要充实，于是这种"公房"成了公众性军事、政治、组织、议事、约款、娱乐的场所。也就是说鼓楼的历史文化传承源于古时期父系氏族社会的"公房"，早在侗族尚未形成一个民族之前，就先有了鼓楼文化内涵的类似鼓楼的建筑雏形。到了明朝，可能受太阳图腾的影响，形成伞形的鼓楼建筑，即独脚楼，也就是类似如今黎平的侗族独脚鼓楼。嗣后发展到清朝，又受到清朝

建筑文化的影响和启发，便形成如今所见的鼓楼群，并使鼓楼成为侗族村寨的标志。因此，鼓楼文化是经过几个阶段才丰富起来的。

姓氏是氏族的标志，按姓氏聚居，是侗族村寨的特点，也是原始社会氏族组织特点的反映。而侗族村寨里集会议事的鼓楼，历来是按一个氏族或一个村寨，由众人集资、出力修建的公共建筑。

鼓楼按房族修建并且与侗寨的社会结构紧密相连。侗寨一般是以父系个体家庭为单位，以房族组织为细胞，而房族重要标志之一就是鼓楼。他们同一个姓氏居住一寨，一个房族修建一座鼓楼。如果一个寨子有几个房族，往往就有几个鼓楼。因此，侗寨鼓楼实际上是一个房族或一个侗寨的代表和荣誉，是侗寨人民的精神寄托。

侗族鼓楼最初是为了实用，随着历史的发展，人们对生活的要求欲望提高，产生出精神文化，并把本民族的情感、愿望、向往和审美意识，化为强大的精神尺度，使鼓楼充满了文化意识，也就成为群体聚众议事、合议款项、惩恶扬善、击鼓报警和进行迎宾、节庆娱乐活动的场所（图6-16）。

图6-16　鼓楼

称之为鼓楼文化，不仅是因为它本身的建筑意匠已成为一个民族的文化特点和标志，还在于鼓楼是侗寨集政治、军事、文化、议事、组织、娱乐为一体的公共场所，其内涵远远超出鼓楼本身的技艺，并且成为稻作文化遗风在鼓楼文化上的体现。

二、鼓楼的社会功能

鼓楼的名称及功用，如吴浩先生研究所述发生演变：氏族社会——称"堂瓦"，为氏族成员公共居处，也是氏族祭祖之所；亦称"百"，为氏族长居住之所，也是众人祭祀和议事之所。款制社会——称楼或鼓楼，既是祭祖、仪式、迎宾之所，也是款组织击鼓聚众和断案之地。近代社会——沿称鼓楼，是村寨或族人祭祖、仪式、迎宾、娱乐之所。

侗寨鼓楼有多种用途，其中最重要和最严肃的恐怕要算聚众议事和排解纠纷了。鼓楼通常为男人活动的场所，女人只有祭祖、集会、迎宾或对歌时才能进鼓楼。南侗地区，村寨中一般均建有两座公共建筑，一为鼓楼，一为堂萨。堂萨是供奉萨神之所，它反映侗民对女性的崇拜，是母权的象征。如今各地保存下来的较为古老的鼓楼，楼门的门槛一般一米高左右，这门坎就隐含有"女人不入楼"的意思，因为妇女都穿裙子，跨过楼门很不雅观。每逢重大节日，村民在鼓楼坪举行对歌，女歌队所占的位置通常靠近堂萨方向，而男歌队则靠近鼓楼。由此也可以看出侗族社会中母权与父权的对立和共存。

三、鼓楼的发展与演变

贵州省黎平县述洞村的五层独脚鼓楼，其前身就是在一株立地的大杉树上挖眼穿榫，搭起五层高楼。这座鼓楼因为火灾或腐朽等原因，已先后重修四次，至今仍为独脚楼。由此我们可以推测"干阑式"建筑的最初形态，即是在一株或数株大树上直接搭棚，类似于鸟巢，古代称这种方式为巢居。在侗族鼓楼的诸类形中，干阑式鼓楼应为最早，它是以干阑民居为雏形发展起来的。

湖南侗民族研究专家吴万源先生通过自身的亲身经历和侗族社会调查，对侗族鼓楼的历史文化传承有自己的理论。他认为鼓楼先于侗寨兴起，即先立鼓楼，再立萨堂，后立寨子，认为这是侗乡建立寨子的传统规矩。用历史学、民族学、人类学、建筑学的观点看，其实人类也是先巢居、穴居而后屋居，先集体居住后分开居住，先平房后楼房这样发展起来的。

侗族鼓楼每寨必有，有的一寨一座，有的每一房族各建一座。如肇兴寨共 700 多户，3000 多人口，同姓陆，分为五大房族，每房族各建一座鼓楼。鼓楼已成为侗寨吉祥的象征和团结兴旺的标志。

四、鼓楼的建筑类型

鼓楼类型大致有四种。

（一）厅堂式

为单层或重檐建筑，是发展初期的雏形，只是由于人力、物力、财力等各种因素影响未建塔楼。但随社会功能的需要仍需要一个容纳多人的公共活动空间，此房称为卡房，侗家叫"堂卡"或"堂瓦"。"堂"是众人之意，"瓦"为说话之意，卡房即是众人议事的场所——聚堂。卡房的早期形式比较简陋，四根木柱两坡悬山盖树皮用以遮雨，围以木板借以挡风，内设四凳成一方形，中挖火塘供人烤火。这种卡房与干阑式民居的结构形式一致。

（二）楼阁式

屋檐间距大，造型与一般阁楼相同，可登楼远望，如从江庆云寨的四角三层攒尖顶鼓楼和银粮寨的四角七层攒尖顶鼓楼，此类鼓楼较为少见（图6-17）。

（三）门阙式

用阙作为对鼓楼的衬托，设于寨门处与寨门合一，将鼓楼功能与交通的过道融为一体，已为罕见（图6-18）。

（四）密檐式

集塔、阁、亭于一体，具宝塔之英姿，阁楼之壮观，为侗寨鼓楼的主导形式。此种楼造型丰富，体形变化多样，其主要特点是鼓楼下部特别

图 6-17　楼阁式鼓楼

图 6-18　门阙式鼓楼

亭顶

塔身

阁底

图6-19　三段式组成

阁底、塔身、亭顶（图6-19）。

（二）几何形规则平面

鼓楼的各层平面均为规则的几何图形构成，一般为四边形、六边形、八边形，或其中两种几何形组合。如从江百二鼓楼为全四角，贯洞胜权鼓楼为全六角，信地荣福鼓楼为全八角，一般多是底层四角如带腿之托盘，上层随中柱根数而变化。

（三）檐层多而楼层少

鼓楼层数均为单数，古时认为以单为多、为活、为吉，少则三、五层，多至十几层不一，最高者有二十一层，一般视其规模而定。鼓楼虽高但使用空间仅为上下两层，顶部作鼓亭，其下为聚众议事的空间场所（图6-20）。

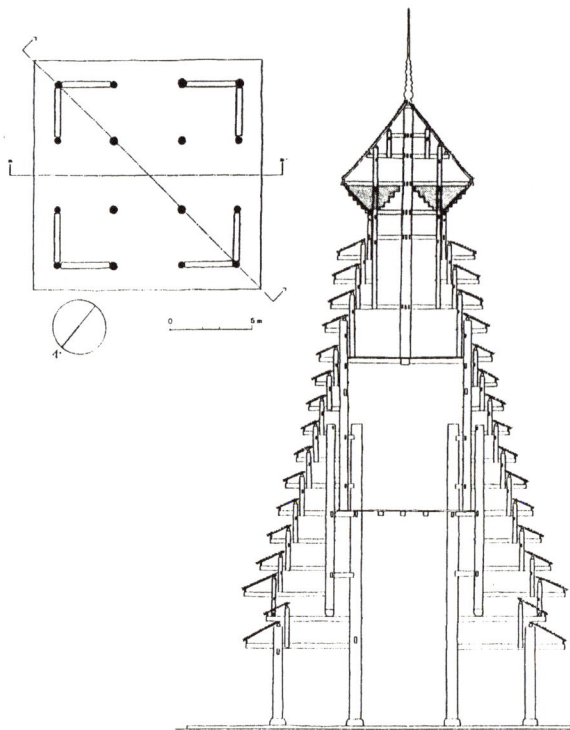

图6-20　檐层多而楼层少

高大，以上各层密檐相距很短，在0.8～1米之间，顶部亭顶多攒尖或歇山式，底层和顶层又有单檐、重檐之分。

五、鼓楼的形式与特点

（一）三段式组成

侗寨鼓楼造型尽管丰富多彩，无论何种结构，鼓楼都分上、中、下三个部分。均由三段组成：

综上所述，鼓楼形式可归纳为下列两大类别：

1. 底方×层×角攒尖顶（或歇山顶），细分又有单檐重檐之别。如纪堂鼓楼即称：底方九层重檐四角攒尖顶（图6-21）。

2. ×角×层攒尖顶（或歇山顶），细分亦有单檐重檐之别。如增冲鼓楼即谓：十三层重檐八角攒尖顶（图6-22）。

图 6-21　底方九层四角攒尖顶

（四）密檐塔式造型

侗族地区数量最多的是密檐塔式鼓楼，其主要特点是楼身下部特别高大，以上各层重檐相挨，距离很短，凡有斗栱的顶层下部，均设有棂窗，可登高眺望。此密檐之密，为任何典型的密檐塔所不及。

（五）标志特殊的顶部

鼓楼的顶盖多为攒尖式，或变化成歇山式，而挑檐极力加大，檐下常以装饰用的如意斗栱层层出挑，形如叠涩封檐，增冲鼓楼的重檐攒尖顶是用斗栱承重出挑，因此挑檐亦最大（图 6-23）。

（六）楼身不封墙

鼓楼底部多为开敞式，少数用砖或镶板作窗台，但不设窗。中部密檐间均通透，通风良好，由于出檐大且间距小，故防雨效果亦佳，冬季烤火时排烟顺利，层檐架空，夏季太阳的辐射也传不到人们的活动范围。鼓楼下层有坚固、宽敞、

图 6-22　八角十三层重檐攒尖顶

图 6-23　标志特殊的顶部

实用的空间，多为正方形。四周有宽大而结实的一圈长凳，可供人歇息。大部分鼓楼中央是一个大火塘，火塘有圆形也有方形（图6-24）。

（七）穿斗式筒架结构

鼓楼结构分多柱和独柱两类，木质结构大多用四根大杉木为主柱，直达顶层，另立副柱加横枋(12根衬柱)。一般选用一根雷公柱，四根中柱，十二根檐柱的结构布置，人们将其解释为一年四季十二个月，寓意"日久天长"。中柱整根高耸，有较大侧脚，相临两柱以穿枋拉接，组成四面或六面稳定的筒架。檐柱间以额枋联系，并用穿枋与中柱连接。中层密檐以短檐柱逐层收进，该短檐柱与中柱的连接方式有二：

1. 穿斗式：如民居之立帖的结构形式。由于腰檐甚密，每层设一穿枋无必要，于是就构成每二层短檐柱同立于一穿枋上的处理手法。

2. 穿斗与杠杆组合式：亦为隔层檐柱与中柱相穿斗，即上层的檐柱，压于下层挑檐枋的内端部，使其平衡稳定。则穿斗、杠杆交替使用，是一种发挥、利用木材物理性能和力学原理的结构形式（图6-25、图6-26）。

（八）楼梯为独木

于中柱近处立一细长杉杆，下径约200毫米，在一人高处开始向上每隔一尺凿一榫眼，横插一木棍，即谓之梯，上达鼓亭，下又不占面积，垂直攀登极为方便，为侗族鼓楼的一大特色。

六、鼓楼的建筑艺术特色

侗族鼓楼建筑造型别具一格，建筑风格较为独特，充分体现了侗族的历史与文化，鼓楼外形结构都是飞阁重檐，层层收束而上，宝顶尖端直插蓝天，像株巨大杉树屹立在寨子中间。除苗族、汉族鼓楼和少数侗族鼓楼楼冠采用悬山顶建筑形

图6-24　榕江三宝鼓楼火塘

图6-26　穿斗式筒架结构

图6-25　穿斗式筒架结构

图 6-27　鼓楼

图 6-28　独具匠心
的伞形顶盖

式之外，其余楼冠都是四角、六角或八角翘角攒尖顶，采用斗栱结构，保留着古建筑传统技艺，是鼓楼建筑的一大特色。大多数鼓楼楼冠的如意斗栱，都是采用变形人字形斗栱和锯齿涩木构成，支撑着高大的楼冠顶盖，斗栱和锯齿涩木层数不一定相同。从鼓楼的外部造型看，平面有四边形、六边形、八边形，都是偶数，立面有三重檐、五重檐、七重檐、九重檐、十一重檐、十三重檐、十五重檐，皆为奇数；少则一层，多则十几层，榕江三宝鼓楼多达二十一层。鼓楼的顶，有攒尖顶、歇山顶、悬山顶，攒尖顶上还有宝葫芦。在攒尖顶中，还有双叠顶和双层暗顶之分。从结构看，鼓楼多采用穿斗式，既有中国古建筑传统，又有侗族自己的特点。从装饰艺术看，反映出侗族艺人的创造才能和侗汉两个民族的文化交融。侗寨鼓楼是地地道道的土著文化，是中国建筑的一个品种。在建筑艺术上它具有如下民族性与地域性特点：

（一）密檐造型稳重壮丽

鼓楼为密檐塔式造型，楼身呈多边锥柱体，外轮廓或直或略呈柔和的曲线，腰檐层层叠叠，由下而上一层比一层缩小，使庞大的塔身显得稳重而壮丽。

（二）伞形顶盖如翼振飞

鼓楼顶盖多为伞形（太阳图腾），顶盖形状有四角、六角或八角，顶盖下斜面的人字格斗栱，像蜂窝孔窗，其周围木雕像燕窝垒起的泥点。按其顶部形式，可分为攒尖顶、歇山顶等几种。凡攒尖顶斗栱鼓楼，顶部结构是在主承柱上架梁支撑雷公柱，利用斗栱铺作的井干式枋架承载瓜柱，再用穿枋将瓜柱和雷公柱连接组成顶架。这种以穿斗结构为主将抬梁和井干式结构融为一身的做法，使顶层檐口比楼身各层猛然升高，起到了突出表现冠冕的作用。五节细长的葫芦状宝顶，使塔状鼓楼增添高耸挺拔的效果，成为侗寨鼓楼的重要标志（图6-28）。

（三）顶部挑檐独具匠心

鼓楼顶盖多为攒尖式，或变化成歇山式，而

挑檐极力加大，檐下常以如意斗栱层层出挑，形如叠涩封檐，顶部封檐的上斜与上腰檐的下斜之间的空间，形成了一圈喇叭口，功能上使击鼓声波无阻挡而传声较远，加之亭顶天花板反射，更增强声波的外传。从江往洞鼓楼用六层变形如意栱、五层锯齿形涩木和挑檐枋承托宽大的楼檐，有的围以木格或累积角形木花，千孔万眼，独具匠心，别具一格（图6-29、图6-30）。

图6-29　顶部挑檐

图6-30　顶部挑檐

图 6-31 彩塑、绘画

（四）彩塑彩画丰富多样

侗寨鼓楼虽说结构简练，但装饰却相当讲究。楼顶上、翼角上、封檐板下以及一、三重檐之间，都有独具匠心的彩塑和彩绘。有的还在瓴檐、横枋、四壁或门上绘龙、画凤、雕麒麟，或绘鸟兽、画花卉、雕山水人物等。彩绘内容有飞禽走兽，有花鸟虫鱼，有人物故事，有狮子麒麟，还有大量的侗乡风情画，如对大歌、踩歌堂、赛芦笙、牛打架、演侗戏，抬"官人"等等，绚丽多彩，琳琅满目。单就侗寨鼓楼的彩塑、彩绘，就是一部不可多得的民间美术作品。使鼓楼既有宝塔之英姿，又有阁楼之优美。在那些内容丰富多彩的

雕塑、绘画中，多数是侗族人民创造的土著文化（图6-31、图6-32）。

（五）鼓楼坪的镶砌图案匠意

一般鼓楼前均有鼓楼坪，侗寨村寨与村寨之间举行的"月老"活动，节日举行的芦笙踩堂，祭祀"先祖母"的祭奠仪式等，大多在鼓楼坪内举行。鼓楼坪有大有小，小者可容纳数十人，大者可容纳数百人乃至上千人，有些鼓楼坪本身就是一幅完整的大图案，这些图案都是用无数颗扁圆形的鹅卵石镶嵌而成（图6-33、图6-34）。

因为古代没有水泥材料，而三合土也经受不住日晒雨淋的侵蚀和人们踏踩的破坏，于是侗族先民们便因地制宜，从寨旁河滩挑选那些大小相差无几的扁圆形鹅卵石，用来在泥地上镶嵌成坪。鹅卵石坚硬、不易踏损，加上采用侧立式拼接镶嵌，易于消水，不会龟裂和积水。因此经过相当一段时间使用，石子镶嵌的图案还是保持完好。一般鼓楼坪图案都以圆形为主，有圆心坐标和四方对称坐标，有些还有南北方向的"子午"方位坐标。鼓楼坪用石子镶嵌的图案，还隐喻有民族图腾寓意，如：有镶嵌成龙鱼戏珠的图案，有天体八卦图案等。

七、丰富多彩的贵州鼓楼群

贵州的鼓楼数量之多为全国之首，如从江县

图 6-32 彩塑彩画

境内众多的鼓楼中，增冲、高阡两座鼓楼已分别被列为国家级和省级重点文物保护单位。则里、增盈、荣湖、朝利、银潭、登岜、往洞、牙现、百五、百二、宰门、大洞、大桥、表里等15座鼓楼列为县级重点文物保护单位。增冲鼓楼在现存的侗族鼓楼中，历史最为悠久，建于清康熙十一年（1672年），经历了300多个春秋，几经修葺，风貌常存，独享盛名。增冲鼓楼为木质结构，形如宝塔，内有四根金柱、八根檐柱，构成八面八角形，13层重檐，顶部为八檐八角的双葫芦伞形宝顶，名曰"干梗"，通高约26米。鼓楼内有4层回廊，从第二层起有板梯旋回至上，直至鼓阁，各层内壁有精致的方格和万字塔栏杆。底层装半截板壁，有3个门进出，中央有火塘，火塘周围地面铺有青石片，四周有简易木凳供人们娱乐休息，靠东有供案一个。檐阁下画有龙、凤、鱼、蟹、虾等动物图案，美丽壮观。顶阁中，有一个长约3米，直径约40厘米的木鼓。顶端竖陶瓷宝珠尖顶，直插云霄，其技艺精细，为我国木质结构建筑中所罕见。与增冲鼓楼建筑风格大体相同的是则里鼓楼，则里鼓楼与增冲鼓楼有许多相似之处，最突出的是这两座鼓楼是用板梯登楼，这也是与其他侗族鼓楼用鱼脊独木梯登楼的一大区别。

第五节　侗寨其他公共交往空间

一、风雨桥

风雨桥是横跨溪河之上的交通建筑，风雨桥不仅为侗族村民在山谷溪涧提供较为安全方便的通道，同时也是人们平时在此休息交往的空间。风雨桥往往设置于村寨入口处，因此，它又是村寨地域空间界定范围的标志。

（一）风雨桥——侗家的彩虹

风雨桥是山区人民连接溪流两岸的交通通道、乘凉避雨和培植风水的一种亭廊与桥梁。除独具奇特优美的造型外，还蕴藏着深厚的文化内涵。侗族风雨桥，有建在河溪上和旱地上的两种，建在旱地上的风雨桥，亦称为"寨门"，而

图6-33　芦笙踩堂

图6-34　抬官人

图 6-35　风雨桥
——侗家的彩虹

建在溪流上的风雨桥较多。这些风雨桥一般长30～40米，通高10多米。不论是建在水上或旱地里，造型大同小异，不过造型结构的复杂程度、雕塑绘画艺术性的高低不同。有些风雨桥建在寨子前面的河流下游，意思是龙从上游到桥头，回头护寨、守寨，因而又叫"回龙桥"。在建筑学上多称为廊桥或风雨桥（图6-35）。

（二）风雨桥的由来与功能

侗族风雨桥，亦称"花桥"。它既是侗族人民过往寨脚或河溪的交通设施，又是侗族居民休息纳凉、遮光避雨、摆古论事、唱歌娱乐的最佳场地。侗族风雨桥，据有关史料记载，早在清康熙十一年（1672年）就有了，距今已有330多年的历史。风雨桥多以杉木或大青石作桥墩，将大杉圆木分层架在石墩上，用四根柱子穿枋成排，并将各排串为一体，呈长廊式建筑，在桥面上铺一层木板，桥面两侧安有长枋凳供人们就座休息。风雨桥两侧的长凳，其屋面下所塑造出的空间感、溪流的潺潺流水声、阴凉的空间环境，为村民创造一个轻松舒适的驻足场所。节庆时，这里也是唱拦路歌、饮拦路酒和吹奏芦笙的地方。

（三）风雨桥的构造

风雨桥由巨大的石墩、木结构的桥身、长廊和亭阁组合而成。除石墩外，桥身以上全部为木结构，并大都以杉木为主要建筑材料，整座建筑全系木料凿榫衔接，横穿竖插。桥顶部盖有坚硬严实的瓦片，凡外露的木质表面都涂有防腐桐油，所以贵州山区的一座座风雨桥，横跨溪河，傲立苍穹，久经风雨，仍然坚不可摧。从石墩起，以巨木为梁，用巨木叠合成倒梯形结构的桥梁，抬拱桥身，使受力点均衡（图6-36）。

图6-36　桥梁巨木叠合

（四）风雨桥的形态与意匠

侗族地区的风雨桥，以它独特的建筑结构，独特的艺术造型，成为中国建筑文化中的国粹。

贵州山区有河就有桥，而与其他民族不同的是，侗族的桥集桥、廊、亭三者为一体，独具一格。侗族的这种桥，因能避风雨，故称风雨桥；又因它是用油漆彩绘，雕梁画栋，廊亭结合，故又称它为花桥。花桥两侧长凳的凳外边有竹节式或其他形成的花格栏杆。桥顶为单檐或重檐人字形悬山顶，有些桥顶还在悬山顶桥头的两端和中间配有翘角攒尖歇山顶，且都盖有小青瓦。风雨桥绘有各种飞禽走兽、奇花异草、古代武士人物、风土人情等图案，活灵活现，璀璨醒目，给风雨桥增添了秀丽色彩。

风雨桥上高耸的亭顶，造型像伞，具有太阳崇拜的寓意，亭楼呈半封闭状，给人以家的感觉。雕梁画柱，体现侗民族人们爱美的心理及对所崇拜对象的尊崇。旧时的风雨桥上，常常插有香火，把花桥当作彩龙的化身，吉祥的象征（图6-37～图6-41）。

（五）风雨桥实例

风雨桥旧时在侗族地区普遍兴建，现在贵州的从江、黎平仍然保存很多。地坪风雨桥，坐落在贵州黎平县城南110公里的地坪乡地坪寨边，一桥飞架在南江河上。该桥始建于清光绪二十年（1894年），桥长50.6米，宽4.5米，桥上为木质结构，每排四根柱子穿枋成排，穿枋将各排串联成一体，形成长廊式。桥上三座桥楼突出。桥廊两侧设有通长的长凳供过往行人小憩。凳外侧设有梳齿栏杆，栏杆外有一层外挑的桥檐，既保护了桥梁木构免日晒雨淋，又增添了桥的美感。桥顶两端和中部的三座桥楼，分别为歇山式和四角攒尖式五重檐楼顶，高约5米，尖端配置葫芦宝顶，远远望去形如鼓楼。桥楼翼角、楼与楼间和桥亭屋脊上塑有倒立鳌鱼、三龙抢宝、双凤朝阳的泥塑。中楼的四根木柱上，绘有四条青龙。楼壁绘有侗族妇女纺纱、织布、刺绣、踩歌堂，以及斗牛和历史人物等图画，天花板彩绘龙凤、

图6-37　设有亭顶

图6-38　重檐桥顶

图6-39　雷山苗族风雨桥

图6-40　风雨桥形态

图 6-43　风雨桥组
合图

图 6-44　地坪风雨桥

图 6-42　者蒙寨风雨桥

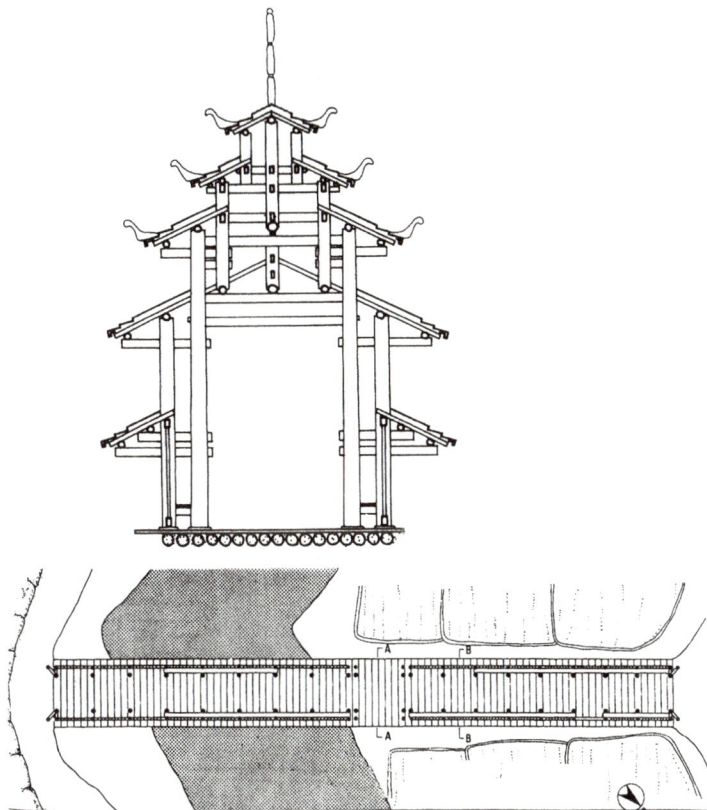

图 6-45　地坪风雨桥（灾后修复）

白鹤、犀牛等，情景逼真，形象生动。整个桥身结构巧妙，造型技艺精湛（图 6-44、图 6-45）。

锦屏县者蒙花桥始建于民国二十三年（1934年），位于者蒙寨脚，横跨 22 米宽的者蒙河，桥长 48 米，桥身高 4 米，共 17 个开间；为双坡排水双重檐木构廊式建筑。桥的正中设一座三重檐的六角攒尖顶的空阁，高 2.3 米（不含宝顶），两端的桥楼为双重檐四翼角门楼。两座 5 米高的青石桥墩，上置圆木大梁。桥的两侧设有木栏坐凳，花桥舒展壮观，成为者蒙寨的有机组成部分（图 6-41、图 6-42）。

二、凉亭

在侗族地区有桥就有亭（凉亭），有的桥和亭融为一体，亭在桥中为桥的衣帽，有的亭组合在桥的两头。

贵州山区，山高路陡，上山下山重担行走很累。侗族的先人便在山间小道上、山坳半山腰处，修筑了无数小凉亭供行人休息。凉亭构造比较简

图 6-41　者蒙寨风雨桥平、剖面

单，一般是四、六、八根柱子立地，构成正方形或长方形，其中两边置长木枋让行人歇脚，四周不封板，横梁上常注明修建的年月或捐资捐物修建者姓名和数目。

凉亭较之鼓楼，要简单得多。凉亭的文化特色是在亭柱上挂着一双双草鞋、一圈圈稻草编织的草绳。梁上是一串串象征祭祀或还愿的吉祥物，

有些还在吉祥物上绣上花、鸟、鱼、草等图案。柱角常常放着一担装满泉水的水桶和一只木瓢，供行人解渴。

凉亭柱上的草绳和草鞋及柱角放的泉水桶是侗族传承下来的美德。稻作民族旧时的许多生活用品都离不开稻草。用稻草编织的草绳是为行人在路上遇到不便时提供方便使用。有的亭子还放

有拐棍、扁担、筷子、竹碗、瓜碗，供行人使用。如今，草鞋在侗族城乡早已不穿，只有远在深山老寨的老人仍喜欢出门穿稻草鞋。风雨桥和凉亭表现出了侗族人民乐善好施，热心公益的美德，凉亭展示的稻作文化，至今仍是侗民族乃至整个社会应该继续弘扬的民族文化（图6-46、图6-47）。

图6-46 休息亭

图6-47 井亭

图 6-48 肇兴戏台

三、戏台

侗族是一个能歌善舞的民族，侗戏是具有独特民族风格的侗族文化艺术。由于对戏曲的喜爱和重视，戏台也便成为侗族村寨重要的公共建筑物之一。戏台一般与歌坪或广场同时出现，位置均设置在鼓楼附近，成为村寨主要的社交活动场所（图 6-48、图 6-49）。

素有"侗戏之乡"美誉的从江县，在 290 多个侗寨中有 240 多座戏台。侗乡戏台大多小巧玲珑，装饰大方，独具特色，对研究民族建筑和民族文化具有一定价值。

戏台的出现、发展，与侗戏的产生、发展密不可分，自侗戏鼻祖黎平腊洞人吴文彩（1798～1845 年）将汉族说唱《朱砂记》和小说《二度梅》改编为侗戏《李旦凤姣》、《梅良玉》以来，侗戏戏师和剧目日益增多。戏台也随之而遍及侗乡。

侗乡戏台都是建在鼓楼边，戏台前是空旷的歌坪。戏台、鼓楼、歌坪三位一体，形成了侗寨

图 6-49 镇远青龙洞戏台

的文化娱乐中心。戏台大多是一楼一底的干阑式建筑。从江现存干阑式戏台中，年代较远久的首推丙梅戏台。丙梅戏台始建于清代末期，1952 年重修，后毁于火，1981 年再次修复。丙梅戏台为悬山屋顶，楼顶覆盖杉树皮，三柱八瓜抬梁木质结构，立面二层、面宽二间，三柱通底，与底层支柱穿榫结合。二楼分为左右间，以三排中柱连壁分前后间，右前间为舞台，左前间为更衣室，

后左右通间为化妆室，与楼梯相连。舞台中央壁上有一栅栏式方窗，方窗上方绘一孔雀开屏，左右各绘一狮子踩绣球。台口平面呈弧形，台沿前装饰具有民族特色的图案。台口两旁各有一吊脚柱。柱脚有鼓墩式雕花装饰，吊脚柱与檐柱间连壁，形成外八字形假台口。假台口可张贴对联和绘画，戏台两边的假台口后侧各隐有一枋式坐凳，供乐师和施幕坐用。台口顶面装有一檐板，檐板下缘大弧线相连，形成波纹装饰花边，并绘有花纹。

黎平县高进村戏楼，建于清代。一正两厢型平面，戏楼两侧为看台。建筑之间的场地可供观众看戏和群众集会使用，场地中央镶砌有图案花纹，是村寨的文化娱乐活动中心。戏楼与厢房均为穿斗式全木构建筑。技术和艺术可谓侗族戏楼建筑中的优秀作品（图6-50）。

砖木结构的戏台以洛香戏台为代表，该戏台一楼一底，两侧及后墙均用砖砌至二楼檐口。底层正中开大门，门两侧是木栅栏式窗子，内有梯子上二楼。二楼分为前后间，前间为表演舞台，后间为更衣室、保管室。在左边檐柱上端各绘有一着侗族服饰人物，戏台顶部为三层重檐翘角歇山式屋顶，覆盖小青瓦。各层正面檐板分别绘有人物、花卉图案。二层正面两端翘角彩塑有互相对视走兽一对。二、三层檐口间墙面两端各彩塑一持枪、着战袍的古代武士，中间彩塑彩绘有龙、龟、鱼和飞天仕女等图案。整座戏台装饰素雅古朴。

从现存侗乡戏台的建筑特征和装饰的彩绘彩塑图案中，我们不难看出，侗戏戏台既具有古朴浓郁的民族特色，同时也看到了中原文化特别是中原戏剧文化对侗戏的影响。

第六节　传统侗居空间形态特征

侗居多依山傍水而建，由于用地有限，为创造更多的使用空间，建筑巧妙地与地势相结合，手法独具匠心。传统侗居的平面空间多样，但就其类型而言，当归于干阑建筑。干阑建筑为长江流域以南的主要居住方式，所谓干阑建筑，即用柱子把建筑托起，使其下部架空。实际上是对"人处其上，畜产居下"的居住建筑类型的通称。不过，随着人们对住宅空间和面积领域要求的扩展，干阑建筑有些已经从简单的两层发展为三层或四

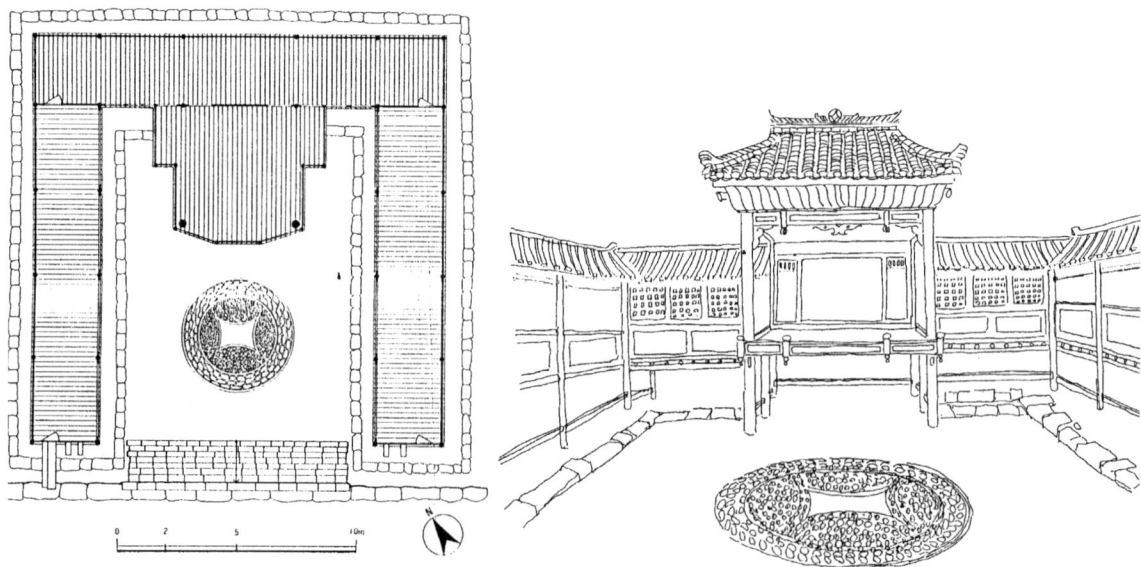

图6-50　高进村戏台

图 6-51 长屋

层。从一开间发展为两开间、三开间或更多开间，乃至于长屋（图 6-51）。

一、贵州侗族干阑建筑特征

由于地理环境、历史文化等社会自然情况的

图 6-52 干阑侗居的木材特征

差异，使各地区各民族的干阑建筑特色又不尽相同。

（一）建筑材料特征

由于侗族聚居的区域范围气候温和，水热条件优越，空气相对湿度大，以及土地有机质积累较多，适宜林木生长。因而为贵州的侗居在建筑材料选择方面提供了一个极为重要的前提。在黔东南地区，这种用木柱支托、凿木穿枋、衔接扣合、立架为屋四壁横板、上覆杉皮、两端偏厦的干阑木楼举目皆是。侗居选用木材的特征显然是地域具有丰富的森林环境赐予的结果（图 6-52）。

（二）居住方式特征

侗寨民居大多为穿斗式干阑木楼，村民基本上维持干阑木楼，基本上维持干阑建筑而产生的习俗，底层以饲养或堆放杂物为主，二层是主要生活面层，宽廊、火塘、小卧室，构成侗族民居的主要特征。顶层通常为堆放粮食或杂物的阁楼，也有局部设置隔间作卧室。将居住层由底层移至楼面，可以最大限度地适应聚居区域内任何起伏变化的地形地貌；可以不用改变地形获得平整的居住层面，适应于炎热多雨气候的通风避潮；适应于不易清理的场区环境对虫蛇、猛兽的防御；适应于河岸水边低凹地带潮水涨高的侵袭。从居住质量的观点看，提高生活居住层面后，居住环境质量也相对提高（图6-53）。

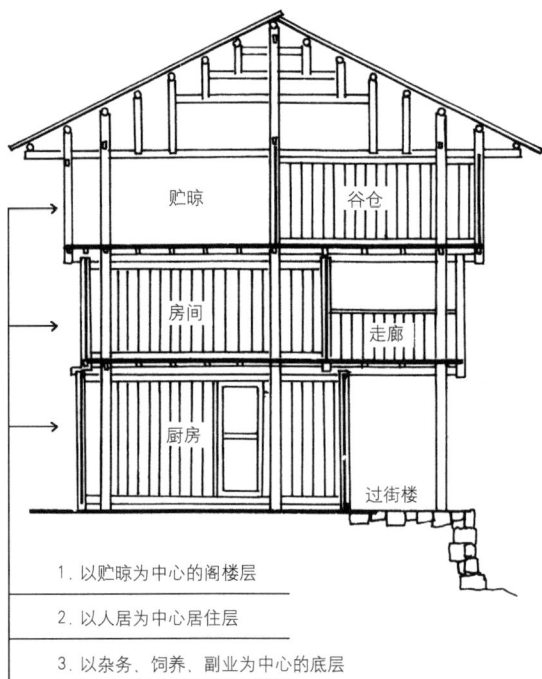

图6-53　架空的居住方式

1. 以贮晾为中心的阁楼层
2. 以人居为中心居住层
3. 以杂务、饲养、副业为中心的底层

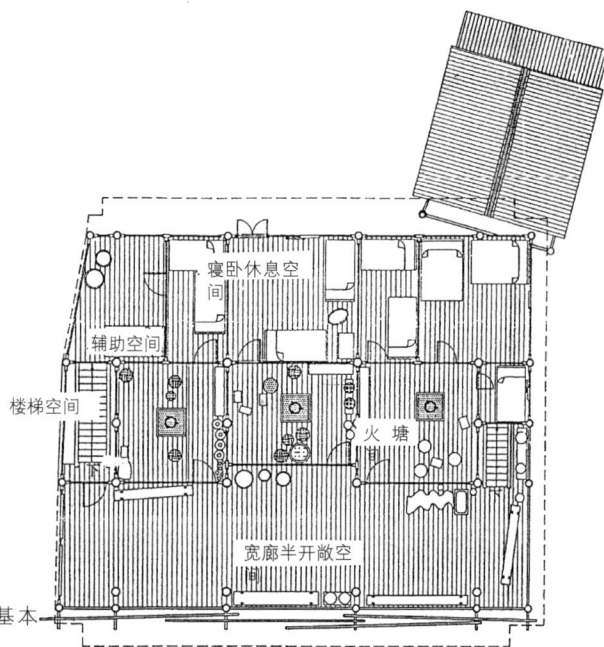

图6-54　侗居基本平面

（三）平面基本单元特征

传统侗居生活面层典型平面基本单元，包括有可以满足生产活动和生活居住习俗基本要求的各功能空间组成，它们是：1. 垂直交通联系功能的楼梯空间；2. 富有满足休息和家庭手工劳作功能的宽廊半开敞空间；3. 具有接待来宾及炊烤兼备的生活起居功能的火塘间；4. 必不可少的家人寝卧休息空间；5. 其他辅助空间（图6-54）。

上述各基本功能空间在进行平面组合时，可以将其在一个开间柱网内，自宽廊向纵深方向穿套布置完成；也可以随居住要求的完善，扩展成为两开间或多开间，单元组合自由衍生。

（四）入口位置设在山墙面

传统干阑侗居的平面布局特征之一是将侗居的入口位置大多设在山墙一侧，这与汉族民居从正面入口截然不同（图6-55）。

二、干阑侗居内部空间要素

因地制宜，合理利用空间，充分发挥有限空间的使用价值，是侗族住居的内部空间特点。由于所处环境地貌条件的变化，给剖面形式带来不同，因此对空间的利用也带来很大的伸缩性和灵活性。

（一）架空的支座空间

侗居架空的底层空间，根据不同的使用要求，可以拉通、可以隔断，外壁可以封闭、可以开敞，空间分隔十分灵活。当居住面积不够用时，支座层可以围蔽，安排作为使用空间以备不时之需。但传统侗居这里大多安置石碓、堆放柴草、杂物和饲养牲畜，作为圈栏、贮放杂物等家庭生产活动的主要场所（图6-56）。

（二）楼梯空间

楼梯纯属垂直交通联系之用，侗居的楼梯平面位置大多布置在单元侧向端部偏厦开间内，入口位置设在山墙面，梯段多采取单跑的形式，坡度一般比较平缓。在户内与阁楼联系的梯子，往往加工成鱼脊形的独木梯，造型饶有风趣，移动也方便（图6-57、图6-58）。

图6-55 入口设在山墙

图6-56 支座层内景

图 6-57 设于端部
偏厦内的楼梯

图 6-58 侗居楼梯
外观

（三）内外空间的中介——宽廊

设置宽廊是侗居的重要空间特色之一。宽廊在侗居中除了作为家庭休息、手工劳作空间外，还具有社交和联系室内其他空间的多种功能。宽廊是侗居内外的中介，为父系大家庭公共起居使用的活动空间，又是妇女从事家庭纺织等劳作场所。半开敞式的宽廊，可以说是侗族自身寻求养身空间的体现，可以取得自内向到外向、由封闭到开敞的空间转变，可以改善环境的封闭性，还有助于改善心理环境和视觉境界。因此宽廊的双重性在于，它的空间界限似清楚又不明确，似围合又通透、似独立又依存，但是它在侗居中确是一种极富有人情味的过渡空间（图6-59）。

（四）家庭的核心——火塘间

火塘间在传统的侗居中，占有相当重要的地位，它是侗族家庭议事、聚会、团聚、交谊和兼作炊烤并备的场所。对于侗族来说，火塘间不仅是家庭日常生活的中心，也是家庭内供暖的中心。正是由于火塘在侗族家庭生活中具有如此重要的地位，所以火塘间就成为整个血亲家庭的中心，乃至成为家庭的代名词。在黔东南一带，一些侗族民居中，有"高火塘"和"平火塘"两种类型。"高火塘"，使室内的地板形成台上台下两阶，台上可供坐卧，台下作为通道，静区动区互不干扰。"平火塘"的构造方式有平层式、悬挂式和支撑式等几种。随着侗族生活方式的渐变和文明程度的提高，炊事用火已逐渐被灶台所代替，然而传统的

图 6-59 内外空间的中介——宽廊

火塘作为侗族物质文化的一种象征性要素，依然保留在侗居中（图 6-60、图 6-61、图 6-62）。

（五）寝卧空间

卧室对每个家庭都必不可少，它必须满足居寝隐蔽的实用要求。在侗居中，卧室的平面位置多置于较安静的区域，空间处理则多以小隔间的方式为主，一般一间卧室仅放一张床铺，以一人或一对夫妇居住为原则。侗居的寝卧空间比较封闭，与宽廊形成鲜明的对比，但它符合空间功能的私密性要求。

（六）坡顶上部空间的利用

侗居的竖向功能分区由三部分构成：1. 以杂物、饲养、副业为中心的底层；2. 以人居为中心的居住层；3. 为贮晾为中心的阁楼层。侗居屋顶空间阁楼层的主要功能是：1. 作为散堆谷物为主的贮藏间；2. 设有横杆作为晾挂风干作物之用；3. 也有些侗居将其分隔布置为闺女卧室使用。阁楼层的平面空间利用率较高，且贮藏物品安全可靠。阁楼空间的外壁有开敞，有封闭，根据需要及住户的经济财力，可伸缩性较大。

从上述要素可以看出：侗居内部各功能空间的布局形态是受着侗族文化和民族习俗的影响而产生和发展，同时又随着生活方式的渐变，和周边各其他民族文化的撞击，以及因时、因地、因人、因物的不同，而展现不同的风貌。

三、干阑侗居平面布局与空间序列

建筑的平面布局和空间序列与其使用性质有着密切的关系。这些使用空间彼此又是相互关联、脉脉相通的。

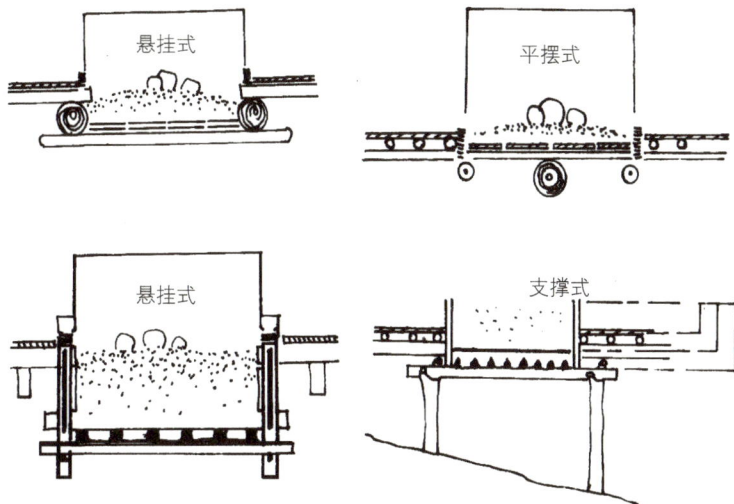

图 6-61　火塘的形式

图 6-60　北侗三塘寨下凹式火塘

图 6-62　家庭核心——火塘间

以侗居的生活面层为例，其平面布局和空间序列完全是依据空间使用的性质，以及侗族自身的生活习俗和行为模式并按照渐进的层次进行布置的。侗居序列类型的选择侧重于强调纵深轴线方向上的空间组合，即由休息和手工劳作功能的宽廊——生活起居的火塘间——寝卧空间的布局形式，其空间序列关系是前——中——后的纵深格局。并根据空间不同的使用性质，采取了不同程度的开敞与封闭（图6-63）。

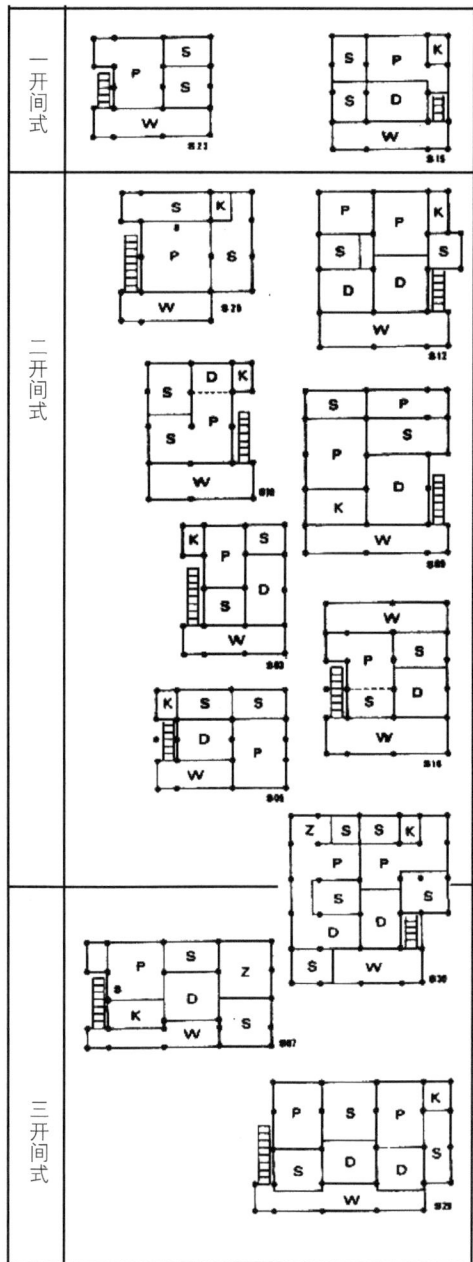

图6-63 干阑民居
平面类型

W：宽廊　　P：火塘间
S：寝室　　K：谷仓
D：堂屋　　Z：灶房

例如：宽廊起着空间过渡和承接的作用，以其半开敞、较明亮，具有开阔的景观收纳性；火塘间是侗居家庭的核心所在，是空间的精华，是温暖和光明的源泉，甚至是崇拜的对象，因此，空间需要具有完整性和聚合性；寝卧仅供休息睡眠，需要安静和避免强烈的光线干扰，需要有封闭性和私密性。这种强调纵深方向的空间序列格局，符合于人们居住流线从外部空间——半开敞过渡空间——共用空间——私密空间的行为模式。即空间序列由外向到封闭，光线由明亮到暗淡，这些都充分体现侗族自身居住的物质与精神方面的需要。当然，在以上基本空间序列布置中，有时为了有更多的寝卧空间，在火塘间的左侧或右侧，也有布置寝卧的情况出现，但从交通流程顺序，它依然属于先进入起居再进入卧室的空间序列。

从上述分析可以认为，这种并非由专家，而是以自发而持续活动所产生的民居，不能不使人们认同，这种原始朴实的乡土侗居，在其平面空间组合中，蕴藏着不少理性的建筑空间艺术构思，其空间序列组合是适合于侗族人民居住的一种独特的生活空间形态，并且在其中还拥有不少未开发的灵感资源。

四、干阑侗居的外部空间形态

侗居的建筑造型因地而异，妙在以多变的建筑处理手法去适应各种不同的外部地形环境，利用自然环境提供的条件，如岩、坡、坎沟和水面来限定外部空间。同时它又能结合居住功能，进行合理处置，使整个建筑造型显得自然而不造作。立面随坡势起伏、因势就势，并利用不同层次变化，充分发挥竖向组合的特点。在节约用地面积的同时，使外部空间形态产生了高低错落的层次变化，村寨各具风姿的造型使人应接不暇。

虽然侗居建筑造型变化多端，然而在这些变化之中，具有不变的因素，如侗居有共性的基本单元体，有共性的上、中、下基本功能剖面，还有共性的半开敞空间宽廊等要素。这些极具侗族特性的内在目的与特质，正是使多变的外在表象

图 6-64　侗居外部群体空间形态

图 6-66　活泼的非对称构图

图 6-65　亲切近人的尺度

图 6-67　富有弹性变化的立面

取得统一与和谐的重要因素。

　　侗居往往采用架空、悬挂、叠落、错层等处理手法，以开阔视野、改善人们的居住心理环境和视觉境界。干阑侗居亲切的近人尺度、和谐的横向比例、轻盈的悬虚造型、活泼的非对称构图，通过开间的增减和竖向富有弹性的变化，形成不同的外部建筑形态（图 6-64 ～图 6-67）。

　　侗居的造型尤以屋顶变化更为生动活泼，但

又保持着质朴的本色。侗居的屋顶形式有两坡悬山顶、有歇山式屋顶，也有少量的四坡顶形式。在贵州黔东南地区侗居采用悬山式屋顶尤其普遍。悬山屋顶在作法上又有悬山屋顶加山面偏厦，悬山屋顶横向叠错，悬山屋顶前部梯厦（开口屋）等不同形式。不同形式的屋顶在侗民居中并无明显的等级标志，更多的是反映内在功能用途上的差异。但随着历史、社会及文化因素的共同作用，屋顶除满足遮风避雨这些最基本的功能要求外，审美要求随形式的变化也应运而生（图6-68～图6-70）。

贵州黔东南侗居地处林区，木材、树皮成为

图6-68 两坡悬山屋顶

图6-69 歇山式屋顶

图 6-70 山面偏厦

图 6-71 树皮屋顶

图 6-73 田地瓦顶

图 6-72 瓦屋顶

图 6-74 歇山瓦顶

得天独厚的建筑材料。整个山寨，多为干阑式木楼，屋面材料至今仍有用杉树皮与小青瓦、杉树皮与茅草混用的情况，它一方面反映出受区域经济因素的影响，另一方面也反映出是受民族传承的因素的影响（图6-71～图6-74）。

由于平面组合自由灵活，可以通过开间的增减，或加接披屋、或拼联组合、或加建偏庇、敞间或拖檐，安排次要辅助空间，从而随平面变化

图 6-75　单开间侗居

图 6-76　两开间

图 6-77　三开间单面偏厦

也形成各种多变的立面空间形态。可以说，架空式的居住面层、楼层叠宇的空间层次、不同屋面的天际错位形式、山墙偏厦的拼联组合运用、半开敞廊道的竖向栏杆，以及出挑、外露的猪咀形或象鼻形枋头，雕刻精细的莲花状垂柱……，构成了侗居外部空间形态的鲜明特征(图 6-75 ～图 6-77)。

五、干阑侗居空间领域扩展

一般说，住房的使用年限，远比建造的年限要长得多，随着时间的推移和生活内容的逐渐增加，因此对原有的居住空间领域往往需要突破和扩展。

侗族民居居住领域一般借助于空间扩展或面积扩展两种方式，较常见的模式有：

1. 占地面积不变，竖向增多层数，使干阑侗居由原先的"人居其上，牲畜居下"的简单二层干阑楼向三层或四层的格局扩展，以充分利用空间。

2. 平面扩展、增加开间组合，使建筑的面宽加长，乃至于发展为"长屋"。

3. 增建偏厦，由原先不对称扩展为左右对称的双侧偏厦。

4. 竖向逐层出挑，扩大使用空间，"占天不占地"。

5. 架空支座围蔽，安排作使用空间，以备不时之需。

6. 由"住贮合一"扩展为"住贮分离"，于房前屋后另建独立的畜圈或谷仓，扩大居住领域。

第七节　形态独特的苗族半边吊脚楼

黔东南地区的苗族木结构吊脚楼源于干阑建筑。苗族先民南迁后，为了适应南方的地理环境和气候条件，在贵州高原山高坡陡的环境中，照搬底层全架空的干阑房，势必要占谷地良田，为了解决将民居建在山坡上这一矛盾，采取在斜坡上开挖部分土石方，垫平房屋后部地基，然后用穿斗式木构架在前部作吊层，形成了半楼半地的"吊脚楼"。由于这种形制的房屋在结构、通风、采光、占地等诸多方面，都优于其他建筑，因此，得以长期沿袭，历经千年不衰（图6-78～图6-80）。

一、贵州的苗族分布及其特点

苗族，是中华民族大家庭中的一员，是我国人口较多的少数民族之一，苗族与瑶族一起共同构成苗瑶语系。两个民族大概是同宗，在《书经》舜典中有"三苗"是其祖先之说。作为三苗故地，是指洞庭湖周围的长江中游流域，这里是楚国的中心地；另外据苗族自身的传承，也证明他们是从三苗故地向山区扩散的迁移经历。

苗族的分布范围，以湖南、湖北、贵州、广西为中心，以至涉及整个华南地区和大范围内的东南亚，其中以贵州最多，几乎遍布全省各地。他们为了逃避汉族或清王朝的压迫，或因刀耕火种的移动性，因此形成了这样大范围的民族迁移。

贵州苗族多聚族而居，但由于各地的地理、历史、经济、文化等条件的不同，也存在着许多差异。雷公山地区是苗族从中原向西南迁徙的最大最集中的聚居区，因此其支系也比较多。在清代以前的漫长历史中，由于开始立足建寨是以家族支系为单位，所以建起的一个个寨子或人口繁衍后连片的几个寨子，基本上是家族支系，这便形成了部落式的"自然地方"。这些部落式的自然地方以寨老、方老、族老、理老组织领导。清

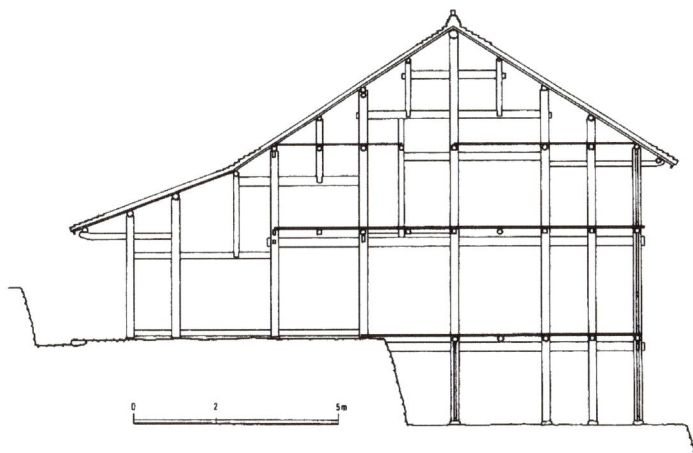

图6-78　半楼半地吊脚楼典型剖面

图6-79　半楼半地吊脚楼

图6-80　半边吊脚楼

代以前未设置建政的雷山苗族社会，就是这样以部落式的自然地方自立自治的，明清史上称其为"化外之地"。但对苗族支系的分类，各种分法颇多，就现在约定俗成的标准，就是根据苗族女子的服饰来分。以苗族女子的装束来分，有长裙苗、短裙苗、超短裙苗和黑苗、古瓢苗等支系。但在明清以后，主要根据女性衣服的色彩，图案分为红苗、白苗、青苗、黑苗、花苗等多支。黔东南的黑苗，以对抗明清王朝势力武装起义而著称，黑苗的方言属于黔东方言的一种，自称 mu 或 mo。

此外，从居住地及生产形式来分，又分为住在溪边平地进行水稻种植的"平地苗"，和住在山上种旱地的"高坡苗"。现在"高坡苗"也不再采用刀耕火种，而是种植水稻、旱稻。

二、苗族的居住方式

苗居各地不尽一致。在贵州松桃、铜仁一带，与汉族、土家族十分接近，正房四榀三间，一楼一底，明间有一吞口，正房前面往往设置有厢房，作厕所畜圈，或作灶房、粮仓。有的加照壁，形成封闭式院落。个别大户人家住宅是带封火山墙的四合院。

苗岭是苗家繁衍生息的地方，苗岭的最高峰——雷公山是苗家的圣山，因雷公山而得名的雷山县是中国苗族文化的中心。雷山县位于黔东南西南部，全县人口 15 万多，苗族为主体民族，占总人口的 82.6%，是全国最集中的苗族聚居区之一。

我们调查的全是居住在山区的苗族，他们利用山体斜坎建造"吊脚楼"这种独特的建筑。所谓吊脚楼，即悬空式建筑。它是利用倾斜的地形，平整土地后再依势架平台构成"半干阑"式的构架。从构架可看出，苗族干阑吊脚楼是在倾斜山地上建房，并采用穿斗式结构。

苗寨的房屋大多是依山而建的吊脚楼，民房鳞次栉比，次第升高，别具特色。誉为山区建筑的一枝奇葩，吊脚楼一般分为三层，下层为饲养家畜的圈舍，中层为人居住，上层为客房及堆放杂物之用。中间的堂屋宽敞明亮，摆一张木制花边长桌作宴客之用，厅前外廊有长条靠背木凳"美人靠"，配以曲形木条栏杆，供乘凉或会客用，也是观景、绣花的地方。窗棂雕刻有各种花鸟图案或空格。大门上方有一对造型别致的木槌，俗称"大门槌"。屋基多以大青石垒砌而成。座落在高处的吊脚楼凌空高耸，屋前或屋后竖有晾禾架或谷仓，秋冬时节，金黄的包谷、火红的辣椒、洁白的棉球等成串悬挂于楼栏楼柱，把锦绣苗乡装点得更加绚丽多彩（图 6-81 ～图 6-85）！

三、苗寨选址原则

苗族富有斗争反抗的传统，他们多选择住居于高山地区，素有"高山苗"之称。"依山而寨，

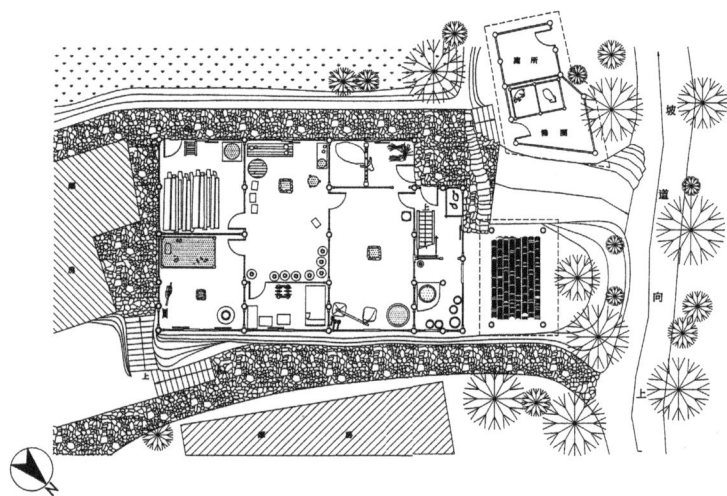

图 6-81   郎德上寨某宅总平面

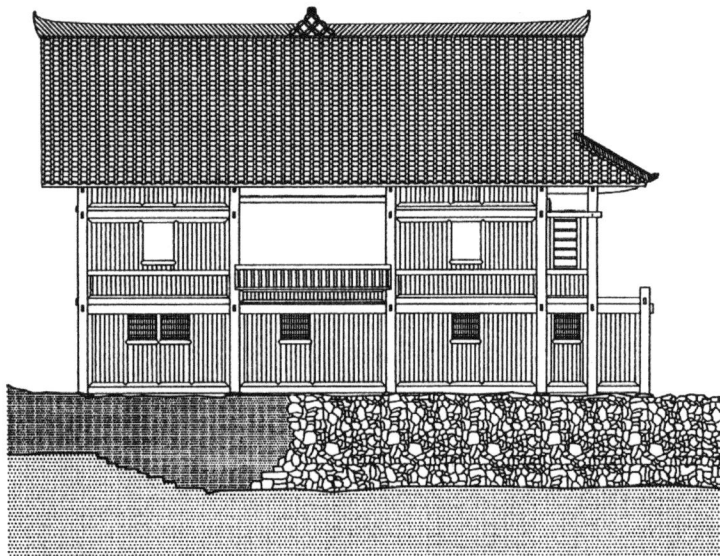

图 6-82   郎德上寨某宅立面

图 6-83　郎德上寨某六开间苗居

图 6-84　某四开间苗居

图 6-85　郎德寨内景

择险而居"即为苗居聚落的第一个特点。其次，苗寨多"聚族而居，自成一体"，不但选择生态环境较好的地方安居，而且还能妥善地处理好安全防卫与耕种生活的矛盾。所以苗族对寨落选址十分重视(图6-86～图6-89)。

苗族寨落选址有如下原则：

1. 背靠大山，正面开阔。靠山多为阳坡，向阳能减少寒气压迫，视野辽阔，高能远望，后有依托，便于防守撤退。

2. 苗寨多近水源或面河或邻井，同时还考虑避免山洪的危害。

3. 有的苗寨选在山颠、垭口或悬崖惊险之处，居高临下，可守可退，同时有种植庄稼供生活之需。

4. 有适宜的自然环境，多数苗寨，在讲风水的同时能将二者统一，尽可能选择好朝向，以

图 6-86　择险而居

图 6-87　聚族而居

图 6-88　黔东南苗寨风貌

图 6-89　苗族〝吊脚楼〞依山而建

图 6-90 正面开阔向阳

获得宝贵的阳光。

　　雷山县郎德上寨，依山傍水，背南面北，四面群山环抱，茂林修竹衬托着古色古香的吊脚楼，蜿蜒的山路掩映在绿林青蔓之中，悦耳动听的苗族飞歌不时在旷野山间回荡。寨前一条弯弯的河流宛如蛇龙悠然长卧，寨子的南面有松杉繁茂的"护寨山"，北面有杨大六桥——"风雨桥"横跨于河畔上。寨内吊脚楼鳞次栉比，层叠而上。进寨的小路，早有热情好客身着盛装的苗家姑娘端着牛角酒等候在那里，郎德上寨的十二道拦路酒是进入寨子的必经程序，与此同时，敬酒歌唱起来，芦笙、芒筒也吹起来，这样独特的敬酒仪式隆重、热烈，而又别具风味，让人难以忘怀。

　　在寨子中央，还看到约 100 平方米面积的铜鼓、芦笙场，场上有仿铜鼓面十二道太阳光芒的图案，用青褐鹅卵石铺就，呈放射形伸展，很有特色，透露出苗家人的农耕情节（图 6-90 ～图 6-93）。

四、苗居居住平面功能布局

　　苗居吊脚楼竖向空间为三段式分区。即吊脚层为牲畜杂物层，二层为生活层，三层为粮食贮

图 6-91 郎德寨的自然环境

图 6-92　远眺杨大
六桥——风雨桥

图 6-93　铜鼓芦笙
场

图 6-94　三段式分区

图 6-95　三正一偏实例

藏层。其中二层为苗居的主要楼层，一般为三开间，在明间廊前设"美人靠"。美人靠者，为特制的栏杆，可坐可倚，栏做成曲线形凸于檐外，十分美观，凭栏可观山望景，在苗居中具有特色。

在明间前退后一步装壁开门，以扩大美人靠前空间面积（图 6-94、图 6-95）。

苗居以"住"为中心的居住层平面包括堂屋、退堂、卧室、火塘间、厨房等主要部分，以及贮藏、

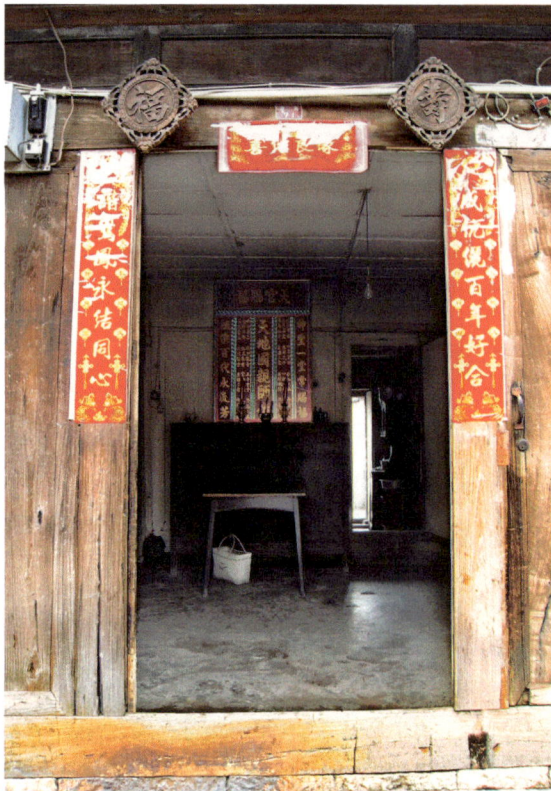

图 6-97　堂屋内的神龛

退堂实际变为回廊。

卧室，苗族卧室不大，仅供夜间休息之用。卧室壁面常开设一种横向木板梭窗，洞口虽然不大，但由于无窗格遮挡，也十分敞亮。

火塘间及厨房，是家庭炊事及取暖使用的辅助空间。

居住层是苗居的主要生活面层，此外还有的以生产为中心的底层和以贮藏为中心的阁楼层，以上三部分共同构成苗族半边吊脚楼。

五、适应山区地形的灵活性

吊脚楼与底层全架空的干阑楼屋的区别在于因借地形，减少土石方的填挖量，适应山区地形起伏的特点，具有较大的灵活性。底层吊脚可长可短，二层前半架空，后半落于屋基上，多建于山区坡地或江河两岸的缓坡地带，结构形式取决于外部环境。因此半边吊脚楼是具有黔东南地区民族地域特色的山地建筑（图 6-96、图 6-98）。

杂务、副业、挑廊等辅助部分。苗居的平面布局是围绕堂屋布置其他空间，形成以堂屋为中心的放射形平面空间布局特征。

堂屋，是苗居的中心空间，一般三开间时堂屋平面位置居中，是苗居的重心所在。堂屋正中后壁一般设置有神龛，上立牌位，前置供桌，摆放祭品。堂屋也是家庭社交的活动场所，因此，一般开间较大，空间也高，重大的活动如婚丧嫁娶、祭祖敬神，接待尊贵客人等都在堂屋里进行。在举行这种活动时，都要在堂中跳芦笙舞或板凳舞。这些舞蹈粗犷古朴，观者拍手顿足，节奏极强，因此，在房屋结构处理上采取在堂屋两侧的立帖中加柱并增大楼板的厚度，使之能承受较大的荷载（图 6-97）。

退堂，它是由堂屋退进一步或两步，并与挑廊的一部分共同构成一个半户外空间。它既是堂屋的缓冲空间，又是室内与外廊入口的过渡区域，因此在居住功能上退堂有其特殊作用。苗居的退堂靠边常设有美人靠，在此可以纳凉、休息。有些退堂由于在前部无回廊设置，宅门设于房后，

图 6-96　苗居

图 6-98　因借地形

图 6-99　晾晒杆件

图 6-101　垂花柱装饰

图 6-102　接地方式

第八节　干阑式粮仓和粮仓群

这一带村民粮食储存方式有几种，靠近汉族居住并受其影响的村寨是将寝室的一部分围合起来，或在寝室里放一个大笼子收藏稻谷。较远的山间苗族、侗族村寨则是在住宅附近修建粮仓来收藏稻谷。地处偏僻的侗族巨洞寨修建的粮仓，是在距村寨不远的地方集中修建干阑式粮仓群。

一、粮仓的平面类型

苗族的粮仓。平面（见图 6-100 C05）是由两开间贮藏室构成，采用檩柱结构，结构形式接近民居的穿斗式房屋结构。

侗族的粮仓按建筑形式可分为 3 类，即群仓、单仓、阁楼仓；其中，前两类以干阑式为主。这3 类谷仓按其功能又可分 3 种：（1）纯属存放谷物；（2）既作谷仓又配置禾晾栏杆；（3）纯属禾晾小楼或临时存放禾把。

粮仓的平面开间有一开间一栋，两开间一栋，还有少数三开间的平面类型，大小根据用户的情况而定。

二、粮仓结构与构造

梁柱结构的粮仓采取横梁与纵梁上下交错穿入柱子的方式固定。梁枋的前后左右都出挑与垂花柱连接，支撑屋檐。壁板穿过立柱两侧的板槽，横向插入，形成箱式的贮藏空间，屋顶的阁楼类似于住宅的形式，即立柱支撑横梁，横梁上立短柱，檩木搁在短柱上。短柱及柱子的顶部扣槽与檩木相接，檩木上再设置橡条，橡条上面盖树皮，为防止松动，树皮上面再用横木条或纵木条固定。巨洞寨侗族的 2 层粮仓，还特别设计了可以晾晒稻谷、蔬菜的杆件（见图 6-100 C07）。在入口处装有垂花柱装饰（图 6-99、图 6-101、图 6-102）。

在谷仓中，群仓和单仓的架构形式多样，仅

顶部架构就可分为4种:(1)柱、瓜、枋穿斗结构(图6-100C04、C05、C06、C07);(2)用两根连接的短柱撑顶称为束柱或蜀柱(图6-100C05);(3)短柱两侧加斜撑构成三角梁的叉首式承重顶部(图6-100C01、C02、C03);(4)在(3)的基础上架檩钉椽,但斜撑柱不作承重(图6-100)。

三、粮仓群

巨洞寨位于沿都柳江北面的倾斜地带,是一个沿坡地而建的有150户居民的密集村寨。于村子的东、西两端及中部山坡建有三处粮仓群。东部的粮仓群建在距东端约30米的空地上,共计有52栋粮仓分7排横排成列,一直延伸到村东

的小河两岸。粮仓修建在村寨之外,是为了防止火灾。

在52栋粮仓中,一开间的有41栋,两开间的有11栋。干阑式粮仓的下部的支座层全都由柱子支撑,支柱空间有些作为存放建筑木材或棺木使用(图6-103、图6-104、图6-105)。

图6-103 粮仓群景观

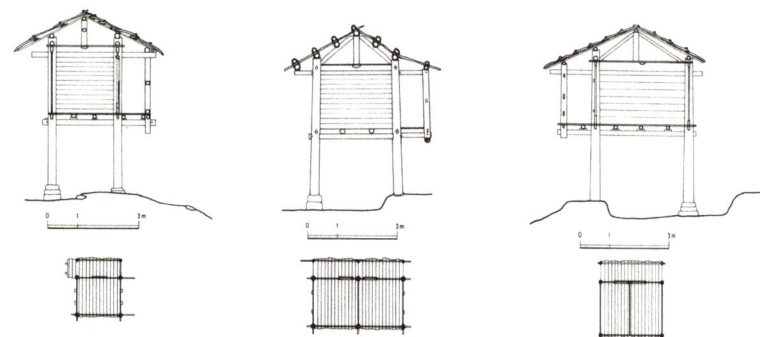

C01 叉首式　　　　C02 叉首式　　　　C03 叉首式

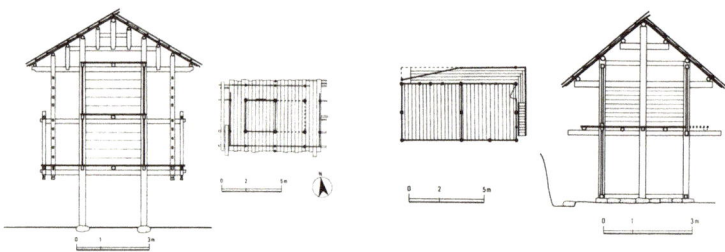

C04 穿斗式　　　　　　　C05 穿斗式

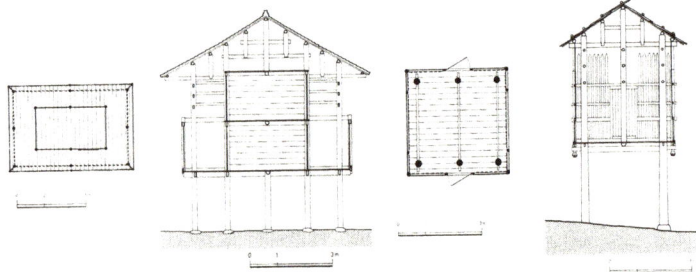

C06 穿斗式　　　　　C07 穿斗式

图6-100 典型谷仓平面、剖面类型

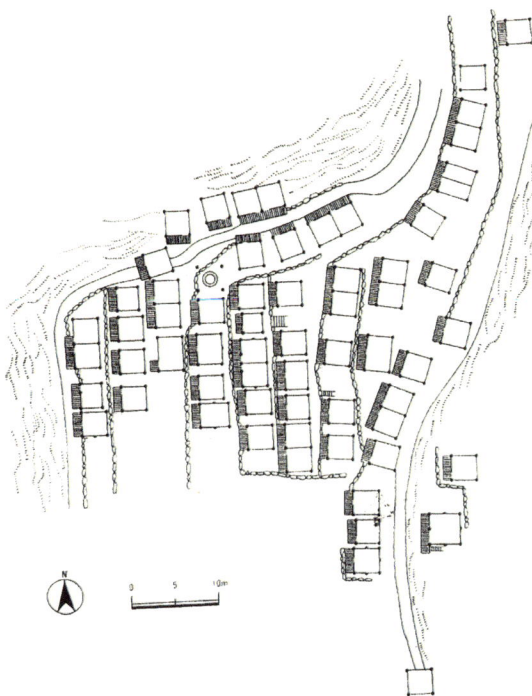

图6-104 巨洞寨粮仓群

图 6—105　方形粮仓群

四、水上粮仓

距黔东南雷山县城南1.3公里的苗族新桥村，这里将粮仓建在水塘之上，这些古朴的粮仓建筑，使很多人为之着迷。始建于百年前的水上粮仓位于寨子中央的低洼处，40多个至今都还在使用的干阑式粮仓整齐地排列在水塘上。粮仓用青石块垫基脚，6根木柱置于石墩上。高约3.5～4米的粮仓，在离地面1.5米处，有横枋将6根柱子连起来，再横装楼板及壁板，粮仓屋顶采用青瓦或杉树皮覆盖。粮仓每间面积约25平方米，可储粮5000公斤左右。从粮仓取谷物时，用户采用木楼梯攀缘上下。粮仓之所以建在水塘上，主要是可以防鼠，避免损失，还可以防虫蛀、防火灾，同时还能保持粮仓的干湿度（图6-106）。

图6-106　水上粮仓

五、圆形粮仓

荔波漳江风景名胜区内的"白裤瑶"同胞，其贮粮方式十分独特，颇有观赏价值和实用价值。

"白裤瑶"因其男子身穿白色马裤而得名。荔波境内的"白裤瑶"，聚居在"小七孔"附近的瑶山山乡。进入瑶山，眺望瑶寨可见村头寨尾的池塘边、稻田上，星罗棋布地建有许多茅草攒尖顶的圆形建筑，那便是瑶族同胞用以贮存粮食的仓库。其圆仓独有的特色也构成识别瑶寨的重要标志。这种圆仓的特点是：首先，它建在池塘边稻田上且同住房保持较大的距离，有利于防火（民间称"泼水"）；其次，粮食都存放在离地一人多高的仓楼上，有利于防潮。

瑶族粮仓底部架空，有两种形制：一为圆仓攒尖顶，顶上覆盖芭茅草；一为方仓青瓦歇山顶，顶上覆盖小青瓦。圆仓以篾折围护，方仓用木板装修。仓门皆为木质，以粗大木栓拴住，无需用锁加固。

圆仓的独到之处是都安装有防鼠装置——一个鼓形陶坛或一块方形木板。每座粮仓，不论圆仓、方仓，都在离地一人多高的四根立柱上装一方形木板，用以阻止老鼠沿柱爬上粮仓。装置虽很简易，效果却相当好，老鼠无论怎么狡猾都上不去，这种形制的粮仓具有悠久的历史。瑶山的粮仓，仓内贮藏粮食，仓下可供乘凉。盛夏时节，村民三三两两，坐在仓下小憩，成为瑶山一景，格外引人注目（图6-107、图6-108）。

六、洞穴粮仓

在贵州省乌蒙山东部至大娄山脉以西一带的深山中，居住的彝族人家大都在房前屋后建造有一"暗堡"——天然禾仓，即用来储藏粮食及山货。也有在房前屋后或作厨房的侧屋后坎下挖掘屋内水井，用于日常饮用及暑夏炎热季节储藏熟食品等。彝家屋内水井一般多在高石土坎之下，井口能容人进出，在凿井时，在井旁侧上沿部分再凿约1平方米的凹台，作为酷夏三伏天存放熟食品的地方。

彝家禾仓，是历代彝族同胞长期生活在崇山

图6-107 圆形粮仓

图6-108 防鼠构造

图 6-109　禾晾

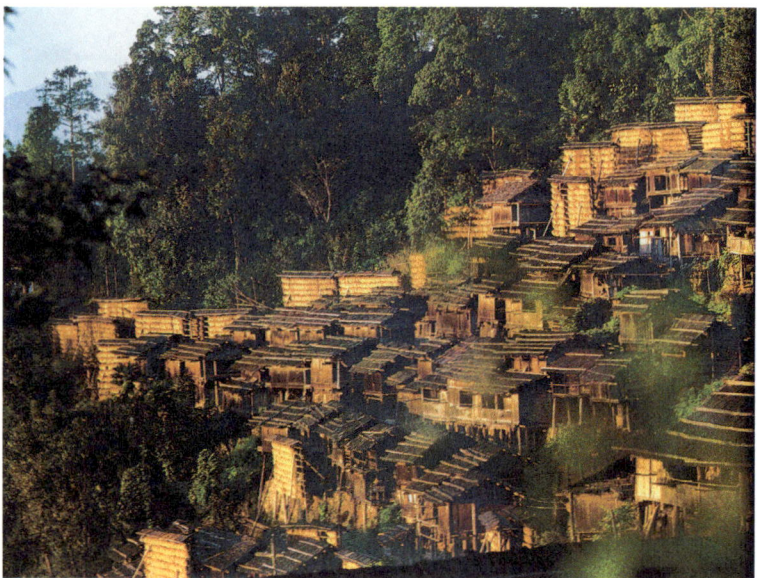

图 6-110　苗岭山寨禾晾

黔西北彝家禾仓风格独特，造型精美。据传从明末清初起，彝家禾仓成了质朴耐劳的彝族人民进行坚壁清野的一道重要防线。小的禾仓能容纳粮食数千斤，大的近万斤。它充分体现了彝族人民的智慧和创造力，这一古老的土木结构洞穴建筑亦是少数民族地区建筑史上的一大奇观。

七、禾晾

禾晾，是南部侗族地区农家晾晒禾把的一种构架，是南侗地区特有的一种稻作文化现象。

禾晾产生已无史料可考。由于侗乡人民历来以糯食为主，勤劳的侗民并培养出牛毛糯、融河糯、香禾糯、红糯、黑糯、白糯、旱地糯、打谷糯等繁多品种，除了打谷糯直接在田间脱粒外，其余的都需要连穗割下，捆成禾把，晾干收藏。为了晾晒禾把，并免受家禽、家畜和鼠类的糟蹋，人们建造了供专门晾晒禾把的构架——禾晾。

禾晾一般都建在当阳、通风的寨边、塘边，也有少数建在寨中鼓楼边。建造禾晾的形式有两种：一种是"一"字形的禾晾，柱子是用一根较大杉木锯成两半，成垂直竖立，其外形像一架巨大梯子。另一种是"井"字形禾晾，由四排"一"字形禾晾像"井"字那样交叉构成。禾晾有的盖顶，有的不盖顶。禾晾顶多采用杉树皮，一般都盖成一面坡，也有少数盖成两面坡倒水。

如从江占里、平豪、巨洞、高阡的禾晾仍较壮观，它与禾仓、鼓楼、花桥和吊脚楼浑然一体，构成了一幅幅优美古朴的侗寨风光（图 6-109、图 6-110）。

八、水井

侗家人都以有一口好石井、一泉清水为自豪，因此，对水井的建造极为讲究。

侗寨的水井造型独特，有石瓢井、石牛井、石桶井、窑口井和房屋状封闭式的四合井等等。侗家水井的形状，大体可分为拱形、方形、圆形等几种。在侗乡，最著名的是拱形石井，这种井上下左右皆用加工好的青石块镶成，井口与地面垂直，形状似虹，石板上雕着龙凤等动物图案，工艺精巧。有些地方的石井边还建有井亭，一则

峻岭之中，为抵御外族侵袭和自然灾害而在房前屋后的竹林里、土坎中或柏香、银杏树下所掘的洞穴。洞口仅能容一人进出，外小内大，呈椭圆形，洞底及四周全是用石头砌成，顶部则用圆木紧密镶嵌在泥土中，再用一根较粗的圆木作横梁，另在洞中央支一根立木，在稍低处用光滑的木板镶嵌在楼层堆放细粮或较贵重的物品。为防止山鼠、蛇或穿山甲等穴居动物的偷袭，在建造时都用泥土加生石灰拌桐油对缝隙进行夯实，保温、耐潮且安全。

可供行人休息，二则能保护水源卫生。在有些井亭的亭楼上或亭边的石碑上，刻有碑文，介绍井的渊源、建造者以及井的历史等内容（图6-111）。

石瓢井，一般建在交通要道旁，以供来往行人饮用。它用青石料雕琢成瓢状，瓢柄端伸入泉水出口处，泉水流经石瓢而出。石瓢盛水部位呈锅底状，并开有一溢水口。石瓢除盛水以外，还有沉淀泥沙的作用，石瓢井盛水不多，满后自溢。水井井旁多植有古树参天，枝叶繁茂，树荫下有凳子供来往行人饮水乘凉休息。

石牛井，有的呈完整牛形状。最负盛名的石牛井是建于清道光十六年（1836年）的贯洞镇石

图6-111　水井

牛井又称娘美井。该井周围用料石砌筑成井墙，内壁还雕有飞禽、花卉之类，有两级台阶延伸入井内。井边有一头用整块白玉石雕琢成的水牛造型，四肢蜷曲于腹下，牛头外伸，形似像要喝水，神态自若，栩栩如生。泉水从石牛嘴中汩汩流出，挑水的人只要将水桶套在石牛嘴下，泉水即流入桶里。

石桶井，形如大圆桶，用整块巨石雕琢而成，大半截埋入地里，只有二三十厘米留在地面上作井沿，并凿有出水口。往洞乡的则里寨石桶井用3截石桶连接而成，井高出地面0.73米，内径0.88米。泉水从一个龙头状有盖的石枧流入井内，流水常年不断。在西山镇还有内圆外方，用整块石头雕琢成的石桶井。

此外这一地区还有四合井、弄吾井、榕树井、寨头井等。上述水井，除石瓢井没有镌刻装饰图案外，其余的内壁、井底往往刻有游鱼、螃蟹和太极图，外壁刻有龙、狮子、麒麟、鹿、白鹤、花瓶、花卉和陶罐等装饰图案。

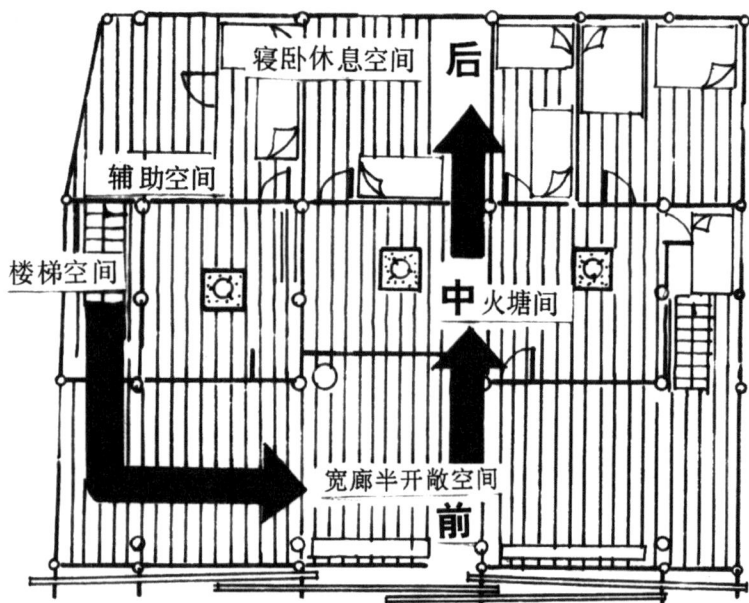

图 6-112   侗居平面空间序列

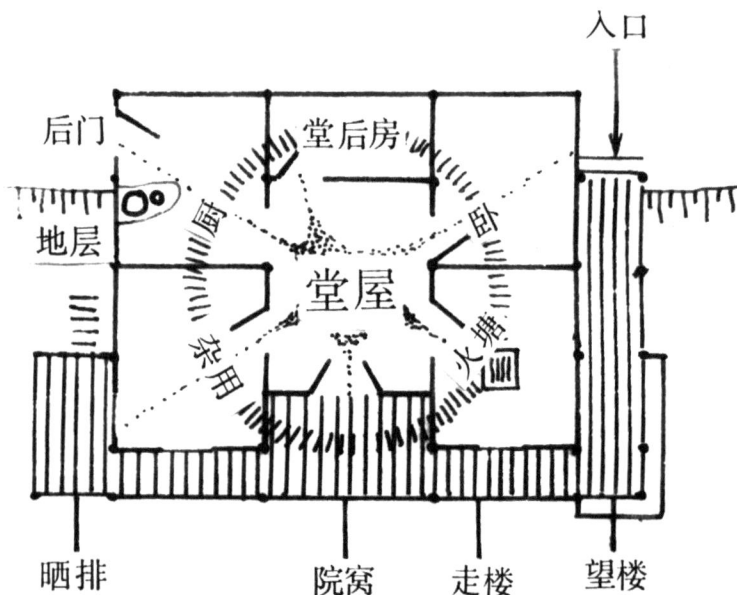

图 6-113   苗居平面空间序列

第九节   苗族、侗族民居的异同性比较

一、平面空间序列的比较

如果说，围绕堂屋布置各个使用空间，形成以堂屋为中心的放射形平面空间布局是苗族民居的空间序列特征，那么，侗族民居则采取以入口轴线方向为导向的平面布置形式：即有宽廊——火塘间——寝卧空间的序列特征。侗居的空间序列关系是前——中——后的纵向平面布置格局。苗居、侗居的平面空间都是根据不同的使用性质，而采取了不同的开敞与封闭。两者的区别在于苗居空间序列为放射形的平面布局，侗居为纵深方向的平面格局（图6-112、图6-113）。

二、居住方式的比较

苗居与侗居的居住方式的差异在于：侗族干阑式民居的架空支座底层，一般以饲养牲畜或堆放杂物为主，二层设置宽廊、火塘间及小卧室，顶层通常为堆放粮食或杂物的阁楼，也有的局部设置隔间作卧室。侗族寨民的居住方式是摆脱地面，将楼层作为日常起居的主要场所，楼层作生活居住是侗族干阑建筑区别于苗族居住方式的重要特征。

苗族的生活居住层虽然也是上住人下养畜的居住方式，但深入调查后不难发现，苗族所建房屋的楼面一定会有一部分是架空，一部分与坡坎或与自然地表相连，这种建造方式即使在场地不受地形限制时也是如此建造。这是由于苗族建房有"粘触土气、接地脉神龙"的生活习俗，苗族寨民认为只有这样建造的住房，才会人丁兴旺子孙繁衍。因此可以看出，苗族是把楼面与平整土地相连接的层面作为主要生活面层，也即苗族的生活面层并未全架空，这是苗居与侗居的根本区别（图6-114）。

此外，侗寨一般依山傍水建房，溪流绕过寨前或穿寨而过，风雨桥横跨其间，鼓楼耸立寨中。苗塞多为依山建寨，择险而居，这是区别之二（图6-115、图6-116）。

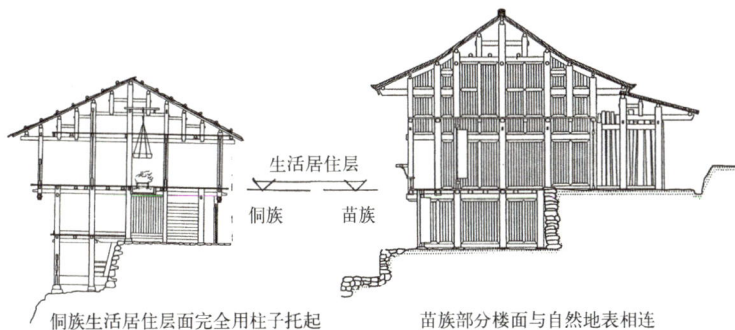

图6-114 苗居侗居居住方式比较

图6-115 群体风貌差异：苗寨风貌

图6-116 群体风貌差异：侗寨风貌

侗居一般底层都是全架空的干阑建筑，苗居一般为吊脚半边楼的居住形式，它们的区别还在于干阑建筑完全是用柱子将建筑托起；吊脚半边楼则部分用柱子支托、部分搁置于坡岩。可以认为吊脚半边楼是在陡坡、岩坎、峭壁等地形复杂地段创造出的柱脚下吊、廊台上挑的半干阑建筑形式。从人类居住生活方式看，半边吊脚楼与干阑建筑两者是存在差异的。

因此可以这样归纳，侗族干阑建筑是以抬高居住面层的生活方式与外界隔离，建立其居住的安全感，这是由于所处地域环境和该民族文化的总体特质所形成的。侗族寨民将居住层由底层移至楼面，可以最大限度地适应起伏变化的地形，适应炎热多雨的气候特点，适应不易清理的地貌环境以及对虫蛇、猛兽的防御，居住建造在河岸低凹地带的建筑还可以防御河水涨高的侵袭。提高生活居住层面后，居住环境质量也相应提高了。而吊脚半边楼这种形式，是为了适应在狭小的或山体坡度较大的场区地形上建房而创造出来的一种建筑形式，就其本质而言，与干阑式建筑同出一宗，属于半干阑建筑。但就其本质还在于侗族是以水稻种植为背景的民族，苗族是以旱地种植为背景的民族，两个民族之间的差异，是不同族源的差异，由此可以看出，不同民族的生活居住方式，不仅受外界环境影响，而且还与各自民族的观念形态、行为方式和民族生活习俗的影响分不开。

三、宽廊与退堂

设置宽廊是侗居的重要特色之一。宽廊在侗居中除作为休息、手工劳作空间外，还具有社交和联系室内其他空间的多种功能。在侗居的宽廊内，往往布置供家庭妇女劳作的纺纱、织布机之类的工具，在沿栏杆一侧放置供休息交谈的座凳。廊道栏杆多为竖向设置，有的为了遮阳挡雨，在栏杆顶部还增设一道挑檐。

宽廊是侗居内外空间的中介，为父系大家庭公共起居使用的空间，又是妇女从事家庭纺织等劳作的场所。它一端与楼梯相连，一侧与廊道平

行布置的各小家庭的火塘间、卧室等使用空间相通。半开敞式的宽廊可以改善室内的封闭性，改善心理环境和扩展视觉境界。因此宽廊的双重性在于：它的空间界限似清楚又不明确，似围合又通透，似独立又依存，在侗居中确是一种极富人情味的过渡空间。

苗居利用退堂、挑廊、敞廊等半室外空间使室内空间扩大延伸，同室外空间相融合联系，获得丰富而变化的空间效果，入口部分的处理具有"流动空间"的意境：从封闭的堂屋室内空间出来，经过退堂半户外空间，再折至曲廊空间，至户外。其空间序列获得了封闭——放大——收束——开放带韵律性的变化，增加了家居的生活情趣。

因此，可以看出，苗居、侗居的过渡空间是分别采取不同的空间形式来表达，而取得相同的空间效果（图6-117、图6-118）。

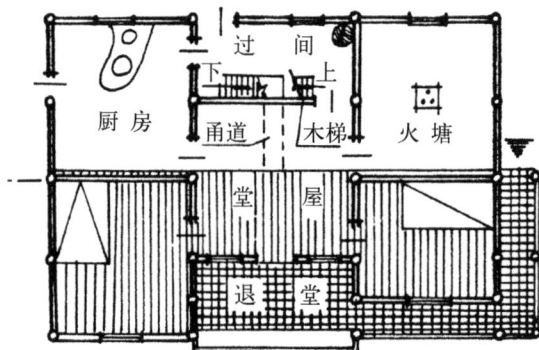

图6-117 某苗宅退堂空间

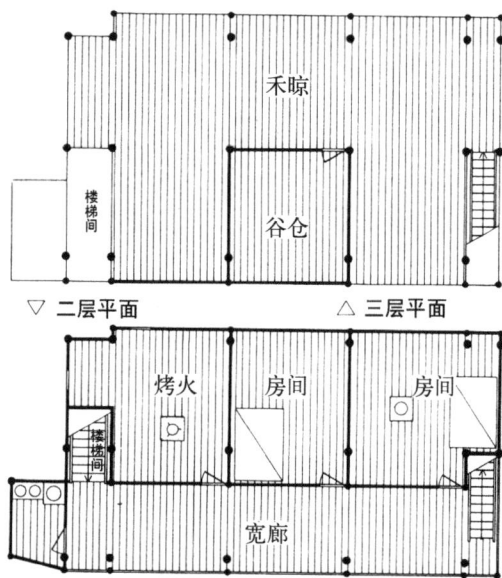

图6-118 某侗居平面图 **侗居宽廊**

图 6-119 侗居楼梯间设于山墙侧面

四、入口的设置

入口位置设在山墙面，这是传统的苗居侗居平面布局与汉族民居从正面入口截然不同的特征之一。苗居、侗居尽管都是由山墙面入口，但处理方法又不一样，侗居入口是通过设置在侧向山墙端部偏夏开间内的单跑楼梯，至生活平面层的宽廊，再进入到各生活空间。苗居入口是通过设置在侧向山墙与户外岩坎相联系的半开敞曲廊，转折进入退堂，然后再进入堂屋。可以看出二者的入口方式各异（图6-119、图6-120）。

图 6-120 苗居廊道入口接地

五、苗族、侗族民居的异同性比较

苗族、侗族民居的异同性比较表

表6-1

内容　　　　　民族	苗　族	侗　族
语系	汉藏语系、苗瑶语族、苗语支	汉藏语系、壮侗语族、侗水语支
全国人口	894万	296万
贵州人口	430万占全国本民族比例48.1%	162.86万占全国本民族比例55.01%
主要作物	水稻	水稻
居住方式	大杂居、小聚居	多以同族群聚而居
村寨分布	山坡、因险凭高	水边、依山傍水
寨间组织	椰款、交	洞款
聚落中心	配置铜鼓坪或芦笙场，离散、粗犷性	鼓楼、戏台等公建及广场空间，集中紧凑
防御方式	以村寨独立防御为主，村寨间社会组织为辅	以区域性社会组织为主，共同防御
谷仓	分散为主	集中与分散结合
民居形式	半边吊脚楼较多	传统干阑木楼较多
生活层面	置于大多与地表相连的底层或二层	抬高居住面层、与地面隔离、位于二层
空间序列	以"左—中—右"的横向序列	以"前—中—后"的纵向序列
居住平面	退堂式三开间，以堂屋为中心	宽廊式，以火塘为中心
剖面	多为楼上一层外挑	楼层逐层外挑
廊	走廊狭窄、退堂加宽配置美人靠	长廊宽敞、竖向栏杆或镶板廊栏
用火	火塘设于夯土层面上	火塘架离地面

第十节　干阑建筑构架体系

干阑建筑的结构体系可分为支撑框架体系和整体框架体系两大类。支撑框架体系，是由架空的桩或柱等下部支撑结构和上部住宅组成的结构形式；整体框架体系，则是将下部支撑和上部庇护结构上下串通，形成整体。支撑框架体系的木柱支撑是用四根、六根或更多的短柱作底架；木桩支撑则以密集排列的木桩构成底架，多用于沼泽、水网地带。

侗族干阑木楼大多为穿斗式结构，一般为"五柱七瓜"木构架，是悬山式屋面两山加披檐形成貌似歇山顶的形式，屋面覆盖小青瓦，木楼以三开间为主，也有五开间或更多开间或长屋的实例。

贵州黔东南传统侗族民居中较常见的还是上下串通的穿斗式整体框架木构体系，侗族称"整体建竖"。用一根横梁将边柱及中柱串起来，在每根长柱的上、中、下部位分别凿穿榫眼，以枋串联。上榫眼的穿枋处于天花板部位，中榫眼的穿枋处于铺楼板部位，下榫眼又称地脚孔，安上木枋以嵌固板壁。横向每排用三根、五根或七根

柱串联，中柱最高，前后柱最矮，高柱与矮柱之间再加瓜柱，串联架梁，形成排架。将排架之间的水平方向上用穿枋相互串联起来，可以用两排、三排或四排串联构成一开间、二开间、三开间或更多的侗居整体构架。由于在柱脚之间设置了水平联系穿枋构件，因此侗居构架的下部很稳固。图6-121是黔东南一带常见的木构架类型。

这种木构架体系整体性好，墙倒屋不塌，有良好的抗震性能，可减少土石方量，施工方便，并具有房屋空间布置变化的灵活性和适应性。步架数量可以随意增减，且每步架可按比例自由伸缩，面宽、进深、高度均可随意变化，自由灵活。

一、干阑木构建筑体系的整体房架

所谓"整体房架"系指将屋架（即排架）同斗枋（开间枋）、檩条等构件拼装构成的房架，这是最基本的形式。就其类型划分，有底层全架空的和半边架空的（半边吊脚楼）两大类，侗族民居以前者居多。

（一）底层架空的干阑民居

侗族木楼的构造一般分为"整柱建竖"、"接柱建竖"和"半接柱建竖"三种形式。

1. "整柱建竖"的每根柱子都是整根的，最

图6-121　建造中的木构架

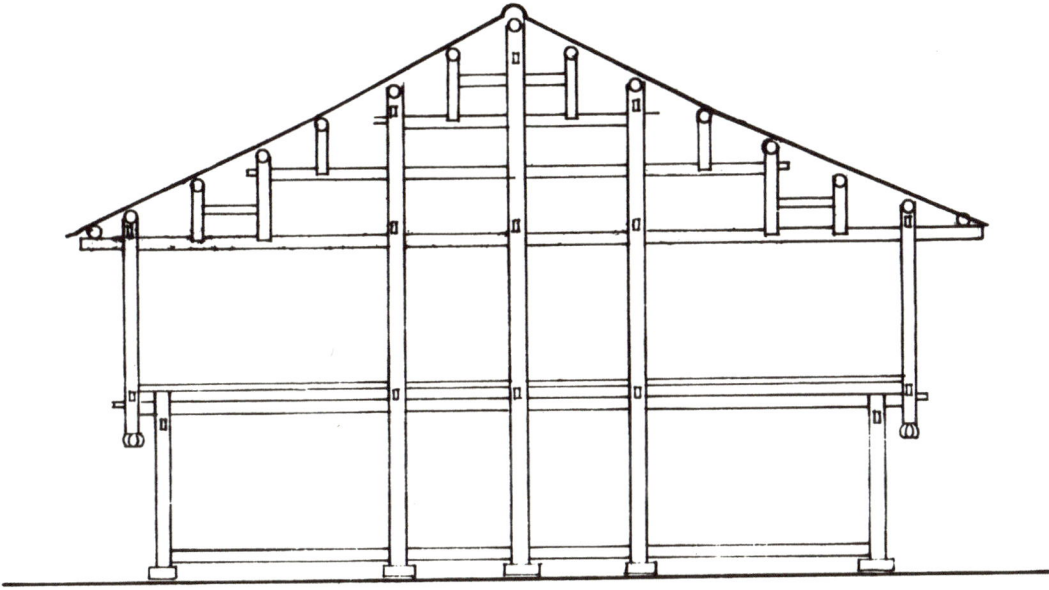

图 6-122　五柱八瓜屋架

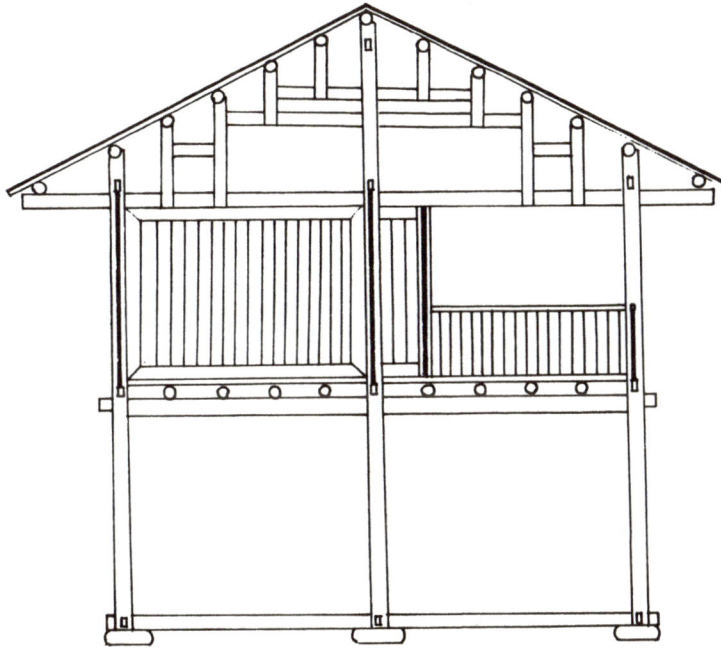

图 32

图 6-123　三柱八瓜屋架

常见的是五柱八瓜或三柱八瓜屋架。五柱八瓜屋架见图 6-122，已建成的五柱八瓜整体房架见图 6-124。三柱八瓜的屋架见图 6-123。这组屋架的二层前后未出挑吊柱，但多数侗居一般都前后出挑，出挑尺寸为 367 ～ 500 毫米，吊柱的下端做雕花处理。

2. "接柱建竖"的侗居在构造上有全接柱和

图 6-124　建成的五柱八瓜整体屋架

图 6-125 "接柱建竖"侗居

图 6-126 檐柱只竖底层的"半接柱建竖"

图 6-127 整体建竖半架空吊脚楼构架

半接柱两种做法。全接柱的房架系先将底层柱子全部竖立,以穿枋和斗枋连接底层木框架,并铺二层楼板。然后在二层上制作屋架并用斗枋连接上部整体房架。"接柱建竖"的侗居见图 6-125。

3. "半接柱建竖"的侗居的中柱和全柱是整根的落地柱,檐柱只竖底层立柱,二层以上前后层层出挑吊柱。这种构造方式多见于五柱以上的干阑木楼。接柱和半接柱构造,在二层以上的做法基本相同(图 6-126、图 6-127)。

(二)半架空的"半边吊脚楼"

"半边吊脚楼"在苗族和其他少数民族村寨较多见。侗族村寨因地形所限,也有架空的"半边吊脚楼"。在坡度较大的地方,有效地利用了地形,省工省料。半边架空的"半边吊脚楼"一般是前半部架空,后半部为二层的屋基。根据地质条件,有的设纵向挡墙,有的利用完整的基岩直接竖柱。通廊设在二层或三层的前半部,后半部为卧室,后门是通向居住楼层的主要入口,节省了底层通往二层的楼梯。如是三层,则在二层梢间或偏厦内设木楼梯。"半边吊脚楼"多为"整

和短柱（叫"瓜"）的数量，及与有无垂花柱（称为"吊柱"）有关。苏洞的干阑住宅都是五柱式的，根据"瓜"的数量，分为五柱四瓜式、五柱六瓜式、五柱八瓜式。有"吊柱"的较多，这里分为前加式和前后都加式。当然，"瓜"越多，房屋梁的规模越大，"吊柱"给房屋增加了装饰性。

（二）　部件的称呼体系

"五柱八瓜式"，即5根柱子与8根横梁采用穿斗式结构修建的。沿大梁方向的柱子间隔称为"排"，面向梁断面的右边称为"东山"，左边称为"西山"，该图是"西山二排"的断面图。柱子：檩木通柱称"中柱"；侧面的通柱称"二柱"；侧面的柱，又分为楼上楼下，楼下侧柱称为"下檐柱"；"上檐柱"；柱子的基础是石头基础，称为"垫地兜"；固定房屋外围柱子的横木称"地脚枋"；联系"中柱"、"下檐"、"二柱"的楼下横木称"千斤枋"；其余部件称呼见图6-129。

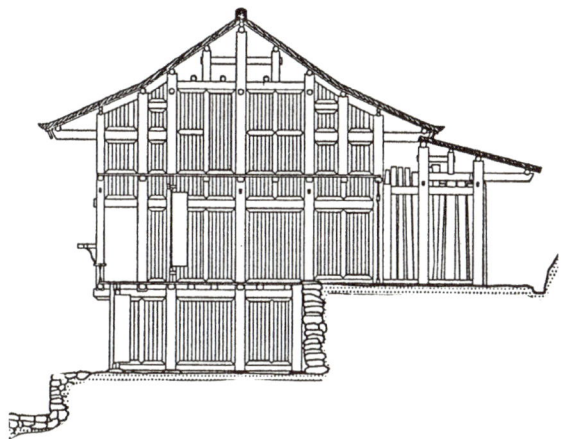
图6-128　吊脚部分采用接柱

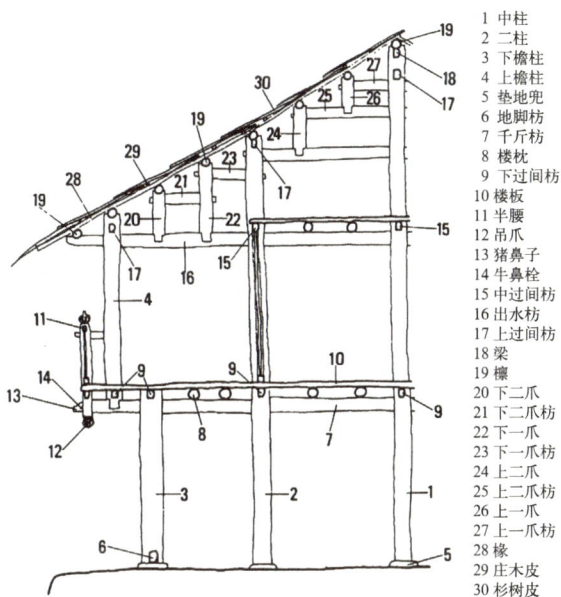
图6-129　构架部件名称图

1 中柱
2 二柱
3 下檐柱
4 上檐柱
5 垫地兜
6 地脚枋
7 千斤枋
8 楼枕
9 下过间枋
10 楼板
11 半腰
12 吊爪
13 猪鼻子
14 牛鼻栓
15 中过间枋
16 出水枋
17 上过间枋
18 梁
19 檩
20 下二爪
21 下二爪枋
22 下一爪
23 下一爪枋
24 上二爪
25 上二爪枋
26 上一爪
27 上一爪枋
28 椽
29 庄木皮
30 杉树皮

柱建竖"构造，即使是二层以上前部和左右出挑的木楼，也以穿、斗通枋支承挑梁。有的前部檐柱为"接柱"，但不常见（图6-128、图6-130）。

二、干阑房架的构造

（一）　构架的分类

穿斗式住宅建筑的"构架"由"排架"、"开间枋"（横梁方向的横木）和"檩条"（横梁、檩木）构成，这里的"排架"也称"立帖"。是沿横梁方向的横木、横梁、檩木，可反映大梁方向的柱、支撑、横木的组合。

"立帖"有各种各样的形式，其形式与柱子

图6-130　直接接柱

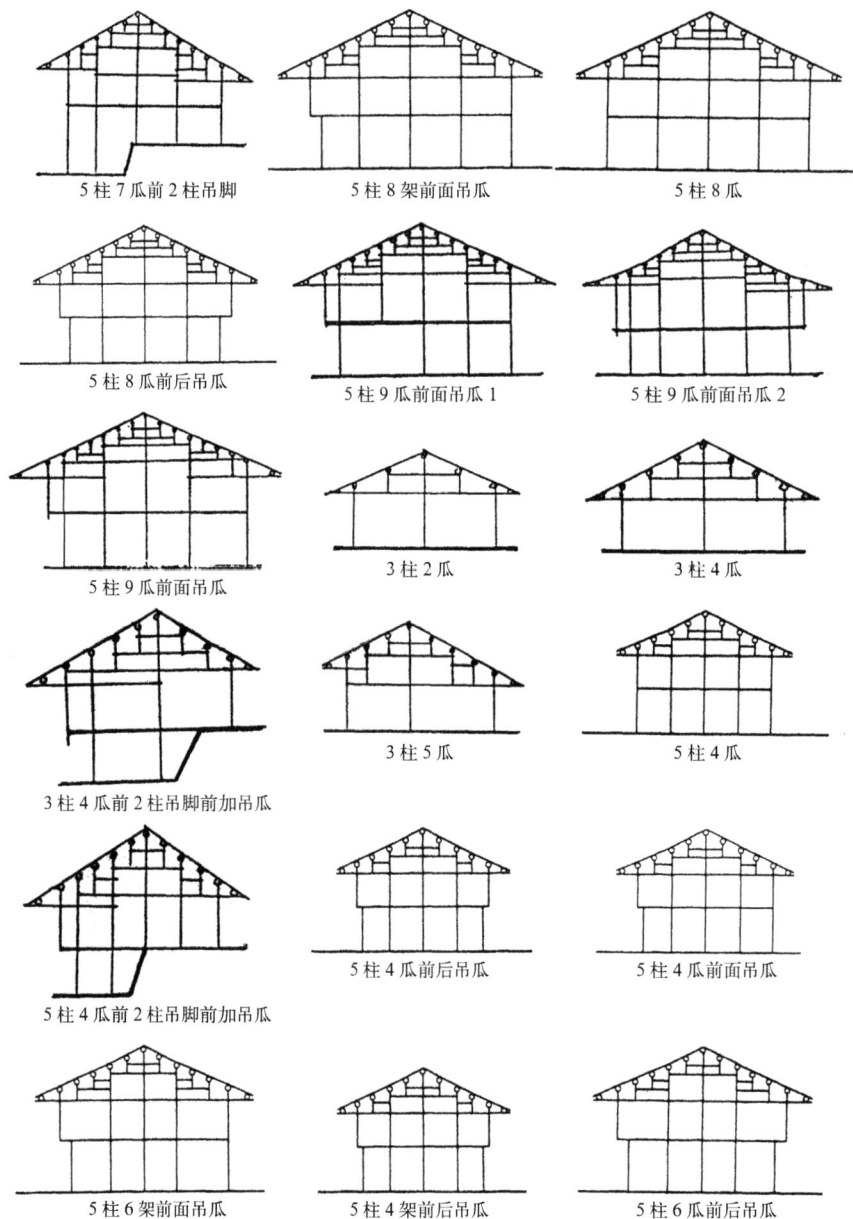

5柱7瓜前2柱吊脚　　　5柱8架前面吊瓜　　　5柱8瓜

5柱8瓜前后吊瓜　　　5柱9瓜前面吊瓜1　　　5柱9瓜前面吊瓜2

5柱9瓜前面吊瓜　　　3柱2瓜　　　3柱4瓜

3柱4瓜前2柱吊脚前加吊瓜　　　3柱5瓜　　　5柱4瓜

5柱4瓜前2柱吊脚前加吊瓜　　　5柱4瓜前后吊瓜　　　5柱4瓜前面吊瓜

图6-131　干阑建筑屋架类型

5柱6架前面吊瓜　　　5柱4架前后吊瓜　　　5柱6瓜前后吊瓜

三、屋架

屋架（即排架）：通常根据房屋的建筑规模决定屋架数量。屋架的数量单位称架或排，如四架三间、六架五间。柱瓜的数量取决于房屋的通进深（根据檩的水平距离决定）。屋架的穿枋由房屋的高度和层数决定，以满足层间和柱瓜联系的需要。据调查所见，最多的为七枋，一般为四至五枋。地脚枋起控制柱距、稳定柱脚和镶嵌墙板等作用。屋架的构造关系到房屋的整体性、稳定性和安全度。房屋的全部荷载通过屋架的柱传至柱基。在调查中所见屋架的顶部有两种构造：一、是以柱瓜承檩，近似传统的穿斗式的"立帖"，

不用抬梁，在侗居建筑中这种构造法较多。二、是既不属于梁架式又不全属于穿斗式的屋架。如从江县高增寨孟锦华宅的屋架上部是斜梁和穿斗相结合构成的。这组屋架的前半部以柱瓜承檩，类似穿斗式屋架，后半部则以沿屋面的斜梁承檩。前后对照相比：前半部的做法工艺复杂，耗工用料较多，后半部做法简便，省工省料。黔东南侗族南部方言区的干阑式木楼的屋架多为五柱八瓜，前后有垂花吊柱，也有三柱八瓜带前后吊柱的屋架。侗族民居屋架在构造上有多种形式，比较灵活，这里不一一赘述（图6-131、图6-132）。

图6-132 建造中的屋架形式

四、构造细部

（一）檩的支撑点——柱、瓜和挑檐枋

柱、瓜和挑檐枋是檩的支点。柱、瓜顶部的水平距离和穿枋出挑的长度应满足步水的需要。所谓"五柱八瓜"或"三柱八瓜"仅是构造上的习惯做法，如房屋的进深过大，檩的间距增加，势必增加椽皮的厚度，加大木材用量，为满足檩距的要求，只有增加瓜的数量。黎平县肇兴寨陆明东宅的进深达 14 米，除前后出挑的吊柱外，设五柱十二根长短瓜，檩的水平间距不超过 800毫米（图 6-133）。

（二）屋架节点细部

屋架（亦称排架或类似立帖）的节点细部。屋架是以柱、瓜和穿枋连接组成。柱枋节点的卯榫尺寸视上部荷载和柱距而定。

屋架中的柱是传递上部荷载至柱基的主要杆件，柱的下部直径 150 ～ 300 毫米。柱的径高比一般在 1∶30 ～ 1∶44 之间，这样的径高比只有穿斗式和类似穿斗式屋架方能满足，它是靠屋架的穿枋及纵向的斗枋控制柱的稳定的。

屋架中的瓜主要是为满足柱间檩条支点而设的，同时还起控制横向位移的作用。

屋架中的穿枋是承载楼板和屋面的简支梁和连续梁，通枋的每个支点和跨间都产生弯矩，因此，枋的截面几何尺寸是由木工匠师根据经验决定的。一个村寨或一个地域的匠师都掌握了比较成熟的经验模数，虽未经过精确的计算，但都能做到既不浪费材料，又能保证强度和挠度。根据调查和实测表明，木构穿斗式建筑从未发生过主要杆件断裂和房屋倾倒的现象。榕江县保里寨侗族吴宅 15 个开间的二层"长屋"，从江县高增寨吴芝培五个开间的二层木楼和吴继贤三个开间的三层两偏厦木构楼房都是清代咸丰、同治年间建造的，至今未见倾斜变形。可见穿斗式或类似穿斗式屋架在结构上的可靠性和稳定性。穿枋的宽度一般为 36.7 ～ 56.7 毫米，较老的干阑式木构房屋穿枋最大宽度达 67 毫米；高度 120 ～ 200毫米，如枋的高度不足，可在主枋上部加辅枋，满足构造上的尺寸要求，以增加枋的断面惯性矩。穿枋的高宽比无硬性规定，比较灵活，由木工匠师凭经验决定。

柱同穿枋的节点固而不死，这是由木材的特性决定的，柱、瓜同枋节点的卯应大进小出，即内侧的孔高度大于外侧卯孔高度 3.33 ～ 6.67 毫

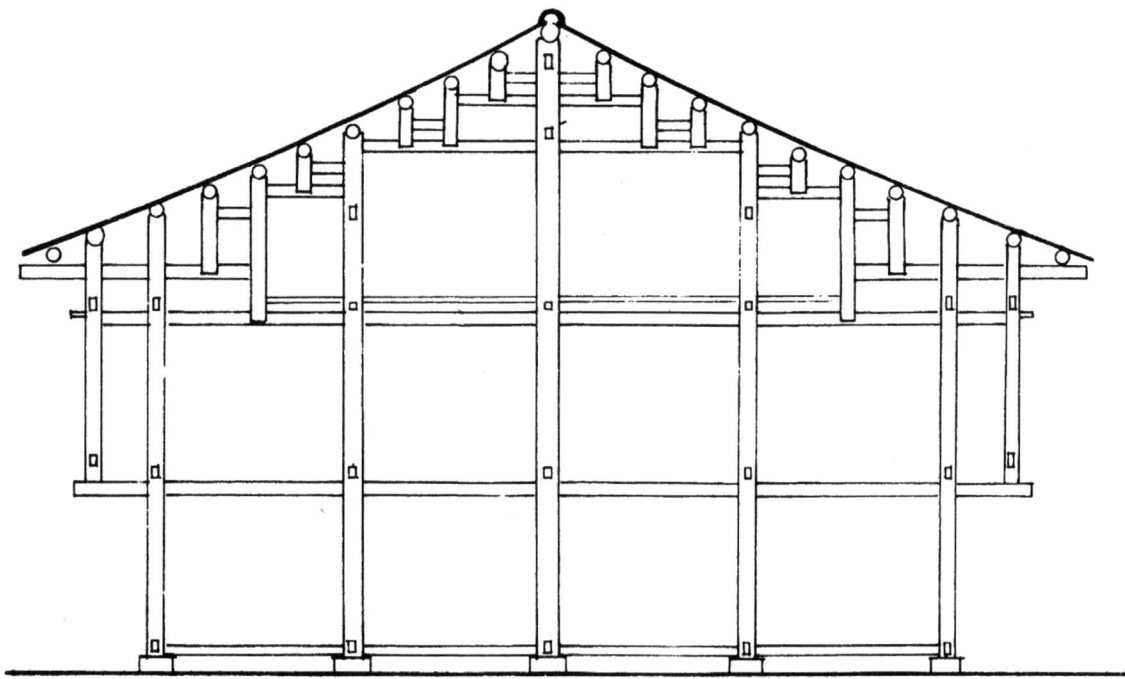

图 6-133　屋架的构造

米（1～2分），以求装配更加紧密。乡村的木构建筑从来没有因地震和风暴而倒塌的，可见木构房屋卯榫连接点的重要性。柱、瓜与枋的节点同柱和穿枋节点相似。柱、瓜之间的联系枋的尺寸是不定的，常因材而定。

（三）斗枋与屋架连接的构造细部

斗枋同屋架的连接是整体房架施工的重要工序。它同屋架的柱联系起来，构成整体房架，控制纵向的稳定和整体牢固。柱与枋同样以卯榫连接。枋的断面几何形状多为矩形，也有半圆形的，但很少。枋的榫头应根据枋料尺寸和柱径的大小而定，枋的榫头宽度一般为 36.7～57 毫米，高度为 120～200 毫米，如果开间面宽大，枋料高度不足可在上部加辅枋，以合理的比例保持纵向的稳定性（图 6-134）。

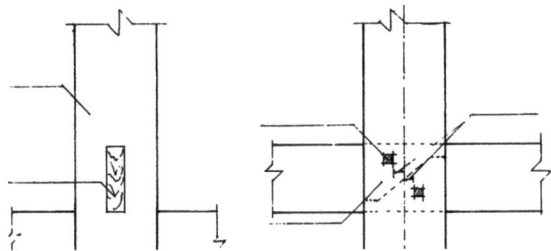

图 6-134　屋架的构造

（四）栓的作用与用法

栓是房架中最小的部件，但木匠师却非常重视。屋架枋的栓和斗枋与柱的"销"，起到防止枋榫与柱卯脱离的作用，枋与柱的主要连接点均用木栓固定。常见的有耙齿、牛角栓和三角栓三种（图 6-135）。

（五）楼楞与楼板的构造

楼楞的断面几何形状有矩形、圆形和半圆形三种，常见的是圆形和矩形截面的楼楞。楼楞的间距与檩的水平距相同。高度同层间斗枋顶部一致，便于铺装楼板。楼板多用厚 33.3 毫米的寸板。楼板以企口嵌缝铺装，既严密又增加了楼板的刚度，可以加强整体性（图 6-137）。

（六）柱与地脚的连接

地脚枋主要是作控制柱位，拉接联系柱脚和便于装修内外墙板之用。柱与地脚枋的连接有纵

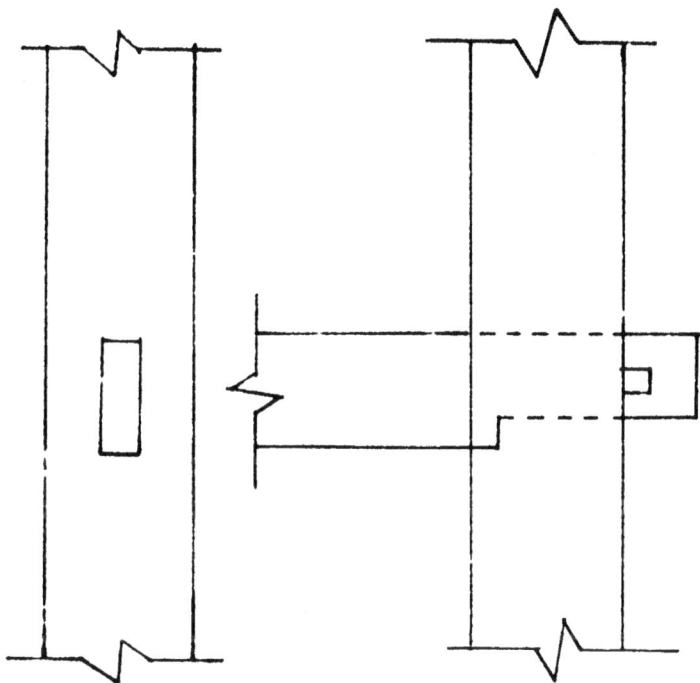

图 6-135　栓的构造

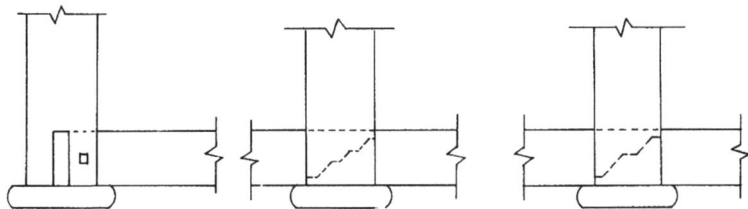

图 6-136　柱与地脚的连接

向双齿法、纵向单齿法和横向栓销法。通过穿枋、斗枋和地脚枋控制的侧脚，侗族建房的檐柱和边排屋架柱一般按高的 1% 向内倾斜（称向心）（图 6-136）。

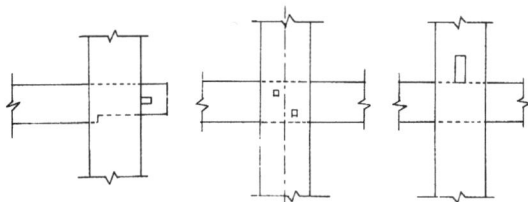

图 6-137　楼板的构造

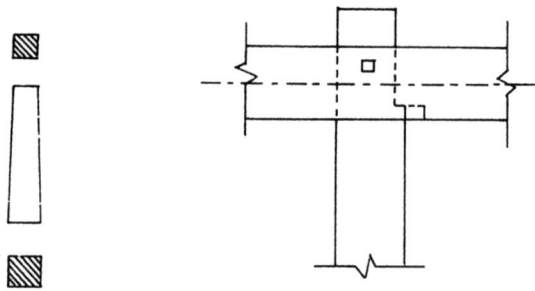

图 6-138　屋架的
构造

（七）桁檩的构造与连接

檩条在木构民居建造中一般是简支檩，用杉木制作。檩的直径根据开间面宽尺寸和层面材料由匠师凭经验选定。小青瓦或茅草屋面的檩径大于杉树皮屋面的檩径。檩同柱、瓜的连接有对接

法、交错搭接法和斜向硬接法等数种。桁檩是整体屋架施工的最后一道工序。檩的拼装除要求牢固、紧密外，还要求顶部的相对水平度。因为檩条的根径同梢径相差很大，要用削平、加垫和接头等方法施工找平（图6-138）。

（八）屋面形式

屋架的水面坡度在 5.55 和 6 分水间（即 1:2.0、1:1.8 和 1:1.67）。小青瓦和树皮屋面一般为1:2.0~1:1.8,茅草屋面一般为1:1.67。屋面外观分为两大类：一是直线屋面，即檐部不起翘，屋脊不落腰，屋面和屋脊都是直线的；二是曲线屋面，即檐部起翘屋脊落腰，形成双曲线屋面，平缓流畅，在视觉上给人以美感。做法直线屋面的房屋，由中柱到檐柱降水平距离

图 6-139　屋脊大
样

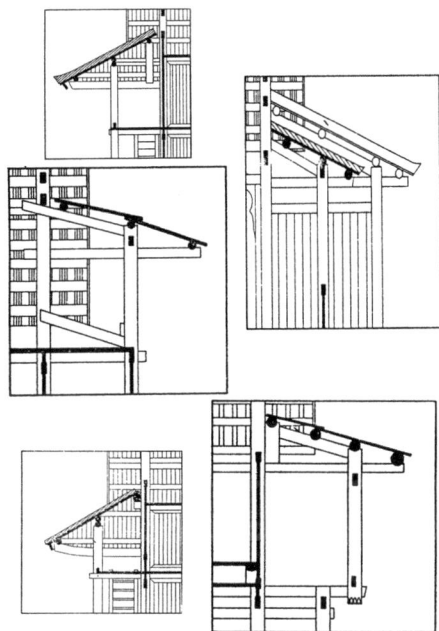

图 6-140 廊檐大样

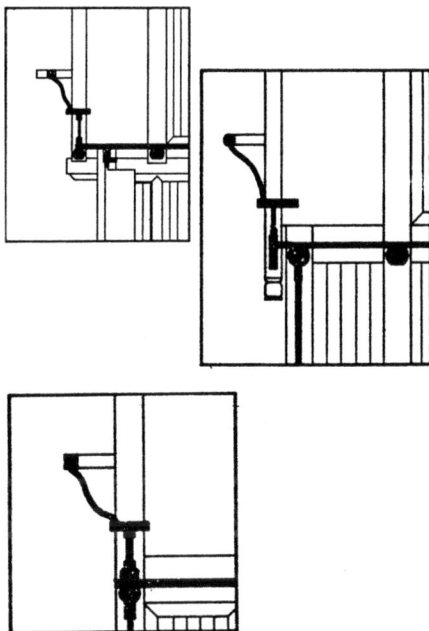

图 6-142 美人靠大样

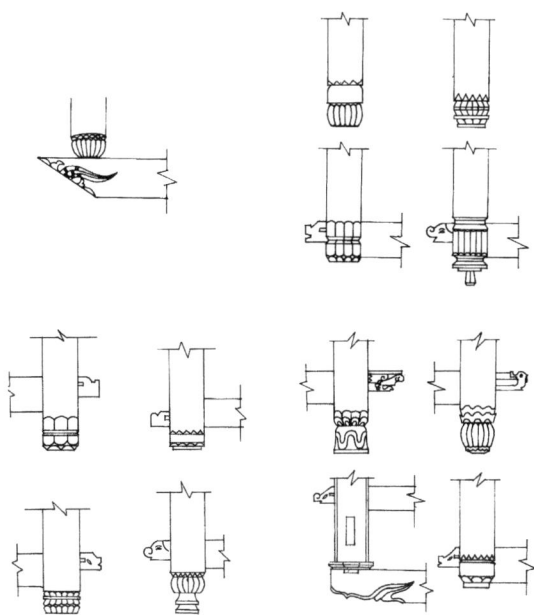

图 6-141 吊柱装饰大样

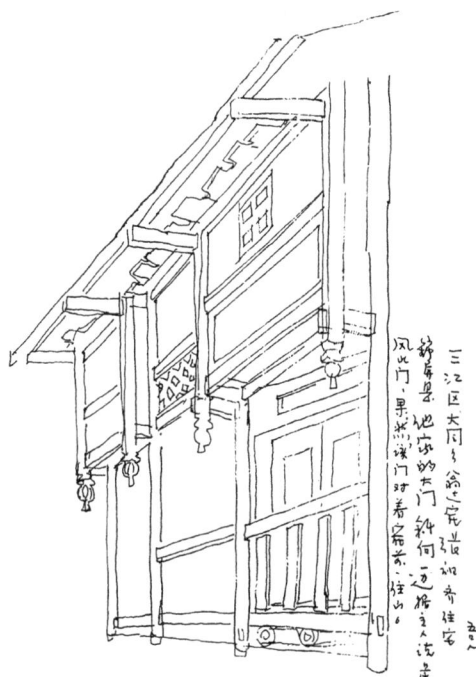

图 6-143 吊柱花饰之四

的 0.5、0.55 或 0.6，即为中柱同檐柱的高差；曲线屋面中柱到檐柱的高差的计算方法与直线屋面相同，只是中柱高度不变，檐柱按计算尺寸抬高 66.7 毫米（2 寸），瓜的尺寸是不定的，随屋面曲线而变化。屋脊落腰的做法是：当是两开间的房屋，中部一联屋架的尺寸不变，边排屋架升起 33.3～66.7 毫米（1～2 寸）；三开间以上的房屋则中间两联屋架不变，次间、梢间的屋架逐

步升起至边联排架中柱抬高 66.7 毫米（2 寸）。

（九）重点装修部位的花饰

侗族干阑式民居的前立面为重点装饰部位。一般工夫用在廊柱的装饰上，廊栏的装修为立柱式和图案式等数种花饰；敞廊的栏杆、柱端的花饰同屋檐、门帘饰样相配，显示出侗族民居特有的装饰风格（图 6-139～图 6-143）。

图 6-144　干阑民居外部空间形态

第十一节　干阑民居的外部空间形态

在贵州这个多民族聚居地区，各族人民所建造的建筑既有民族特色，又能相互融会，凸显出建筑外部形态的丰富多彩。贵州民居的建筑材料，大量采用当地自然资源，如木、石、竹、土、草等。既节约投资，又使建筑质感和色彩与环境融为一体，达到了高度的和谐统一，充分展示了贵州民居造型别致，内涵丰富，富有地方特色。

人们可以从不同地区、不同民族乃至不同支系的建筑装修、室内陈设和修建习俗，就能窥见贵州民居丰富多彩、广博深邃的文化内涵。贵州黔东南苗族侗族干阑建筑，是经过长时期的实践，演变和发展形成的，它不仅在平面布局上存在迥然不同的特色，而且在外貌上也呈现出丰富多彩，百花争妍的景象（图 6-144～图 6-147）。

一、丰富的建筑形象

不同的建筑造型缘于不同的生存环境、居住

图 6-145　干阑民居外部空间形态

图 6-146　干阑民居外部空间形态

图 6-147　干阑民居外部空间形态

图 6-148　融入环境的建筑：临水建屋

图 6-149　融入环境的建筑：背山面水环境

图 6-150　融入环境的建筑：临水修建骑楼

起伏，因势就势，并利用不同层次的变化，充分发挥竖向组合的特点。在节约用地面积的同时，使外部空间形态产生了高低错落的形体变化（图6-148～图6-154）。

虽然干阑建筑造型变化多样，然而在这些变化之中，也具有不变的因素，如侗居有共性的基本单元体、上、中、下基本功能剖面，还有共性的半开敞空间宽廊等要素，这些极具侗居特性的内在特质，正是多变的外在表象取得统一和谐的重要因素。

侗居往往采用架空、悬挂、叠落、错层等处理手法，以开拓视野、改善人们心理环境和视觉境界，干阑侗居以其亲切的近人尺度、和谐的横向比例、轻盈的悬虚造型、活泼的不对称构图，并通过开间的增减和竖向富有弹性的变化，构成了不同的建筑外部空间形态。

苗族民居的建筑造型特色更多的是表现在吊

习俗和使用功能，同时也反映出贵州各族人民在创造历史与文化的过程中，卓有成效地师承自然、改造自然的景象。贵州干阑建筑的最大特点，是因山就势而建，贴壁凌空而立，特别是在苗岭山区、都柳江畔，星罗棋布的苗村侗寨，全是鳞次栉比的吊脚楼。干阑建筑造型因地而异，妙在以多变的建筑处理去适应各种不同的外部地形环境，利用自然环境提供的条件，如岩、坡、坎、沟和水面来限定外部空间。同时它又能结合建筑造型显得自然而不造作。干阑建筑的立面随坡势

脚半边楼。吊脚半边楼一般四榀、三间、三层、不封闭，也有四间的，但必须三高一矮。个别受到地势限制，或财力限制时，也有三榀两间甚至两榀一间的苗居。吊脚半边楼的基本特征是，柱脚不在同一平面上，以达到高低错落、虚实相间的艺术效果（图6-151～图6-158）。

干阑民居或是吊脚楼都安装有宽敞的走廊。苗居的堂屋外还安有美人靠，美人靠苗语叫"豆

图6-151 造型别致的形态：多间拼联

图6-152 造型别致的形态：立面凹凸变化

图6-153 造型别致的形态：轮廓变化

安息"，在苗族的吊脚楼中随处可见。人们在走廊可凭栏而坐，休憩眺望（图6-160）。

苗居的连楹和门斗刻意做成牛角形，以示为有牛守门，安然无恙。苗族的牛角形连楹，生动形象地反映出他们对龙、对虎、对牛的钟爱与崇拜，也反映出苗族特有的民风民俗。

图 6-156　造型别致的形态：层层出挑

图 6-154　融入环境的建筑：环境视野开阔

图 6-157　造型别致的形态：层层出挑

图 6-155　造型别致的形态：飘逸的屋顶

图 6-158　造型别致的形态：虚实相间

图 6-160　形式多样的美人靠

图 6-159　门头牛角装饰

　　苗族建筑在装修上因地而异，黔东南装修特点最为明显。这一带多为干阑式吊脚楼，建筑普遍采用木板装修，且多用木枋或厚板横装，多少还保留着井干式建筑的遗风。在腰门的上门斗也刻意做成牛角形。苗居大门及房门的装修也与众不同，大门尺寸上宽下窄、房门尺寸上窄下宽，认为如此便于财宝进屋，产妇平安（图 6-159）。

　　干阑民居的建筑造型尤以屋顶变化更为生动活泼，但又保持着质朴的本色。屋顶形式有两坡悬山顶、歇山式屋顶，也有少量的四坡顶形式。在贵州黔东南地区，采用悬山式屋顶尤为普遍。

悬山屋顶做法又分悬山屋顶加山墙偏厦、悬山屋顶横向叠错、悬山屋顶前部梯厦（开口屋）等不同形式。不同形式的屋顶并无明显的等级标志，更多的却是反映居住内在功能上的差异。然而随历史、社会及文化因素的共同作用，屋顶除满足遮风避雨这些最基本的功能要求外，审美要求随形式的变化也应运而生（图6-161～图6-164）。

干阑民居屋面具有功能与美观相结合的构造做法，屋面坡度多用五步水（1:4），可以使屋面曲线流畅、平缓，形态优美。

贵州黔东南地处林区，木材、树皮成为得天独厚的建筑材料，往往整个山寨，多为干阑式木

图6-161 四坡屋顶

图6-162 二重檐屋面

楼。屋面材料至今仍有杉树皮代瓦的例子，也有杉树皮与小青瓦、杉树皮与茅草混用的情况，它一方面反映出区域经济因素的影响，另一方面也反映出民族传承的关系。干阑建筑一般木构外表不施油漆，而显示材料的质感。干阑建筑简单朴实的梁、柱相互穿插、勾搭、咬合，承受着上部楼板与屋顶的重量。如此清晰的结构逻辑传达一种内在美的信息，构成了外形质朴的建筑风格。于宽廊的栏杆外，有些还设置有挑檐，它既保护了木构件，又使宽廊免遭雨淋。干阑民居通过水平方向重复的屋檐和腰檐与垂直方向的廊沿列柱，构成了连续而有规则的韵律，让人们产生一种形态美感。

通过干阑民居的外部空间形态，从多层次、多侧面地反映出贵州山区人民的社会历史、社会生产、社会生活及风俗习惯，反映出贵州民居具有丰厚的文化内涵。

总之，干阑民居风格独特，内涵丰富，它的形成是峰峦连绵的地貌，温和湿润的气候，浩瀚无垠的林海，传统的民族节日文化，虔诚的民族崇拜心态，生活居住形式以及民族习俗等颇为壮观的文化系列相互作用的结果。迥然不同的外部空间形态，再一次体现贵州山地建筑丰富多彩、百花争妍的景象。

二、质朴的建筑装饰

干阑木楼由四段组成：石砌的基础；架空的底层，虽有简单的围护，仍感四壁通透；中间的居住层，由木檐板壁、栏板、窗洞组成，饱满而厚重；大坡度的屋面，用杉树皮覆盖木棒绑扎而成，古朴而粗放。木楼立面，虚实相间，线条横竖穿插，时隐时现，韵味无穷。所取材料非木即石，与周围环境十分协调。

侗乡还有一种建在水边和鱼塘上的干阑木楼，用砖砌柱基础，露出水面尺余，再在上面立柱建造。水上干阑木楼一般为三面环水，一面着陆，干阑木楼似生长在水中，别具情趣。塘内养鱼、养鹅、养鸭，人畜粪便即是喂鱼的饲料。水上干阑木楼内外空间的结合十分巧妙。

图 6-163　树皮屋面

图 6-164　瓦屋面

图 6-165　吊柱花饰之一

　　侗寨的每一栋木楼，对木作的要求都是很严格的。木工着力雕饰的部位是吊廊、吊厢的"吊柱"的柱头，挑枋与穿枋的外露部分，栏板与窗棂的花心。"吊柱"又称"垂花柱"，在下垂柱头的20～30厘米外雕刻花纹。主要有金瓜（象征吉祥）、鼓形（欢乐）、灯笼（喜庆）、莲花（圣洁）等形状，内容并不多，雕刻形式却千变万化。雕刻的构思很精巧，没有设计稿，只在圆木上划几道图案的结构线，巧妙地运用简单几何形态大小疏密的布置及位置的转换，阳刻阴刻并作，图案构成很丰富，表现手法富于变化。雕工并不精细，但图案规整，线条流畅，与整栋木楼的风格十分协调。成排的雕花柱头联成一体，犹如"流苏"，缓冲了两楼层相接的生硬，增强了木楼的悬吊之感，使方正的木楼变得活泼轻盈。木楼上数个柱头的装饰不受约束，

可以各不相同，自由排列，唯侗族民居所特有，是干阑木楼画龙点睛的部位。枋斗的雕饰，趣味性极强，以猪头、龙头、鸟雀、象鼻形居多，雕刻在穿出垂花柱10厘米的枋头上，用双面线浮雕刻成。处理手法不一样，有的写实，有的抽象，但都很生动。枋头上的销（或栓）构成猪、象的两耳，妙趣横生，立体感极强，造型很美，与垂花柱头的雕刻有机地结合，增强了木楼的艺术效果。挑枋头部镶龙头，画鱼及云纹，虽都非精雕细刻之作，似无意留下的痕迹，恰是独具匠心的艺术作品（图6-165、图6-166）。

　　窗棂花心与栏板装饰，大都是用拼斗组合的方法组成纹样，以平直线条组成风格为主，排列时有所变化，以"卍"字、"亚"字、冰裂纹、菱花纹等最为多见。大户人家，有雕花窗格与雕花栏板，内容较为丰富。比重不大的雕饰虽朴实无华，但体现了侗家爱美、乐观的性格与吉祥如意的愿望。装饰的纹样与雕刻手法是侗族特有的，也是侗居的重要组成部分。木楼上也还有一些其他装饰，如门头上的"门当"，上刻"八卦"图形，但已演变成一种纯装饰图案。门头有画龙、虎"吞口"或挂"甲鱼壳"的，但并不普遍（图6-167、图6-168）。

　　谈到侗寨美，就必谈侗寨的鼓楼与风雨桥的美，它们已经成为侗寨的标志。作为建筑艺术，鼓楼与风雨桥集侗族建筑艺术之精华，其建造技术、建筑造型、装饰手法、社会功能等都具有强烈的民族特色，当为侗族建筑之冠，突破了中国

图 6-168　窗花

图 6-166　吊柱花饰之二

古代建筑之常规，成为侗族人民的骄傲。黔东南地区现存鼓楼约 180 多座，大多数是 7 层以下的中小型鼓楼，这些鼓楼皆由三段组成，都有一个抬高的鼓亭，如同高昂的头；都有一个宽大的顶，像侗民遮阳避雨的斗笠。鼓楼屹立在侗寨中心，如阅历深厚、勇敢智慧的侗族长者，抬头挺胸，捍卫全寨的安全，庇荫子孙幸福，是全寨侗族的主心骨。侗族古歌唱道："未曾立寨先建楼。砌

图 6-167　腰门

石为坛祭圣母，鼓楼心脏作枢纽，富贵兴旺有根由。"说明鼓楼在侗族人民心中的重要地位。

鼓楼及风雨桥的装饰，归纳起来有三种现象。第一种是建筑造型本身所需要的装饰，例如寻找建筑形体的变化，作折角飞檐，用青瓦屋面，用白灰抹屋脊，安装攒尖宝顶等。第二种是因为鼓楼被看做侗寨的精神象征，集信仰、崇拜与纪念的情感于一身，故在鼓楼上雕刻他们的祖先，他们所崇拜的图腾以及各种自然现象，如龙、蛇、牛、凤、雷、电等。第三种是鼓楼中借助雕刻与绘画作为传达信息、记录思想、延续风俗、传播文化的重要手段。因此，侗族人民在他们最好的建筑上画壁画，画得最多的部位是封檐板与梁枋上。绘画内容包罗万象。有劳动工具、四时八节的劳动场面，有狩猎捕鱼、男耕女织的生活画面，有跳芦笙、踩歌堂、唱大歌等文化娱乐活动，有劝世醒俗、歌颂英雄的戏文；有鼓楼亭立、花桥卧波的侗寨景物等等。绘画手法以白描填彩的方法居多，图形粗犷稚拙耐人寻味，乡土味很浓。在"封檐板"上作画，这是侗族民居特有的装饰手法，在其他民族建筑中很少见到。

第十二节　干阑民居的建造程序

一、建房特点——"三长一短"

干阑木楼的建造一般是"三长一短"。三长：一是备料时间长；二是杆件制作时间长；三是装修镶板时间长。一短是屋架及斗枋制作完之后，竖立只用一两天的时间。竖立整体房架时除建筑匠师、木工外，还有许多人参与施工，他们有的是请来的，有的是自愿前来帮忙的。

二、建房基本程序

房屋的建造程序各地区不尽统一，一般如表6-2所示。

此外建造侗居还遵循以下原则：

1. 选定宅基时一般要请地理先生看风水、龙脉、地质地貌和周围环境。后来多由户主根据特定的宅基条件同匠师酌定。

侗居建造程序表　　　　表6-2

木 材	户主确定建房规模 — 选定宅基	石 料
	建筑材料准备 —	
	确定始建时间	
请匠师商定用料尺寸	聘请匠师	选定料场
	选定开间和进深尺寸	
砍伐建房用料	平整宅基砌筑堡坎	农闲时间开采及收集石料
	粗放屋架大校样	
精选套用各种杆件用料	各杆件制作(下料)	
	拼装屋架	
	总装整体构架	
	围护及内部隔断装板	
	门窗及室内设备制装	
	逐步完善工程	

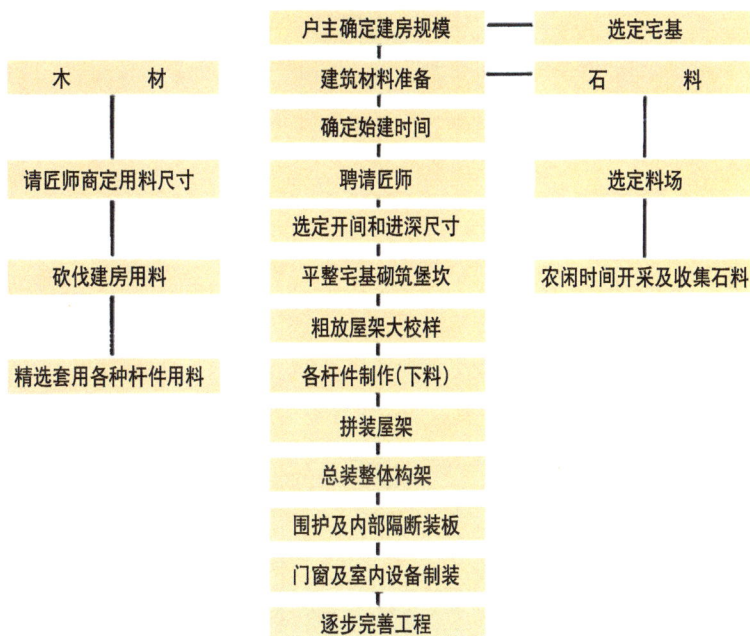

2. 在建筑材料准备中，并不是有树就砍，而是根据各种杆件选用木材，根段与梢段套用，力求节省。这是侗族人民的良好习俗，素有"种树为建房"之说，乱砍滥伐的现象，绝不允许。石料的准备，选定料场取石只是一个方面，同时结合平整宅基取石，并利用河滩卵石，以省工省时为原则。

3. 围护墙及内部隔断装板，多由建房户主自行施工，少有请装修的。

三、建筑材料

在侗族民居建造中常用的材料是石料、木材和屋面防水材料三大类，均系就地就近取材。

1. 石料：常用的有毛块石、毛片石、粗料石和卵石。石料主要用于屋基、堡坎、柱础等部位。贵州的石头，取之不尽，用之不竭，问题在于开采和收集石料如何省工省时。在屋基施工前除开采必须的毛石和料石外，一般在平整房基时就地取材，在附近河滩上收集大块卵石，尽量减少人工开采。砌筑基础、堡坎多为干砌，只有重要部位用少量石灰浆砌。有的堡坎高约10余米，榕江县觉闷寨侗居的大堡坎既高又稳，很有特色。乡村的石匠在取材用料上很有经验，在什么部位用什么石料，相当自如。

2. 木材：侗族建房多用杉木、柱、枋、板、檩均用杉木制作，近年来在缺少杉木的地区也有用松木和杂木。这里只将用料的特征以及主要杆件的最小尺寸简述于下：对柱和瓜料的要求是相对竖直，在施工中对穿枋和斗枋的下料尺寸，都是依据柱的中心线控制，柱和瓜的梢径不应小于133毫米，以保证承接桁檩的梢径不应小于80～100毫米，以控制其挠度；楼楞的梢径不应小于80～100毫米，以保证有足够的刚度，如系矩形截面，其高度则应不小于100毫米，楞的顶部应同层间的斗枋标高相一致。对楼板、楼梯和廊栏等材料，在"构造细部"中已作了说明，这里不再阐述。

3. 屋面材料：屋面的椽皮用杉木或杂木板条制作，钉于檩条上。屋面用的小青瓦，一般都是由村寨自产。小青瓦宽180～200毫米，长120～50毫米。此外，也有采用茅草、杉树皮等。

四、匠师的作用

侗族民居的建造者来自两个方面：一是以农业为主兼做木工的半专业匠师或以从事营造工作为主的专业匠师；二是建房业主家庭成员就是技术熟练的木工匠人。匠师建造民居的活动与现代建筑和施工中的建筑师和工程师不同。建筑师和工程师要掌握建筑、结构和施工等各方面专业知识，需各专业人员的互相配合进行建筑创作和施工活动。民居建筑较单纯，主要是木作施工，石、瓦同木作工程施工配合进行工作。

木工匠师的责任，首先是同建房业主配合，根据宅基，议定拟盖房屋的规模，建什么样的房子和美观上的要求等。其次是议定必要的施工程序，制定简单的施工计划。这里包括房架各构件间相关位置；定出有关构件的尺寸（如中柱的高度）；按计划准备各种材料等。第三是依据地形、

图 6-169　锯板

地质情况，确定基础（屋基）的施工方案等。

匠师在房屋建筑施工中的制作技术的熟练程度，对构架的整体性和稳定性起重要作用。在制作中主要是掌握构件的中心线、下料的正确尺寸和卯榫的准确性等。制作质量高的，在组装整体房架时，耗用的时间短，各部件连接顺利。若在制作时"粗制滥造"（包括卯榫的制作），穿斗后七扭八歪，边装配边修整，将使竖立屋架的时间拖长。木工的技艺水平尤其反映在装修工艺上，如楼板、墙板镶嵌的严密度、门、窗花的制作以及柱头花饰的雕刻等方面。一个好匠师，会对平时所备的建筑材料大小搭配，节省材料（图6-169～图6-174）。

图 6-170　大木作 — 开榫眼

图 6-172　大木作 — 下料

图 6-171　建房立架情景

图 6-173　大木作下料

图 6-174　放线

海上飞来

第七章　古城镇远民居

　　镇远为国家级历史文化名城，也可以说是贵州山地建筑的缩影。这里有贵州高原规模最大的青龙洞古建筑群，总体布局靠山临水，依崖傍洞，拥岩挹翠，贴壁凌空，妙在与周围环境地貌的巧妙结合。潕阳河将镇远古城分为南北两城，北岸为府城，南岸为卫城，府卫二城的民居颇有特色。民居因受山地的制约与地区文化及民族习俗影响，形成了特殊的空间布局、依山就势的建筑形态和独特的建筑风格。

第一节　以险夺人的洞天福地
——镇远古城

镇远为国家级历史文化名城。各种类型的山地建筑都有，贵州民族建筑博物馆就建在镇远。古代镇远为中原连接东南亚各国的重要交通要道。镇远背靠陡然直立的石屏山，面对环城而过的㵲阳河，随着弯曲的㵲阳河和弯曲的石屏山形成两岸各一条弯曲的长街，布局顺乎自然。城内南北走向的巷道沿着斜坡向石屏山麓延伸。每一条巷道出口的街对面，大都有一条巷道与之对应，向着㵲阳河北岸伸展，巷道临河处一般都建有码头。一条条由码头、巷道组成的半商、半绅的设施，恰如一条条头吸㵲阳河水，尾扫石屏山的长龙，一种切合㵲阳镇地理的山地民居环境，集中体现了古城镇远的街巷和民居当年因地制宜的城镇规划布局思想。

这里有贵州高原规模最大的青龙洞古建筑群，总体布局靠山临水、依崖傍洞、拥岩挹翠、贴壁凌空，建筑物之间曲径通连、回廊如带。纵横排列错落有致，空间组合层次分明，总体布局妙在与周围环境、地形地貌的巧妙结合，成为一个巨大的露天建筑博物馆。

建筑单体和群体布置因地制宜，建筑组合，分中有合，合中有分，分合统一。建筑物的各高程或屋面之间，往往以石阶、梯磴、过廊、曲径、花栏、石拱桥等上下衔接、相互连通。

青龙洞建筑文化内涵十分丰富。由于它出现在中原文化、边疆文化和域外文化交汇的镇远，不同民族、不同流派、不同风格的建筑文化汇集于此。并且集中表现在黔东地区苗侗干阑吊脚楼形式与传统的中原建筑形制的有机融合上，黔东南苗族多在山地、陡坡、岩坎、峭壁等地形复杂地段建造民居，最大限度地发挥了当地树木和山岩的优势，青龙洞建筑群的高耸气势与许多苗族民居相似。但也能看出，临河大片高大的白色墙壁另有一番气象。"封火墙"在镇远民居中时而可见，这片宏伟的封火墙建筑正是当年的江西会馆。

青龙洞整体上打破了严格对称的布局，一切从自然山势出发，不论横向还是纵向，都采取了对称与不对称并用手法，使整个建筑群体以活泼通脱见长。

㵲阳河将镇远古城分为南北两城，北岸为府城，南岸为卫城，府卫二城的民居颇有特色。镇远府城主街北侧至山腰有一片封火墙四合院古民居，布局随山就势。在近2公里长的古代街巷民居中，沿石板铺砌的巷道两侧，鳞次栉比地建起梯级式的私人宅第，青砖、灰瓦、高封火墙，里面是层层山地套院式的四合院民居，正房坐北朝南，临巷均开有垂花莲柱门楼，极具山地民居特色。

民居的建筑平民居的建筑平面因受用地所限不规则，没有中轴线的严格要求，住宅大门也没有一定朝向。大门装修有雕花石门框、门额上有垂花莲柱，宅门前有高石阶，形状随地形时圆时方。窗棂、柱础、栏杆、裙板以及梁枋的外露部分都有镂空或浮雕图案，造型粗犷、雕刻精细，颇有山地建筑特色（图7-1～图7-4）。

图7-1　《镇远府志》所载镇远古城

图 7-2 青龙洞古建筑群

图 7-3 镇远青龙洞

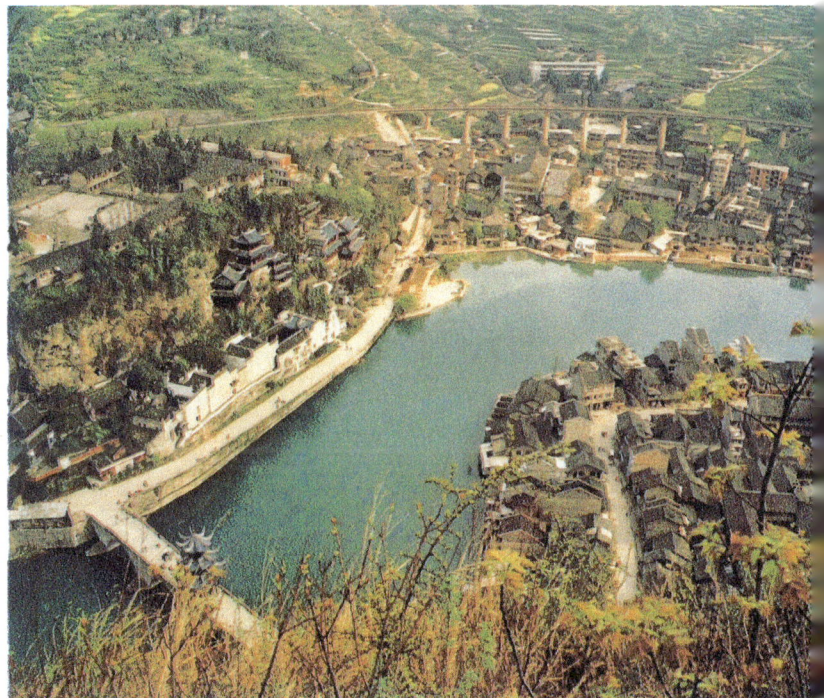

图 7-4 古城镇远

第二节　古朴典雅、依山就势的民居

镇远民居因受山地的制约形成了特殊的空间布局与建筑形态，贵州的民族建筑亦因受制于山而独具风采。

在镇远府城沿河主街北侧至山腰有一片封火墙院落民居群，分布在古巷道两侧。这些民居大多建于清光绪年间，极少数建于明代，原有100余座，现保存完好的仅存40余座。因受山地的制约与地区文化及民族习俗的影响，形成了自己独特的建筑风格（图7-5～图7-8）。

镇远庭院民居的布局因地制宜，它与民族村寨的布局一样，随山就势，有效地利用了可建空间，因此，建筑平面不是矩形，没有中轴线，有些院落甚至不在一个标高上，高差1～2米，个别住宅高差竟达10余米。如镇远复兴巷杨宅，共有三进一园，一进与二进高差4.5米，二进与三进高差6米，一进二楼廊道接二进天井，二进与三进间有隐蔽的巷道相连，丰富了建筑空间，有园林建筑之情趣，四合院的外形转折自由，或圆或方，随山的转折而建，与地形结合得十分巧妙。为了防火防水防山上石头滚落砸坏建筑，每栋四合院都建在高于自然地面的台基上，封火墙高8～10米，且因基础不平墙垛（马头墙）的错落也无一定规律。

然而内部建筑式样都是木结构穿斗式两层建筑，空间序列及营造制式严格。正房选择南向，一般是四架三间，也有六架五间的，厢房则根据地形有一侧厢与两厢的，部分民居有倒座。因可建面积所限，一进居多，三进以上的很少，正房与厢房有回廊连接，屋面坡度较大，普通为六分

图7-5　沿街民居封火山墙

图 7-6　依山就势的民居

图 7-8　依山就势的民居

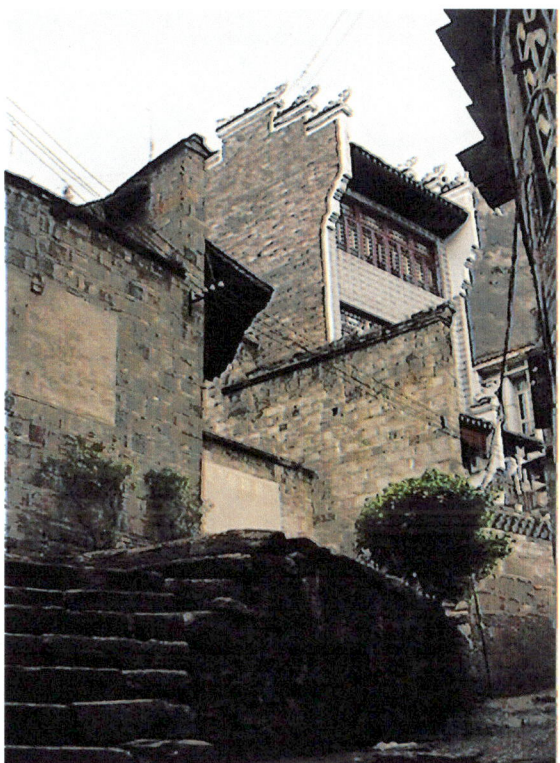

图 7-7　依山就势的民居

水，檐口出挑约 1 米，这与贵州多雨有关。

　　镇远民居大门无一定朝向，却很注重大门的建筑样式。门是封闭式院落的入口，户内即为户主的领地，大门的修饰，能反映出主人的身份与财富。无论地势朝向与阔窄，入口都切割成八字形，青条石门框，两侧有方形户对，均雕有精美的图案。门楣上有单坡翘檐垂花门罩，并嵌花边门额，做法有繁有简，十分华丽，有活跃环境、密切人与建筑关系的功能。门前都有石阶，少则二三级，多则十几级。石阶形状变化很多，它是为了保证主巷的宽度不受影响，台阶随路的走向变化自身的形状。门扇是用坚固的木料制作的，厚 10 厘米，两扇门呈上小下大的梯形，采用这种形式，重心低，便于开合。门内均有附着封火墙单坡穿斗式结构的门楼一间。

　　镇远民居的文化气息十分浓厚，从庭院大门的装饰已见一斑。房屋的装修亦独具匠心，建

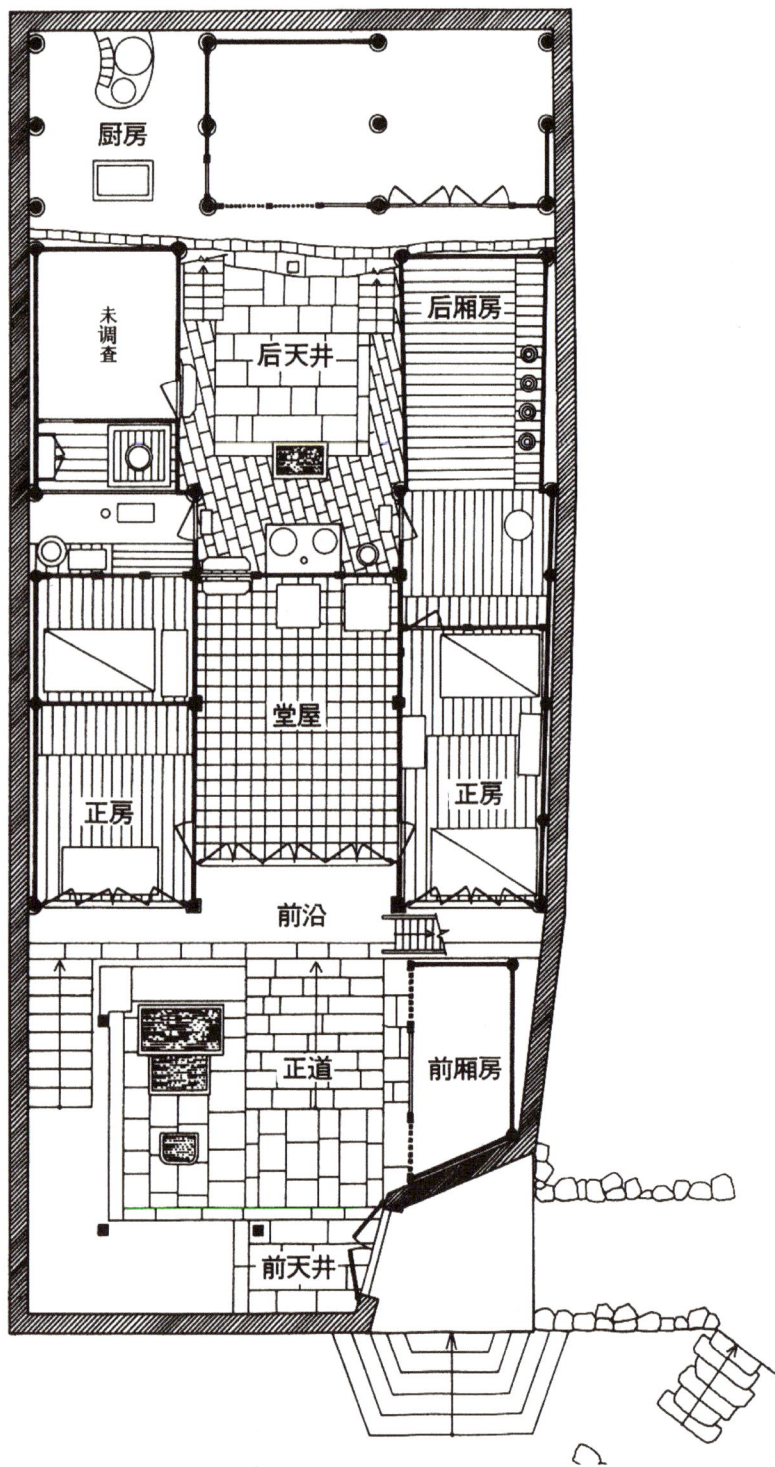

图 7-9 民居实例平面

图 7-10 民居实例立面

筑的尺度比例庄重大方，有别于江南民居的灵秀。主屋的门扇、窗棂与墙壁虚实结合得体，虚略多于实，在厚重的山区环境中增加了轻盈之感。窗棂柱础、栏杆裙板以及梁的外露部分都有镂空或浮雕图案，内容取龙凤、神话故事与文房四宝等吉祥题材，造型古朴粗犷，但雕刻得十分精细，具有浓郁的地方特色。石门框上方正中都刻有"太极图"，意在镇邪。窗格及栏格的构成十分简洁，其中也发现有明式柳条窗与"步步锦"花纹，这与镇远悠久的历史及建筑中的文化传承有关。庭院的天井除有采光作用外，还砌有花池养鱼种花。有的住宅中有小庭院，少数住宅内有梯田，颇具田园情调，这

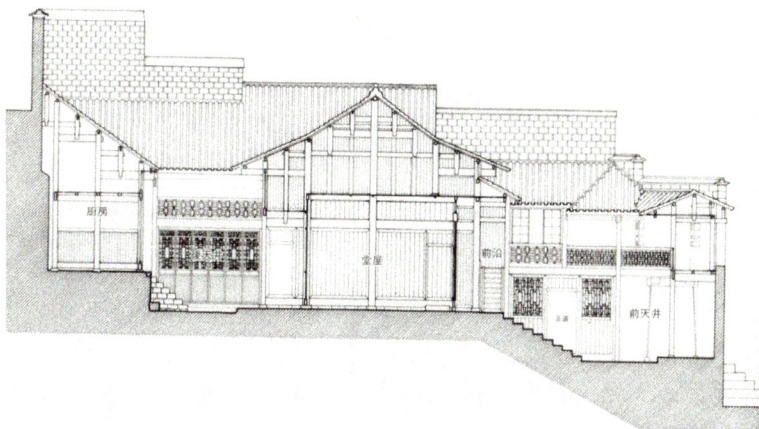

图 7-12 实例剖面

图 7-11 实例天井一角

图 7-13 实例户内天井

在其他地区庭院中是少见的。

镇远县仁寿巷傅宅依山就势、地面标高由大门至后天井逐步升高，构成独特的山地民居特色（图 7-9 ～图 7-13）。

第三节 景观奇绝、幽深曲折的古巷道

潕阳河将镇远分为南北两城，南岸为卫城，北岸为府城，府城是政治、文化与经济中心。在府城东西走向的主街道北侧近 2 公里的地带，有数十条南北走向的巷道顺着斜坡向石屏山上延伸，在巷道临河的出口处一般都建有码头，说明镇远在形成过程中是经过周密规划的，从明永乐到弘治年间已基本形成这样的格局，现保存完好的有 5 条。巷道沿山势自然走向回旋曲折，巷长均在 200 米左右，宽 2 ～ 3 米不等，首尾石阶高差在 30 米以上。路面坡坎用整齐的青石板铺成，两侧被约 10 米高的封火墙夹峙，小巷道曲折，狭窄且幽深。形式各异的垂花门、变化多端的石台阶与形式感很强的封火墙，以及高墙上散落的洞窗，组成有限而丰富的空间韵律，打破了长巷的沉闷与单调，它与水乡平原地区的长巷迥然不同，有很强的山区特点。封火墙墙基以上 1 米是用青石修砌成的，墙体是用自烧的 16 厘米 ×26 厘米 ×4 厘米青砖砌成的清水空斗墙，墙脊有青瓦盖顶，两角起翘，墙脊檐下有 30 厘米白粉边，

图 7-14 古巷道

图 7-15　镇远临河建筑风貌

图 7-16   错落有致的临河建筑

上画彩色或黑色图案，增加了蓝天与清水墙之间的层次，增强了节奏感，入巷如置身于图案之中（图 7-14）。

古往今来，镇远母乳泉——古井泉滋养了一代又一代镇远各族人民，她是古镇文物古迹的组成部分。有的古巷道就是因有古井泉而得名，如四方井巷、陈家井巷等等。仅在古城区，而今被人民政府公布为县级重点文物保护单位的著名古井有坐落在潕阳河北岸府城区的四方井、猪槽井、枇杷井、雷家井、陈家井和南岸卫城区的白云泉、惠泉、元觉井、味泉（味井）等九个，号称九大古井泉。

第四节　鳞次栉比、错落有致的临河民居

镇远临河民居的主要形式是前临大街背临河、前店后居的吊脚楼。有两种类型，一种是单开间筒式建筑，开间阔 3～5 米，进深 15～20 米，层高 3 米左右；少数也有两开间，临街面统为两层，临河面为叠落式吊脚楼，因潕阳河岸高 10 余米，沿河坎向下叠三四层，由砖柱或木柱支撑，各层由直跑楼梯连接。另一种是百年以上的民居，大多为庭院形式的木结构穿斗式建筑，两侧砌有封火墙。统为两进，前进两层为厅门或商店，后进为多层吊脚楼，中间有天井连接，两开间以上的有侧厢。潕阳河河床南向倾斜，北岸高于南岸，故民居群集中在北岸。各单体联成一个整体，摩肩接踵，高低错落，极有变化。此种民居很好地发挥了横墙承重，硬山架檩的结构特点，使上下各层悬收自如，屋面长短坡任意安排，重檐、披檐相互参差，临河面普遍有较高的台基与支撑体，使横向组合的立面呈现出竖向装饰的效果，构成高低相间、鳞次栉比的丰富的

外部轮廓。建筑亦多为白墙黛瓦栗色栏靠及门窗，层层叠叠地镶嵌在绿水青山之间，一派盎然生机（图7-15、图7-16）。

第五节　丰富多样的古巷宅门

古城镇远独具特色的古建艺术景观——石库门可以令人一饱眼福。

镇远古城被穿城而过的㵲阳河分成府、卫两城。虽有两千多年悠远史源，但城池兴建却始于明初。直至明末清初，朝廷派大批成功战士征战苗疆镇远，随之拥来的内地人才把闽浙湘赣的建筑技艺、式样和风格传到贵州。其中民居宅门就是这些建筑艺术中的精粹杰作。它与苗侗少数民族建筑文化巧妙融合，形成了高原山地独有的建筑风貌，其协调、完整的布局，使这座要塞边城逐渐定型、扩展、繁华起来。镇远城因地处峡谷地带、山峦起伏，建筑物除一部分建在河畔平地之外，大部分四合院及民居宅第都集中在险峻的高地上。

拐进巷子里，明清时期的四合院随处可见，户宅的庭院里四处可见精雕细琢的各种花纹图案。院子依山而建，院中回廊依山势而上，回廊上雕梁画栋，庭院里的房屋，全都是用木石结合而成，既牢固又美观。

巷道的石板路也是依山铺就，拾级而上，蜿蜒起伏，这些石板路有的直通临㵲阳河的大街，有的与码头相接，可以直接到达㵲阳河的岸边。

走在古朴的石板路上，可以发现路旁的民居有些与众不同。这些民居的大门走向都没有与道路平行，而是转过一个角度，斜向开设。镇远历史有："歪门邪道，古巷子，巷中有巷，巷中有井，巷下有沟，巷对码头，巷通驿道，深宅大院"的记载。

石屏山下纵横交错、形似织网、聚集着如同迷宫一般的古巷深宅。走进每一条狭长古巷，都会看见两侧耸立着坚固的封火墙，墙内四壁围合的宅院前都有一座石库门。石库门框料石形状一般是长条形，横断面正方形或是椭圆形，但椭圆形断石稀少。

镇远的山体青石远近闻名，故石库门都用优质坚硬青石为料。请能工巧匠将采掘来的巨石，精钻细磨成条石、方石和圆石。条石用作安砌正门两侧门柱、顶部横梁、门楣和脚下进出门栏。方石平放在门两边，作稳固门框及坐卧休憩之用。圆石又称石鼓，双石竖立门前两侧，相称对峙，有装饰、镇邪之意。有的石库门前还盘踞一对昂头瞪眼、呲牙咧嘴的石狮，显示宅主的权势和威风。镇远的每一座石库门都是不同品位和内容的艺术品，内容有人文景观、山水风光、飞禽走兽、花鸟鱼虫等，图案栩栩如生、楚楚动人、叹为观止。凡石库门楣上方镶饰横匾，分为石刻、泥塑、木雕几种。最具特色和魅力的应数石库门横梁门楣上那半座门楼，多为单檐悬山穿斗式结构。用轻质杉木构造，镂花弯板吊挂，屋面青瓦盖顶，红漆彩绘润色，贴壁凌空，飞檐翘角，小巧玲珑，与石库门上下辉映，相得益彰。石库门的两扇大门一般用坚硬、柔韧、防虫、防腐的香樟做成，厚实而沉重。涂朱红耐磨光亮生漆，扣青铜虎头门环，进门往内推。敞开石库门，门外风景秀丽，关上石库门，门内与世隔绝。因此，石库门给四合院就像上了一把偌大的铁锁，如同一座小城堡，确保寨内安然无恙、清静幽谧。

跨进石库门，在封闭的高墙内有天井、庭院、厢楼、中堂、居室、客房、膳房、仓储、茅房，还有石水缸、盆景、鱼池、花坛、水井等等。布局合理，使用方便，居住舒适，别有情趣。

第八章　黔中石头建筑

我国幅员辽阔，各地区的自然条件、民族习俗、材料类别和对建筑功能的不同要求，使各地区的民居又染上迷人的地方色彩，黔中的贵州岩石建筑就是其中十分特殊的一种类型。

第一节 独特的环境、复杂的地貌

贵州黔中地区，峰峦起伏，地形多变，北有乌蒙山屏障，南有云雾山主峰，珠江水系之北盘江、南盘江、打邦河、白水河等蜿蜒于群山峡谷之中。江河流经的河谷地带，形成大小坝子，土地肥沃，宜于农耕，是贵州省的主要产粮区之一。贵阳青岩、石板哨的布依寨，风景秀丽、气候温和，位于贵阳市近郊。花溪风景区位于该区域范围之内，溪流潺潺，素有"高原明珠"之称。

素有"地无三尺平"之称的贵州，在17.6万平方公里的境内，平均海拔高度为1600～2000米，地貌以山地和丘陵为主，间插不多的山间盆地与河谷台地，这里百亩以上的坝子（山谷之间的平地）仅占4%。这里地形起伏，沟谷纵横，

岩溶发育，由于受强烈的地质构造作用，被破碎发育成众多的节理裂隙，在地表和地下水的长期作用下，被雕琢成无数形态万千、景观离奇的溶洞、溶沟、石芽、石幔、落水洞等，形成了奇特的岩溶化高原地貌（图8-1、图8-2）。

图8-1 奇特地貌造就离奇的景观

图8-2 奇特地貌造就离奇的景观

第二节 石材的分类

山多石头多，贵州岩石比比皆是。这里的岩石分布以水成岩（石灰岩、白云质灰岩）为主，属可溶性碳酸盐类岩石。贵州岩石具有三个特点：1．岩层外露；2．材质硬度适中；3．节理裂隙分层。这为石材的开发利用提供了极为有利的条件，因此民间广泛建造石构建筑。

贵州岩石，有 1.5 ～ 5 厘米厚的片石，也有 50 ～ 60 厘米厚的块石。片石人们又称"合棚石"，它可以切割成不同形状和规格，大者 3 米 ×1.2 米，作隔板使用，小者也有 50 厘米见方，铺地使用，在民间更多的是用于屋面。合棚石屋面一般为 1.5 ～ 3 厘米的片石。片石加工成 50 厘米左右见方的规整方形，呈菱形排列，也有的采用未加工的自然石片。屋脊构造常采用半坡突出的人字形方式，简单易行（图 8-3、图 8-4）。

合棚石岩层每层厚度极薄，因此，按规格划线凿槽以后，用拗口（俗称撬棒）一次同时可以取出，数量取决于凿槽深度。合棚石的开采程序是：去浮土——清场地——划灰线——凿槽口——取石板——修边角——叠齐待运。采石场一般选择成材率较高的岩层，由于合棚石薄而轻，运输比较方便。

片石叠砌的墙体有自然犷野之趣，别具一格。片石墙的用料厚度也不尽相同，一般在 2 ～ 10 厘米左右，当片石上下表面平整时砌筑的横缝结构致密。不用砂浆叠砌的片石墙体，在光影下呈现稠密的凹凸不平状纹理，外形朴素轻巧，给人以自然朴实的美感。

石料性格挺括粗犷、朴素自然，具有重量感和雄浑感，是一种天然装饰材料，运用这一特征可以加强和丰富建筑的艺术表现力。

块石多作墙身材料，按不同叠砌方式又分为乱毛石、平毛石、方整石数种。一幢幢的块石建筑浑然天成，外貌自然朴实而富于变化，给人一种格外坚固的感觉。

图 8-3 块石

图 8-4 块石

第三节　黔中山寨群体风貌特征

　　贵州黔中岩石建筑群体布局基本上沿等高线布置，这样可以减少土石方量。因交通联系需要，自然村寨内常常沿山坡环状布置道路，每隔数家，又垂直等高线砌筑石步阶或用天然石级使上下贯通，在道路交叉处有些还留有较大的空间。镇宁县扁担山石头寨为布依族同姓集聚区，是贵州著名的蜡染之乡。灰白色的石头村寨和谐而富有韵律，与自然环境浑然一体而又错落有致，具有浓厚的山地特色。村寨东面是一条清澈的河流，村寨依山傍水，环境优美，树木郁郁葱葱。远眺山寨，可见到建筑群体因地形高差而展现出的层次丰富和高低不同轮廓，随等高线走向而产生正侧交错、疏密相间的屋面、山墙，其间穿插有曲折的小路、高低的坡坎。在古树翠竹之中，醒目的浅灰、土红色石墙、灰白色石板瓦与穿着布依族服饰的劳动妇女，彼此衬托，构成了一幅有浓厚"乡土"气息的朴实自然的景象。由此可以看出民居建筑之所以具有一种率真、质朴、亲切、敦厚的艺术魅力，其奥妙在于建筑功能、结构、环境和艺术形象之间的统一（图8-5～图8-17）。

图8-6　料石

图8-5　料石

图8-7　镇山村建筑景观

图 8-8 滑石哨寨环境

图 8-9 建筑环境和谐共存

图 8-10 村寨风貌

图 8-11 石头寨内景

图 8-12　山寨远眺

图 8-14　平坝本寨风貌

图 8-13　黔中黄果树大瀑布景观

图 8-15　建筑与环境和谐

图 8-16　寨内环境

图8-17　黔中布依村寨石板房

图8-18　滑石哨一角

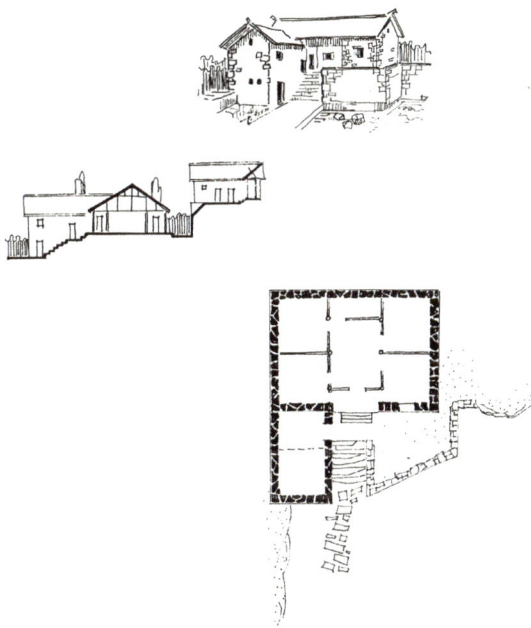
图8-19　某布依族民居实测立面、剖面、平面图

图8-20　布依族石头房

第四节　石建筑的平面形式与竖向空间利用

黔中山寨的布依族家庭结构以小家庭为主，一般将主屋地坪稍稍抬高，作为人的活动、居住层，部分需填方的位置不填土，利用高差作为饲养牲畜的空间。住房平面大多为一正两厢三开间的长方形，正厅作为生活起居空间，正厅前间为堂屋，后间烤火杂用。两厢也各分前后间，前间下部多利用山坡地形高差，作为牲畜圈，前间上部地面略抬高数十厘米，作卧室用，两厢后间分别为卧室和厨房。厢房均设置阁楼作为贮藏空间使用。这种利用地形高差，根据不同使用要求，分别按台阶式竖向布置牲畜饲料空间、人的生活空间、谷物贮藏空间的布局，是贵州黔中地区岩石建筑最基本、最普遍的单体格局。由于建筑大多沿等高线布置，建筑的朝向多不固定（图8-19、图8-20）。

第五节　石建筑构造体系

一、构架

构架采用木材制作，采用立帖式步架体系。常用八步七柱做法，在底层抽去中间两旁两柱，以便于在平面中灵活设置隔墙位置及适应开门需要。立帖式步架承受屋面及阁楼传来的荷载。立柱用料不大，柱径均在20厘米以下，立于石块上（石块与地面标高一致）可以防潮（图8-21、图8-22）。

图 8-21　立柱置于石块上

图 8-22　立柱置于柱础上

图 8-23　自然片石屋面

图 8-24　片石呈菱形排列

图 8-25　四坡顶〝合棚石〞屋面

二、屋面

　　石头房的屋面均以石片作瓦，这是石头房的一大特色。屋面广泛使用合棚石屋面，一般将1.5～3厘米厚的片石，搁置于绕有草绳的木椽子上，上下片石彼此搭接长度为5厘米左右，片石规格有加工成50厘米左右见方的规整方形，呈菱形排列，也有的采用未加工的自然石片。屋脊构造常采用半坡突出的方式，因陋就简，简单易行（图8-23～图8-25）。

三、墙体

石墙有的采用普通石块砌筑，也有的采用较薄的片石砌筑。石块在平面上一般采取三角形错位咬接的构造方式，咬接缝内灌石灰砂浆，使整体性加强，在力学和使用功能方面均极有特点。对质量要求高的建筑，也采用扁钻铰口法（石块交接面均凿平）砌筑，建成后的石缝间隙小且平整（图8-26、图8-27）。

图8-26　三角错位咬接构造

图8-27　外墙采用扁钻铰口法砌筑

图 8-28　内墙砌筑构造

图 8-31　乱毛石墙的朴素自然

图 8-29　块石墙纹理自然朴实

图 8-32　"合棚石"作镶板墙

图 8-30　外墙采用竖向砌筑

图 8-33　干砌片石墙自然犷野

图 8-34 门窗洞口
类型

片石墙的用料厚薄不等，一般在 2～10 厘米左右，也有更厚者。当片石的上下面平整时，墙体砌筑的水平缝很细。不用砂浆直接叠砌的片石墙凸凹不平的缝隙较密，外形朴素轻巧，给人自然、犷野的感觉（图 8-28～图 8-33）。

在某些地区也有将大块的合棚石嵌入木构架内作墙壁镶板使用。

四、窗洞

过去由于山区缺少玻璃和考虑安全，窗洞多偏小，洞顶可做成尖拱、圆拱、平拱等不同形式，洞口有单个的也有并列设置的（图 8-34）。

五、地面

在岩石产区多采用片石地坪，其特点是不起灰，且使用年限越久越光滑（图8-35、图8-36）。

六、门槛及踏步

每家正门侧门均设有石制门槛，高约20厘米，

厚约10厘米。

由于采用"挖、取、填"体系利用主屋下的部分空间作牲口间，因此主屋地面均高出于室外道路路面，每户主入口均需设置踏步。踏步用条石砌成，宽度不一，有的踏步面与建筑平行，宽约2米左右；有的踏步面与建筑垂直，背离牲口间出口方向，宽约1米左右（图8-37、8-38）。

图8-35　"石板"构造地面

图8-36　石板巷道

图8-37　门槛

图8-38　踏步

图 8-39 "龙口"构造之一

图 8-41 "龙口"构造之三

图 8-40 "龙口"构造之二

图 8-42 "龙口"构造之四

七、装饰

石头房的细部装饰简朴，在山墙挑檐处突出部分的上端，做一些象征吉祥之意的龙口雕凿，并雕凿半个圆球嵌合在"龙口"之中，反映这一带住民爱美和企求祥瑞的天性。其他装饰线脚纹样极少，整个建筑朴实敦厚（图 8-39～图 8-42）。

黔中地区各族人民在岩石利用方面积累了丰富的经验，在长期实践中，不但把它作为承重构件运用于房屋的墙柱、基础、石阶等部位，而且也作为抗弯构件，用于门窗过梁、石板桥等方面。在黔中一带山区村落和集镇，到处可以看到片石覆盖的屋面；条石、块石、片石砌筑的各种石墙；雕凿有龙口装饰的山墙挑檐；石材加工的门槛、门垛、窗台、柜台和步阶；还有用石料制作的磨、臼、缸、槽、炉等日常生活用具；以及渡槽、水渠和非常罕见的用石柱、石板架空砌成的"楼上田"。在安顺、镇宁一带的寺庙、牌坊，还能见到一些挺拔秀丽，雕凿有鱼、龙、荷花等生动图案的图腾柱或经过细致加工的石梁。颇具浓郁的民族色彩和地方气息（图8-43～图8-48）。

图8-43 石雕龙柱

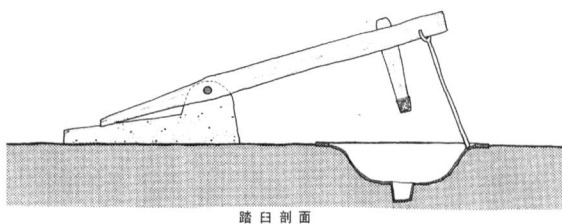

踏臼剖面

图8-44 踏臼剖面图

图8-45 踏臼

图8-46 谷仓

图 8-47　磨

图 8-48　石雕

图 8-49　块石加工

图 8-51　石头房屋施工情况

图 8-52　片石加工

图 8-53　"层赶层"边开采边砌筑

第六节　采筑同步、统筹施工

这一带乡民建房的石料多以人工开凿为主。为节省劳动力，多就地、就近取自屋基范围内的山坡岩层。这种山地建屋的方法为"挖""取""填"三位一体的体系，即挖山开石、就地取材、填坡留空的方法。一般将开采出来的石块用于砌墙，碎渣铺垫填方区域，这样既扩大了基地空间，在某些情况下，还能利用开凿的一壁山岩当作墙体使用。由于岩石节理分层，使开采出的同层石料厚度相仿，上下面自然平整，不用再耗工凿平。当地民间利用这一特点，墙体砌筑采取"层赶层"的施工方法。即开采一层石料，砌筑一皮或几皮墙体。这样可以使石墙的同一皮厚度保持相等，水平缝自然平直，纹理色泽协调一致。这种随采随用的采筑方式，省工省料，有较好的经济效益（图 8-49 ~ 图 8-53）。

石块在平面上一般采取楔形错位交接的构造方式，缝内灌石灰砂浆，在力学和使用功能方面均极有特点。对质量要求高的建筑，也采用扁钻铰口法（石块交接面均凿平）砌筑。石料面层加工多采取"梅花点"和"飞毛雨"（斜纹）的手法。

生长于山地和坡地的贵州石建筑，由于经常受到地形条件的限制，在长期的实践中，当地人民用最经济的手段和最简便的层赶层采筑方法，开拓场地，利用空间，最大限度地满足生产和生活的需要，在建筑空间处理上，手法灵活巧妙。出于功能要求而产生的变化多端的平面、空间和形体，以及对自然环境灵活多变的适应性，今天看来，手法是成功的，我们从中可以得到启示。

第七节　施工工具与石材运输

贵州镇宁、安顺一带石工，采石常用的工具有那修（斧子）、挖（削子）、拗口（撬棒）、多挖（铁锤）等。石料运输过去多采取人工搬抬的方式，也有用木制船型的运输工具用绳索拖拉，还有的

图 8-50　柱类基础

用骡马驮运或马车运输。现在路上常见有运载片石、块石的各式汽车、拖拉机和板车。

这一带民间，在石材应用方面积累了丰富的经验，人们从中可以领略到贵州的石建筑文化的韵味和独特山乡风情。从数不清的石桥、石路、石渠、石碑、石亭以及石头村寨，也可以让人们领略到贵州独特的石建筑风貌。

第八节　屯堡文化

贵州平坝、安顺一带屯堡民居至今仍保存有"大明遗风"，它堪称是军事防御体系的杰作，又是明代开发贵州的历史见证。

几百年前，这里就是军营，住在这里的是成建制的帝国正规军。这些穿着迥异的妇人是保留了600年来最正统血液的汉人。600年前，她们的祖先随朱元璋平定边乱的大军从遥远的江南来到这里。这些妇人和她们的家人一起被称为"屯堡人"（图8-54～图8-57）。

600年过后，生存在贵州腹地安顺土地上的大明帝国的遗民，仍顽强地保留着祖先留下的生活传统、服饰习惯，甚至语音腔调，与时间和外来文化对抗。

一、600年前的汉人村——寻觅大明遗风

明代遗址的活化石云山屯，这里的建筑风格完好地保留着600年前的明代式样；这里的居民数百年来仍沿袭着明代生活习俗和衣着风貌等。高大的古城墙横亘，布设的瞭望塔、箭道孔依稀可见，古城墙绵延在群山之间，数百年风雨飘零仍巍然不动，进入古城墙依稀听见战鼓雷鸣、战马萧萧的战争气息。

云山屯是一个葫芦型的山谷，四面是高耸的群山，易守难攻，是屯军集粮的一个绝好场所。在城堡中一条明朝洪武年间铺就的青石板街上，街坊两边是明代保存下来的民居，明砖清瓦定格的古城堡中，尚有不少残存的店面、铺台，石雕精湛，花鸟虫鱼至今仍清晰可辨。城堡中心，一座八角形的江南式戏台和对面的观戏楼，以及江南式的建筑大型财神庙、青砖砌筑的四合院、三合院比比皆是。与江南建筑不同的就是它是出于

图8-54　"屯堡人"

图8-57　绣鞋垫

战争需要，家家门前都有坚固的防御工事——垛口，里面暗藏机关，以对付那些入侵之敌——即使城门攻破，还有一场艰难的巷战。这些石头的院墙、石头的街巷，以及那些石板铺成鱼鳞状的屋顶，似乎全都在述说那些久远的历史和别致的

与众不同。

　　房屋上的雕花隔扇门、垂花门、木腰门装饰，以及额枋做工精湛、保存完好。这里家家户户都有一眼清澈的水井，星罗棋布的水井，被云山屯人称为神水（图8-55、图8-56、图8-58～图8-61）。

图8-55　云山屯入口

图8-56　山谷中的云山屯

图 8-58　云山屯民
居

图 8-59　云山屯内景

图 8-60　垛口

图 8-61　云山屯碉楼

最为明显的是屯内妇女的着装，至今仍保留着明清时代的显著特征：纱帕代头巾，玉簪锁发髻，长袍大袖，袖口直径可达 2 尺，袖口的衣袖镶精制花边，腰部束有丝头衣带，脚上穿着翘花鞋，还用白布绑裹腿代袜，当地的老年人称这是朱元璋当年为出征家属御赐的"龙袍玉带"，因此一代又一代的云山屯妇女，便引以为荣，沿袭至今。

时至今日，在云山屯人的生活中，还带有大量征战将士的习俗。当年为行军打仗的需要，制作腊肉、血豆腐、辣酱鸡，至今仍是云山屯人的拿手绝活。说书、唱书的内容也大多是三国、隋

图8-62 特色民居之一

唐时代战争题材。逢年过节的娱乐主题——地戏，更是在杀声震天中讲述傅友德大将军征服贵州的传奇故事。

云山屯的人，世世代代虽然在周围的各种文化包围之中，然而几百年依然恪守自己的传统，与周围的文化不同化、不交融，这种安插在异族文化形态之中的文化，被有关专家命名为"飞地文化"。

二、屯堡文化起源

屯堡文化是一种独特的汉文化，安顺屯堡文化起源于明朝"调北征南"的军屯，并得以较完好地保留至今，被喻为明代汉文化的活化石，是研究明代军屯文化的珍贵组成部分。

"屯堡人"是贵州省汉族社会中的特殊次级群体，这一群体在文化上既有别于贵州其他汉族，也与周边其他各少数民族迥异，故有学者称之为

图 8-63 特色民居之二

图 8-64 特色民居之三

汉族的"孤岛文化"现象。关于"屯堡人"的概念，翁家烈先生曾撰文进行过论述，他认为"屯堡人"是"清代在废明代卫所屯田制后，对今在贵州省平坝、安顺、镇宁、普定、长顺等县市内的明屯军后裔的专称。其特点是他们的入黔祖先大都原籍江南，尽管历经数百年的社会历史变迁，他们的大多数一直聚居在屯堡社区内，并基本上较为完整地保持着明代江南汉族文化的形式与内容。这在汉族各支派中是十分罕见的"。蒋立松先生也认为，这一论述揭示了"屯堡人"概念的三重含义，即可大体上视为历史概念、地域概念和文化概念的集合。就历史而言，其形成渊源于明初，距今600余年。（清）《安顺府志·风俗志》云："屯军堡子，皆奉洪武敕调北征南……，家口随之至黔。"故，屯堡人的形成与明代"调北征南"之军事史实有密切关系。就地域而言，屯堡人大多聚居在以屯、堡为名的特定地域内，反映了屯堡人的形成与明代的卫所屯田制有关。故（民国）《平坝县志》云："名曰屯堡者，屯军驻地之地名也……。迨屯制既废，不复能再以军字呼此种人，惟其住居地名未改，于是遂以其住居地名而名之为屯堡人。"就文化特征而言，屯堡文化与中国江南汉族文化之间有着某种历史的传承关系，似可界定为明清江南文化在黔中腹地的异地表现。据此，我们对"屯堡人"的概念有了一个大致的感知。它是居住在特定地域空间里的具有特殊历史起源的特定群体。

"屯堡文化"是明朝初年在贵州腹地"屯田戍边"遗留下来的一种特殊文化现象，以其遗存的古风和鲜明的特色为世人所惊叹和震撼。屯堡文化具有四方面内容特征：一、是屯堡民居；二、是屯堡服饰；三、是屯堡地戏；四、是屯堡饮食。具体表现在屯堡人的语言、服饰、首饰、建筑、节日庆典、祭祀活动、民歌、地戏、花灯以及饮食等诸方面内容，均沿袭明朝时期江淮一带的风俗，同时军事意识尤为浓厚。正是由于屯堡民居、服饰、饮食和娱乐方式颇带异域色彩，故有"大明遗风活化石"之称。屯堡文化中，建筑文化是

最具特点的内容之一。

屯堡建筑文化是600多年来在黔中腹地形成的屯堡社区建筑文化，屯堡建筑是那些有徽式建筑风格，而又由于受屯军性质、经济基础低下等因素影响，造就出建筑粗犷的个性，它是便于巷战和防御的建筑群体。因此屯堡建筑的地域性前提，必须曾是屯军将士真正的驻扎地，才能称为是正宗的"屯堡建筑文化"。

屯堡文化能够系统完善地保留至今，主要有三个方面原因：一、是历史以来，屯堡人的"大汉族"民族优越感很强烈，由于他们的祖先是从当时的发达地方来到贵州，且带来了先进的生产技术和文化艺术，因此是军屯人的优越社会地位所决定；二、是因为军屯人本来就是为了抗衡地方势力，外来者与本地民族和地方势力间存在不可避免的矛盾冲突，致使他们一直体现出一种结构紧密的特殊社会群体姿态；三、是由于贵州地理位置偏远，交通及经济不发达，信息闭塞，发展缓慢造成的结果。

三、"屯"与"堡"的说解

"屯堡"二字，实为两个概念，"屯"是军队驻扎所在，"堡"是移民和商人修建的居所。"屯堡人"是贵州省汉族社会中的特殊群体，文化上既有别于贵州其他汉族，也与周边其他各少数民族迥异。

"屯"，聚也；兵耕曰屯田。明"设官安屯，且耕且守"，为的是"戍兵屯田之人以给之（军食）"（见《明实录》）。设官安屯以解决军队给养为首务，从中国自有屯田以来就已确定。

"堡"，字典意为小城（字亦作保），bao、pu两音，当地读屯堡为第二音。地方志亦有解说，民国《镇宁县志·旧安庄卫疆域》在"吴复始置纳吉堡"后自注云："堡者，小于城而大于寨，所以驻兵屯田。卫之下守御所，所之下堡，堡之下总旗，总旗之下小旗，小旗之兵，分守堡兵、操兵、屯田兵等。"可见，堡亦为"小城"意，下于所上于寨。堡大者，称官堡，驻百户；堡小者，称旗堡，驻总旗；小旗驻地，不足称堡。

堡旗军虽也有屯田任务，但其主要功能不可忽视，特别是守御千户所之堡的驻防功能不可忽视。审视安顺屯区、堡区的分布，尤可注意的还是处于屯区外围的堡区，因为它内卫护着屯区，外防御着土司区"夷民"。安顺屯堡区的惊人之处，不仅在于屯的密集，更是在于堡的密集，有"三十军屯，四十九堡"之说，虽然不是确数，但也说明了堡远多于屯这一特点。

四、云峰八寨的屯堡文化和内涵

云山屯位于安顺市西秀区以南 18 公里处，周围有本寨、章庄、吴屯、竹林、小山、雷屯、九溪等屯，合称"云峰八寨"。在方圆 11 平方公里的地方，山清水秀，阡陌相连，8 个村寨分布有序，散步在山间坝子之中，既可耕种又可防守，既可各自为战又可互为支援，堪称军事防御体系的杰作，又是明代开发贵州的历史见证（图 8-65、图 8-66）。

"云峰八寨"的屯堡文化内涵，几乎全部包含了安顺屯堡文化的主要内容。其村落的聚居形态、空间布局、建筑特色、语言服饰、民风民俗、宗教及饮食文化等综合形成了一个较完善的屯堡文化系统。

（一）聚居形态与空间布局

"石头的瓦盖石头的房，石头的街面石头的墙，石头的碾子石头的磨，石头的碓窝石头的缸"。这一段精辟的民间顺口溜道出了天龙屯堡村寨的石头文化魅力。

屯堡人居住的村寨形态都有一些共同的特点：

1. 屯堡文化注重军事作用，将防御功能放在首要位置。那就是整体聚集性和军事防御性很强，建筑材料就地取材，采用山区随处都有的石灰岩薄层进行建造，坚固而耐久。原始的屯堡四周都有石砌城垣和雄伟的寨门，寨门和城垣都采用坚固的石料垒砌，高大雄伟，站在寨门上即可看清进攻之敌的情况，十分不利于敌方；待进攻

图 8-65 远眺云峰八寨

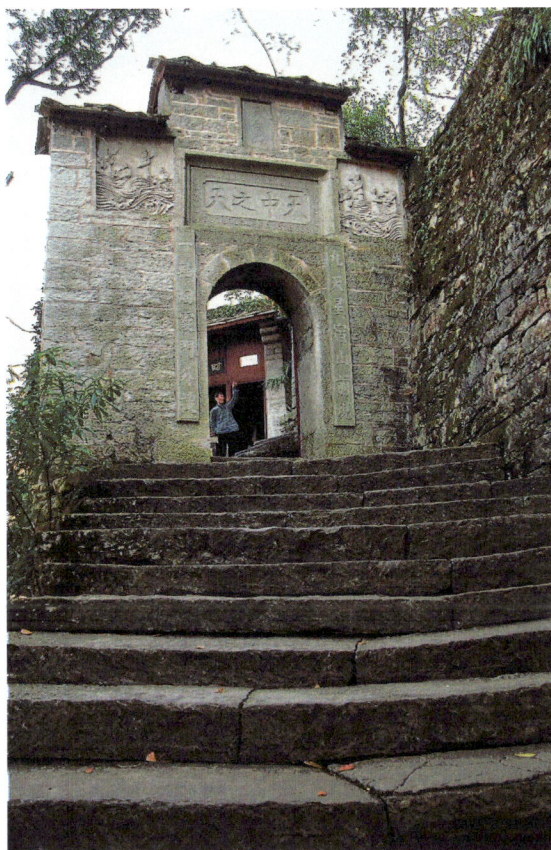

图 8-66 雄伟的寨门

之敌筋疲力尽时，则可聚集屯堡中的兵力而出击，或于靠山顶燃放烽火向其他屯堡报信，等待援军共同夹击敌人，如援军迟缓，坚固的城垣和复杂的巷道又可坚守；寨中有屯聚之粮，有饮用水源，为坚守提供了条件，一般数日无忧；就算敌人攻破了屯堡外围防守，屯堡寨中民居和巷道还可以独自为堡，与敌人进行巷战，高大的碉楼和巷道民居随处密布的射击孔、梭镖孔对入侵之敌同样有致命的威胁。

2．以街巷为轴，具有明显的向心力和凝聚力。天龙屯堡群体建筑点线分割布局最具有典型特点。这种布局形式以村寨中央空坝为中心点，向外辐射出纵横交错的道路（线），巷道把民居分割成一片一片（面），构成一个点线面相结合的整体。在狭长深邃的巷道两端设有可供御敌的门；每条巷道既能单独防御又可互相形成整体防御。敌人进入巷道就如进了迷宫，关上巷门，就如关门打狗。

3．屯堡村寨外围多砌有坚固石墙或利用高大建筑的山墙，形成封闭结构。

4．屯墙顺应山形地势，蜿蜒曲折。村寨一般只在主要街道设两个通向外面的屯门，屯门高大结实，少有装饰，防范严密。

天龙屯堡另一个特点是依山傍水。屯堡村寨的选址十分讲究，寨前要有可供灌溉的河流，寨中有饮用水源，寨后靠山，进则可攻，退则可守。屯田的本质决定了屯堡建筑的风格。屯堡寨子的前面是阡陌纵横的田土，有丰富的灌溉水源，利于耕种；寨后的靠山高而险峻，登顶可以眺远，观察敌情。村寨选址依山傍水，多在后有山头，前面平坦开阔，有河流小溪在村前蜿蜒而过，对面有屏障之山，左右有青龙白虎之山。村内建筑群既不在山上，也不靠河边，大多依山而建，屯内建筑朝向基本一致。

各村寨空间布局根据不同的地形又各有特点。云山屯、本寨从选址到建筑都显出军事要塞的特征。如云山屯坐落在云鹫山的峡谷中，山势险峻陡峭，古树浓荫，只有一条盘山古道可以进

入。它是一个封闭式的屯堡，数公里的石墙蜿蜒起伏，入口处高耸着歇山顶的箭楼，在险要之处设有14个碉楼。一条东西向的主街纵贯全村，数条弯曲的小巷把若干院落串联起来，有民居、店铺、庙宇、戏楼和碉楼。最早的民居是"栅栏式"的简易建筑，继后建起了"一正两厢一照壁"的三合院，称为"燕窝式"房屋。随着时间的推移，又建起了"一正三厢"或"两正两厢"的四合院还有正厢不分的"印子房"及两楼一底的"转廊楼"。若干民居构成一条死巷子，在转角处设有碉楼，仿佛是城堡中的一个小城堡，形成第二道防线。大的院落也"户自为堡"，有高大的院墙和厚实的大门，还有枪箭射击孔，成为最后一道防线，云山屯鼎盛时期，住户近千，在中心地点建有戏楼，雕梁画栋，显示它曾经有过的辉煌。由于两边山势险峻，多悬崖峭壁，其防御性是利用地形修筑屯墙，内部建筑沿街基本上形成"两张皮"，少数深宅大院有碉楼枪眼。又如本寨依山傍水，后有葱茏的青山拱卫，前面有绿水环绕，一片农田。本寨很可能是当年屯军的大本营，无论选址和建筑都显出军事要塞的特征。本寨依山而建，集中成团，周围三面开阔，以屯墙连接山墙而围合，寨内碉楼耸立，街巷相连，户户相通。8座碉楼形成椅角之势，从不同角度控制屯堡的制高点。碉楼守卫寨中要害，各户多以高墙枪眼对着尽端或巷道，各条巷道的交会处均成"丁"字形，在此可以控扼三方。巷道狭窄，院墙高耸，射击孔及观察孔随处可见。巷口设有门，巷道成树枝状布局。再有雷屯村内主街较宽阔，巷道或宅院门开向主街，成丁字形交叉，村寨也是背有靠山，寨前有平坦农田。此外，吴屯村内有一条较完好的屯堡街道，进屯门转九十度，拾级而上，各户多是三合院、四合院，院门通向街道，街尽端形成一开阔的公共活动院落空间。

从以上几个村寨的布局可以看出，屯堡民居以石头营造正是为了增强防御性能，宅院之间有后门相通也是为了在应急时便于逃向后山。屯堡村寨的建筑全部是由石材建造的，以及遗留

有古代战争的痕迹等等，这一切都凝固着一段军事移民的历史。云山屯、本寨及周围其他屯堡村寨的建筑，把江南风格与当地石建筑完美结合起来，形成了别具一格的"屯堡建筑"风格且与周围的喀斯特地形地貌融会贯通，浑然一体（图8-67～图8-70）。

此外各村寨中心都有公共活动场地，设有戏楼、宗祠神庙等公共建筑，村寨中还有商铺，也是屯堡的特点之一。

（二）民居建筑特色

当然，石头房子最终是人住的，所以天龙屯堡民居的一个特点就是很富有生活情趣。举目之

图8-67　体现防御功能的门

图8-69　体现军事防御功能的巷道

图8-68　碉楼

图8-70　依山傍水的本寨环境

处，都能看到精雕细刻的琼花瑞草。

屯堡村寨建筑多由民居、戏楼、祠庙、屯门楼、碉楼等建筑组成。民居是屯堡村寨的主体，也是防御体系的基本单元。

1. 其平面形式既沿袭了明清江南地区三合院民居的部分特点，又结合实际需要和当地条件，形成了封闭性较强的三合院、四合院，或部分联体三合院或四合院，部分单栋五至七间加耳房的格局。

2. 三合院或四合院在平面上有明显的中轴线，但朝向并不一定是南北方向排列，次要建筑也不一定取对称的方式。

3. 所有三合院、四合院的正方都在主轴线上居中，台基高于门房及左右厢房，空间体量也比厢、门房大，体现出上下有别、尊卑有序的传统等级观念。

4. 正面多为三间或五间，大的有七间，层数多为三层加阁楼。

5. 屯堡民居建筑材料以木、石为主，结构形式采取木构架穿斗式，山墙及后檐墙均采用厚重的石墙。

6. 屋面多采用在木屋架上铺设合棚石片瓦，为悬山两坡顶的屋面排水形式。

7. 其基地选择和基础处理也十分严格和合理。结构技术较完善，材料处理耐久性强，使相当部分民居至今仍保存较完好（图8-71～图8-75）。

屯堡民居的细部装饰也有自身的特点。1. 屯堡民居的两大主材，石材和木材，一般都不加粉饰，显示出材质本色，淳朴自然。2. 重点部位和醒目构件，如柱础、门楼、窗户等则精雕细刻。屯堡人的民居建筑雕刻还是十分细腻精巧的，特别是屯堡民居的门头雕刻最为繁复，有花窗、花板、垂花柱。每个部件都饰以不同的图案，最为典型的是吉语类的福（蝙蝠）、禄（梅花鹿）、寿（麒麟）、喜（喜鹊）等正宗传统的汉族雕刻图案。3. 大门入口的垂花门楼很有特色，下部为石结构，上部为木结构，门框每边用整块或两

图8-71　高大的山墙

图 8-72 射击孔

图 8-74 特色民居之四

图 8-73 特色民居之五

图 8-75 特色民居之六

块巨石做成，左右对称，形成大"八"字形朝门，朝门两边巨石勾垒，表面打磨光滑，有的雕刻有图案和文字，门楼的额枋、垂莲柱、月梁等的雕刻更是丰富多彩，寓意美好。例如本寨的杨家老宅、杨家大院、金家大院、王家大院、项家宅院等都是典型的屯堡式民居。有的宅院建有雕琢精致的

垂花门罩有人字格、寿字格各式雕刻的格扇门窗，民居内部的花窗、花门、柱础等雕刻也多如此，有钱的读书人家的门板等处还雕有诗词书画。寨中考虑有蛛网状的排水系统，于下水道地漏处有栩栩如生的青蛙、龙凤、蝙蝠形状的透雕石板水漏盖着，水沟是藏在地下的阴沟。这些雕刻图案

与当地少数民族的民居形成鲜明对比，突出了江南汉族移民文化秀丽的一面（图8-76～图8-81）。

五、戏剧活化石——地戏

屯堡民俗民间文化极为丰富，最具代表性的是被称为"戏剧活化石"的地戏。它古朴粗犷，演出表现出力度美。

以历史将帅闻名的贵州地戏是戏群中的重要品类。这种戏源于明代的军傩，主要流行于贵州省安顺及其周边地区的汉（屯堡人）、布依、仡佬、苗等民族中，其又称为"跳神"。演出时不用戏台，而是在村中院坝里进行。每年演出两次，一次在新春佳节期间，演出时间断断续续约为半月，叫"玩新春"。另一次在阴历七月中旬稻谷扬花之际，演出时间5天左右，称"跳米花神"。地戏演出的剧本，都是历史上金戈铁马的征战故事，《三国演义》、《封神演义》、《隋唐演义》、《薛丁山征西》

图 8-76 八字朝门

图 8-77 雕刻细腻的垂花吊柱

图 8-78 垂花吊柱

图 8-79 垂花吊柱门楼

图 8-80 八字朝门

图 8-81　透雕吉祥水漏盖板

图 8-82 傩戏面具

图 8-83 傩戏演出场景

图 8-84 "屯堡人"活动场景

等都是地戏剧本取材之所在。屯堡地戏充分体现出屯堡文化的屯戍特色，在演出过程中，演员都要佩戴面具，这类面具雕刻工艺精细，色彩绚丽明亮，造型在写实中大胆予以夸张。其中将帅面具最为引人注目，有文将、武将、老将、少将、女将之分，它们均由面部、头盔、耳翅三部分构成。

在民俗文化中，花灯也是屯堡村落普遍流传的娱乐形式，最初的演出是由男子化妆成男女若干队，男执扇女执帕，相对边唱边舞，以月琴、胡琴伴奏，言词俚俗，多以逗乐为目的。

山歌也是屯堡人在劳动生产中创造出来的歌唱形式，他们唱得音调高扬，节奏悠长。当男女互表倾慕时，也借助这抒情的歌声。山歌没有现存的唱本，都是触景生情随口而出，现编现唱。

此外，屯堡人平时还有丰富的文娱活动，精巧的民间手工艺术。民间手工艺术有背扇花剪纸、绣鞋垫、木雕、石雕等（图 8-82 ~ 图 8-84）。

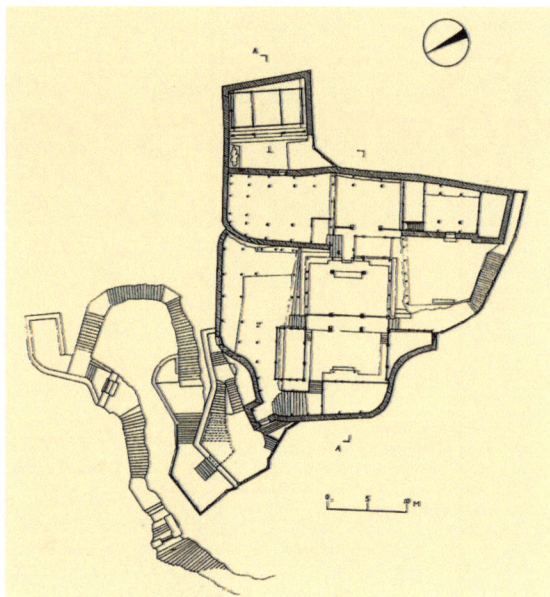

图 8-85　天台山平面图

图 8-87　从拱门看二道山门

图 8-86　天台山五龙寺

六、天台山五龙寺

　　始建于明万历十八年（1590 年）的五龙寺位于平坝县城西南 13 公里的天台山上。东面为缓坡，有石径通山顶，其余三面峭壁悬立，五龙寺即建于山巅，依山势灵活布局，高低错落，形成几个台地。自山足仰观山寺，险峻雄奇（图 8-85、图 8-86）。

　　五龙寺原为道观。由山麓沿登山石级上第一道山门，有横匾"黔南第一山"，为乾隆十三年（1748 年）书刻。第二道山门为寺的大山门，系石砌圆拱门，两侧楹联"云从天出天然奇峰天生就"；"月照台前台中胜景台上观"阳刻楷书。门额横匾"印宗禅林"阴刻楷书，围以八仙过海图案。二山门有"清静禅院"、"伍龙寺"阳刻横匾。

图 8-88　第二道山门

　　过二山门经曲折石径入第一进四合院。正面为大殿，屋脊塑有五条巨龙，五龙寺由此得名。前廊明间两檐柱下，有一对立狮石柱础，下为石须弥座，造型独特。两厢配殿亦为单檐硬山青瓦顶石木结构，对面倒座，歇山卷棚式屋面。四座殿宇围成封闭空间，石板铺砌庭院（图 8-87、图 8-88）。

大殿后为 3 层三重檐木结构玉皇阁，歇山青瓦顶，底层建于两岩间，仅建明间，中层左侧为岩，建明间、右次间和梢间，上层于岩上建左次间、梢间，主楼高过两侧屋顶，形成上宽下窄的整体建筑，既表现构思巧妙，又极富明代建筑风格。各殿檐口均有轩棚，出檐挑枋端部有金瓜垂柱，额枋、雀替木雕花饰精美。山顶最高处为望月台，登台远眺，如临天宇。

此外尚有钟楼、藏经楼、僧房、客堂等大小建筑，合计 40 余间。在山巅有限面积上，依山就势，巧用地形，或横穿岩壁，或悬空岩沿，布局紧凑，三块平台，两进天井，曲折安砌 400 余级石阶、围栏，疏密有致，虚实相间，有极重要的建筑学术价值。

五龙寺就地取材，主体结构均用石、木。墙体、台基、地坪及部分屋面，均为当地盛产的石料，构成一组与山石浑然一体的石头建筑群，极富地方特色（图 8-89～图 8-91）。

图 8-90 从侧面观大殿

图 8-89 巧用地形

图 8-91 在有限山巅巧妙构思

图 8-92 眺镇山村

第九节 石板之乡——花溪镇山村民居

镇山村掩映在大山怀抱之中。一色的木构石板屋由溪边叠层而上,朦胧中散发出蕴存的气息。它三面环水,一面临山,山清水秀,景色迷人。层层叠叠的石板房依山而建。石板为墙、为顶,是民居;以石为路,为巷,是村貌。一幢幢石板房檐下,挂着金色的玉米串;红色的辣椒像一块块红绸铺满房前院坝……,隔河眺望,整个村寨掩映在青山绿水之中,山中有寨,水里有村。步入山村,使人们有置身于石头艺术的世界之感(图8-92~图8-94)。

镇山民居的一大特点是因地制宜,依山而建,就地取材。全村房屋坐向多为西北、面向东南,这一特殊的坐向原因有三:一、根据地形而定,山村地处龙头之上,龙头正好向东南;二、根据民俗中的八字所定,从居住的现状看,不少人八字正合此坐;三、坐处村寨左侧,地理上所称"青龙山",有扶正压邪之意。镇山布依村民就是取"愿等青龙高万丈,不准壮虎头头望"的习俗而取这一坐向。

镇山民居均为穿斗式悬山顶一楼一底石木结构,一般面阔三间进深二丈一,面阔五间进深二丈四。富有者增建左右两厢和大朝门,形成四合院。

镇山民居的居室布局,明间以隔扇和隔墙一分为三,大门前为吞口,中间堂屋,正中隔墙上置有神位。背后房间,由最高辈分男长者居住。两厢以木隔墙分隔,右厢后间作为厨房,前间为卧室,但禁忌已婚儿媳在此间居住。左厢后间为父母卧室,前一般为卧室或烤火间,阁楼储藏粮物,厢房地穴作猪、牛圈,这种有地穴的厢房又称"上楼下圈式"。

堂屋大门为双扇对开木质门,配有雕刻各异的幺门。凡面对合院的房屋均为木雕刻花窗,"三吊格"或"万字塔"图案。

房屋台基用加工细腻的料石砌筑,高出地面2~3尺,从合院进堂屋一般布置有石台阶。木构架所有立柱全部落于台基上,无柱础,房屋基本以石板为主,石板屋顶,石板墙面,石板通道。此外,村寨的寨门是巨石所建,寨内还保存有用规整块石垒筑的具防卫功能的寨堡和围墙,这些都构成一"本"供后人品味的石头史书。

图8-93　镇山村内景

图8-94　石拱寨门

第十节　镇宁布依族山寨——石头寨

从黄果树瀑布往镇宁方向行七八公里，只见一马平川的田野突地隆起一个小山岗，山顶树高林密，山腰和山脚却布满了石头房子。清清亮亮的白水河河边的垂柳不时伸出纤纤的细手拍打寨门。

一座六个孔的石桥，稳稳地跨在河上，与旁边的石头寨组成了一幅绿色的图画。

寨门是一圆形石拱门，上面镶了石头雕刻的红色楷书"石头寨"三个字。身着布依服饰的姑娘们端坐寨门口，向每一个游客点头微笑。进了门，只见偌大寨子没有一块砖、一片瓦，所有的建筑从房顶到墙壁全是石头，脚下踩的也全是石板地、石阶梯。这个寨就是因为全是石头，才被称作石头寨。

寨门里的石头房鳞次栉比。从平地一直延展到石头山麓。石头房一律是石板盖顶，石块砌墙，门前都有高高的石阶，有的院里还有石桌、石凳。村巷中，巷门是石砌的，院墙是石垒的，路是石砌或在山岩上凿就的石级。进入人家，家家户户都有石磨、石碓、石缸、石擂钵等用具。石头寨，

确实是一个名不虚传的石头寨子，它显得古朴、沉静。

这一带地方，周围的许多布依族山寨都用石头建房铺路。革新寨的四十九级入寨石阶；伟革寨在峭壁上凿成的石径；还有散布在各处的刻有龙凤麒麟、花鸟鱼虫的石坊、石碑等，也都会令人眼目一新，惊叹其民族的创造力。大抵拱寨的所谓"楼上田"，是某户山民在一个倾斜的石岩上，用巨石自下而上垒成水平面，然后填以泥土，种上庄稼，田面积虽不大，但山民那一股子向顽石夺粮的倔劲儿，实在令人折服！

石头寨的成年男子，大都是与石头打交道的石工，寨子里石工手艺是一代超过一代，比如砌石墙，已经可以不吊线，把石头打好，一放上墙去，就角对角，线对线，不必再去修修整整。这话着实不假，石头寨的石房，粗略一看，工艺上似乎没多大区别，但只要稍加留心，便可发现，有的房子显得格外平整、细致，有的还是漂亮的"凹缝墙"。千百年来，石头寨的人总是离不开石头，而石头在他们的手中也不断花样翻新，古朴的石头寨，成了人们寻美的目标，而且它更受到人们的瞩目。

第九章　几类其他典型民居

　　贵州是十多个兄弟民族共有的大家庭。独特而多元的民族风情，不仅为壮丽的高原景观增光添彩，还给贵州山川打下鲜明的文化印记。从东到西，自南到北，无论是峻岭深谷，还是大山激流，在这块土地上，如果你入乡进寨，总能见到不同风格的山地居民，除苗族、布依族、侗族外，还有水族、彝族、仡佬族、瑶族、土家族等都有一些历史比较悠久，具有民族特色的典型村寨，这些村寨都比较全面地反映出各民族的历史文化和发展轨迹。它们之间有相通性，但又各自独立，每一种文化经验和智慧，以及信息库藏，都是其他文化无法完全替代的。

　　20世纪30年代，贵州模仿国外建筑设计者逐渐增多，开始出现受西方建筑思潮和技艺影响的中西合璧或仿西式建筑。一些具有现代特征的建筑，被各有产阶层或失意下野的政客修建入宅闲居而出现。民国年间，省长、议员、军阀、教育家、商人、公馆主人……，贵州的近代史上多多少少留下他们载满沧桑的历史痕迹。

第一节 樟江河畔的瑶族民居

贵州的瑶族主要聚居在黔南布依族苗族自治州，荔波县南端的瑶山和东部的瑶麓两片山地之中。瑶山瑶族因其男人身穿白色齐膝短裤，裤筒上绣有血色纵纹装饰，甚为醒目，故被称为"白裤瑶"。

在荔波，瑶山的村寨规模很小，最大的不过二十来户，最小的仅五六户。他们分散地坐落在崇山峻岭之中，那里山高林密，道路崎岖，远离交通要道和集市贸易地，也远离其他少数民族（布依族或苗族）村寨。在村寨的选址上，他们仿佛要尽可能地与世隔绝。这种强烈的封闭、孤僻、避世的文化心理有形成的历史根源。

瑶山的瑶族村寨一般是一寨一姓，皆为同族

图 9-1 瑶族民居

图 9-2 瑶族民居

兄弟。而且普遍修建一种极其简单的"叉叉房"。"叉叉房"用天然树干、树枝绑扎而成，四周围以芭茅杆，屋顶用茅草覆盖，不开窗户。生活条件的改善，半干阑式房屋和干阑式瓦房，成为瑶族更愿意接受和采用的民居建筑。瑶山瑶族的半干阑房屋依山而建，前半部架空，以土墙代替了原来的芭茅杆或竹篱式草席，门前架有晒楼，后半部建造在地面上，屋顶用茅草覆盖。一般为上下两层，上层住人、下层畜养，多为三间两厦，卧室和火塘分离。

今天的瑶寨已经从草屋顶换成青瓦顶。瑶山的白裤瑶，把井干建筑、干阑建筑与粮仓建筑结合，创造了一种既能防潮，又能防鼠的高架式仓屋。其构造是在仓屋的四根支柱顶端放上四个瓦罐或四块木板，仓屋安座在上面。仓屋有两种外形：一种是圆柱形锥顶草房；另一种是长方形青瓦两坡顶仓房。

瑶山有特点的原始民居是"叉叉房"，瑶麓传统有特色的原始民居则是"长屋"。

瑶麓的长屋建筑为长方形平面，一般为五间两厦或四间两厦。长度有21米左右，是典型的干阑式建筑。一幢长屋分为六等或七等分的六间或七间住房，一个家族住在同一幢房屋或相邻的几幢房屋，一幢房屋住四户、六户、八户不等，根据长屋的分割而定。

瑶麓的长屋是木构建筑，柱子、穿枋全部是格木做成。旧时的房屋多为"二檐滴水"，即在顶檐下 1.3 米处架设二檐（矮檐），既可遮挡房屋下半部的风雨，又可以晾晒杂物。一个长屋大家庭中的每一户小家庭都有自己的卧室和火塘。

瑶麓的谷仓为正方形或长方形，有草顶和瓦顶两种。有些仓房的外围还有回廊圈围，回廊栏杆为等距离的"目"字形。收割的禾稻先挂在方仓四周的栏杆上晾晒，然后入仓收藏。

瑶寨的禾晾以两根杉木柱支撑，两杉柱间用六根横木穿连，形成一个高大的栏架。架顶上装有人字形两边倒水的顶棚，覆以杉木皮。收获季节，禾晾上挂满了包谷（图 9-1～图 9-6）。

图 9-3 二檐滴水

图 9-4 荔波董蒙瑶寨干阑建筑

图 9-5 荔波瑶寨干阑民居及圆仓

图 9-6 董蒙瑶寨全貌

第二节 乌蒙山区彝族民居与土司庄园

一、彝族民居文化

彝族是一个历史悠久，人口众多的民族，主要分布在中国西南云贵高原和康藏高原的东南边缘地带。彝族信奉万物有灵，以祖先崇拜最为广泛。彝族崇火、尚黑、尊左；以虎、鹰、龙、葫芦等为崇拜的图腾。道教对彝族信仰也有很深的影响，这种深层次的文化贯穿于彝族宅居的各个方面。

彝族村寨选址和居屋坐向十分注重风水，而

且越是历史悠久的村子越是如此。因此对"地脉龙神"的崇拜，祭龙神，护龙脉，培育"风水"和"气脉"，是彝族理念的"风水观"。

彝族民居中最具神秘色彩的是对祖灵、火塘、中柱的崇拜和房门的安装与禁忌。中柱崇拜源于空间层次的划分。在彝族祭祖大典中，中柱位于祭祀场所的中心，它是祭祀仪式中的最高象征物。

彝族崇拜火，被誉为"火的民族"。至今彝族的火塘文化，还保留着人类社会早期所经历过的，兼具取暖、煮饭、照明、宗教祭祀等多种功能，是家庭活动的中心。彝族认为门是家庭的象征，祸福从门入，门的制作安装是建房的大事。正房门一般是坐北朝南或坐西朝东；院门不能正对堂屋门，一般是开在院子左方，院门为双扇，堂屋门为单扇。贵州西部毕节的乌蒙山区，是彝族聚居地区。据彝族汉文古籍记载，古时，彝族先民，在今毕节地区的赫章县，建立慕俄格王国，其五世孙封为罗甸国君长，这就是历史上有名的"罗甸国"。威宁县的彝族民居多为石砌房，以石板作瓦，屋面似鱼鳞状。石砌房由左、中、右三间和一矮楼组成，堂屋开间稍宽，左右两间平面稍突出，它既与堂屋相通，独自又有外门。堂屋正中设有祭拜祖先的供桌，左侧设火塘。

毕节地区历史上的大户人家，特别是土司头人，宅第多为院落式布局，分为一重堂、三重堂、五重堂。威宁县大官寨有户五重堂，牛棚子乡有七重堂的建筑群。这种规模庞大的建筑群，一般坐北朝南、每重堂由规格相等的四幢两层房屋组成，中间有宽敞的天井。楼房周围，建有围墙、碉堡。大门两侧立有石虎助威。门前有开阔的阅兵、礼仪之地。

彝族崇尚三种色彩，最喜爱的色彩是黑、红、黄三色。黑色象征刚韧、吉祥，黑色是铁文化。红色是神圣的象征，彝族崇敬火，红色是火文化。黄色象征金子般贵重的品德，象征着道义、伦理、和解。这三种颜色充分反映在彝族建筑的装饰上。装饰纹样的色彩多以红黄黑三色配用，构成各种图案，极富装饰效果。

二、大屯土司庄园

莽莽的乌蒙山区，历史上是彝族土司统治区域。

今毕节地区大部分及其边缘属彝族"阿者"部。曾建贵州宣慰司，史称"水西安氏"。威宁、赫章与云南郜通相连，属彝族"乌撒"部，曾建有乌蒙乌撒宣慰司。而川黔边境的叙永、古兰、纳溪、毕节等地，则属彝族"扯勒"部，是永宁宣抚司的地盘。大屯土司庄园在毕节东北100公里的大宁山，地处川黔两省边界，鲜为人知。大屯土司庄园，占地5000余平方米，建筑面积1200平方米，坐东向西，依山按中轴对称三路构筑布局，逐级升高，纵深递进，呈长方形。

康熙年间第一代庄主张翔在此修房造屋。但形成现有规模是道光初年的事，算起来已有300多年了。庄园依山而建，四周筑有高大、厚实的围墙，沿墙筑有六座高8～10米的碉堡。过去土碉常年驻守保卫庄园的兵丁。其建筑分左、中、右三列，每列都有三进，形成九个院落中列沿中轴线而上，依次为大堂、二堂、正堂，面宽五间。

大堂建在石台基上，一楼一底，左为悬山顶，右为歇山顶，前、后、右三面都有回廊。二堂和正堂为悬山顶建筑，前后带廊。正堂背后有三级花台，左边一列，前为轿厅，中为客厅，后为花园和祠堂。客厅取名"雅堂"，花园名为"时园"，园中有双环鱼池，池上架桥，桥两侧有"吴王靠"，池边花坛中种植花草树木。右边一列，穿过花园（亦园）便到客房，后面有仓库、碾房及绣楼，女眷常在绣楼刺绣、玩乐，三列建筑各自独立，回廊相通，宛如一座"大观园"（图9-7～图9-13）。

由于大屯土司庄园的显赫与威严，正好与土司当时的权利、富有成正比，为此，特定的环境和条件，造就了一代又一代大屯土司庄园的主人。

大屯土司庄园见证了彝族的土司制度，反映了历史的沧桑，浓缩了300年的社会变迁。因此"彝族大宅门"具有典型意义，它以一个家庭的兴衰折射出社会变革，武装反抗。

图 9-7　大屯土司庄园全景

图 9-10　毕节大屯土司庄园碉楼

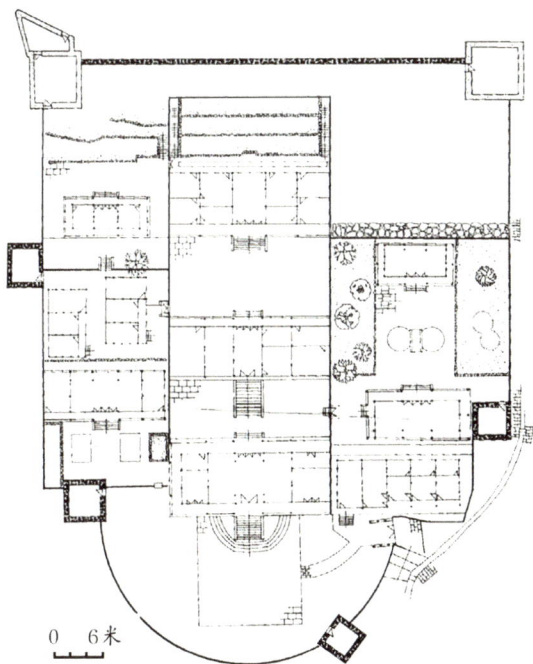

图 9-8　毕节大屯土司庄园总平面

0　6米

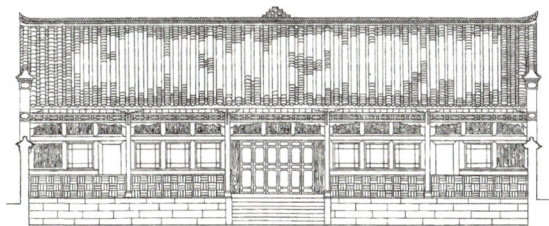

图 9-11　大屯土司堂屋南立面

图 9-12　庄园二堂后廊

图 9-9　毕节大屯土司庄园碉楼

图 9-13　庄园虎纹石刻

第三节 造型迥异的土家族民居

土家族分布在贵州省的东北部铜仁地区,以沿河土家族自治县和印江土家族苗族自治县最多,其次是德江、思南两县,此外,在遵义地区的务川、道真两个仡佬族苗族自治县境内及黔东南苗族侗族自治州的镇远、岑巩等县也有土家族居住。

土家族村寨一般选址在山脚下有泉(井)水,近河流,近田土,靠近山林,朝向较好的缓坡地带或平坝边缘。村寨类型有组团状、带状和不规则状等类型,各种类型都是随地形变化自然形成。著名的岑巩县注溪乡的衙院寨,位于龙江河南岸。衙院寨原有 15 个院落,均为四合院布局,坐西朝东,村寨呈椭圆形,宽约 250 米,长为 1000 米,有土石砌筑的围墙。寨内每个院落既自成体系又相互联系,院落之间有料石铺筑的巷道。

民居单体平面类型分为一字形开间式和内院布局的三合院或四合院式。一字形民居多为三或五开间;三合院式布置为一正两厢,前有围墙,大门设在正中或右侧;四合院式的布置,除正房、厢房外,还设有对厅。正房一般为三开间,单层,上设阁楼。厢房二至三个开间,有的为二层木楼。对厅为二至三个开间的平房,地基标高比正房略低。一字形或院落式正房明间均设吞口,凹进一步立柱,在入口门外的两侧设小门。

正房明间前为堂屋,后为"道巷"。堂屋是会客和全家起居活动的地方。左右次间分隔为四个房间,分别为火堂间、卧室、灶房或杂物空间。土家民居常见在正房的一侧辟出"耳房",专供炊事之用。厢房供晚辈寝卧或作客房。有对厅的,多为分家立灶的兄弟、晚辈居住。民居的院内一般都有较大的院坝,作为晾晒谷物和供家人工余休憩的活动空间。

土家民居多为木构房屋,也有建砖瓦房或窨子房,多为封闭的院落空间。木构房架由柱、瓜、枋、檩等构件组成穿斗式建筑。围护结构因地区生活习俗或取材条件的不同各异。常见的有五柱四瓜、五柱六瓜和七柱六瓜等穿斗式屋架,柱、瓜的数量视房屋的进深尺寸和屋面荷载而定。层高一般为 2.3～2.5 米,为一楼一底的房屋。

土家族民居的立面是装修的重点,堂屋的吞口处更显突出。用生土作外墙的民居,明间的吞口处多用木料装修,由匠师作各种图案;木构房的檐口部位作有各种纹样的彩绘。窗棂雕有"喜鹊登梅"、"二龙戏珠"、"龙凤呈祥"、"松鹤延年"等古雅图案,明间的门窗花饰更为精细。官宦宅院的正房明间安装"六合"雕花隔扇门,取"天下四方"、"天下统一"之意,且入口两侧的窗饰尤为精致。

立面三段分明。石砌台基有稳重安全感,木构房身纹理清晰,同门窗相配,协调自然。青瓦屋面,檐部和屋脊部的建筑处理得当。

院墙为空斗砖砌围墙,利用前厅(对厅)的山墙和厢房的后墙作为院墙的一部分,增强了院落的整体统一效果。院墙的正面为石砌,并建有重檐翘角的石门。

丰乐镇洞门前寨是土家族聚居的村寨,位于务川县城西南约 15 公里处,全寨有 60 余户,370 多人,居民以唐姓为主,寨址选于群山起伏的缓坡地带。村寨左侧有一岩溶山洞,洞内泉水甘甜可饮,因此村寨是因建于岩洞前而得名。寨坐落西南朝向东北,寨外绿树成荫,寨内植树种花,院落之间有小块菜园绿地,右侧为道路,有很好的内外环境。

衙院寨位于岑巩县县城西 18 公里,龙江河两岸,它是思州田氏土司后裔的世居地,属岑巩县注溪乡。衙院寨内有 15 座大印子房院落,都为坐西朝东,东西进深 500 米,南北长 1000 米。整个寨子围了一道石砌的土墙,印子房之间有花石铺砌的巷道相通,建筑规模之宏大就土家族村寨来说是少有的。每座印子房自成体系,有一座围合宽敞的院落,砌有石墙、石门、石阶,天井由石料铺成;石门上有飞檐翘角垂花罩;墙为砖石砌筑,高 3 米;墙檐下粉有白边,上有彩绘。

每座印子房都布置有正房、厢房与对厅，构成了四合院的空间布局（图9-14、图9-15）。

房屋为木结构穿斗式建筑，一般为五柱八瓜三开间。明间为堂屋，开间4.26米，进深8.08米，前有吞口，后有"六合"雕花隔扇，为供祖敬神与接待客人的地方。次间开间3.9米，分前后两间，为卧室。岑巩县境内土家族民居与其他民居的不同之处，在于正房左侧加一梢间，作为设置火塘与厨房的地方。结构方式是，在主房的一侧柱上加羊角爬耳，另一侧加柱架梁穿斗，并在结构上作了单独处理，将大厨房与火塘集中布置，使用方便，对防火亦非常有利。

屋面盖小青瓦，房屋有阳沟排水。这一地区土家族民居以两层房屋为主，一般离地面30厘

图9-14 岑巩衙院寨土司庄园

图9-15 "印子房"

米处垫石立柱，是干阑式建筑的一种演变形式。底层为居住层，顶层贮存粮食、堆放杂物，牲畜饲养在户外，与居住空间分开，卫生条件较好。岑巩古名思州，据史志记载，隋唐时期已置州县，有"先有思州，后有贵州"之说。思州田氏是贵州四大土司之一，从隋开皇年间（582 年）起，世袭八百三十多年，一世田宗显与十四世田祐恭被土家族尊为"土主"、"土王"。明永乐十一年（1413 年）二十六世田琛犯上被逮办、籍没家产，子孙避散。衙院寨这片住房是田氏土司后裔田维栋重返故土定居岑巩注溪后于清初建成的，衙院庄园因此而得名。在原衙院寨 800 米的地段上，连续立有七座壮观的贞节牌坊，是清王朝旌表田氏家族节妇的标志，寨前还产有田氏后裔应试中举的功名"华表"20 座。

第四节　名仕宅第

民国年间，省长、议员、军阀、教育家、商人、公馆主人……，贵州的近代史上多多少少留下他们载满沧桑的历史痕迹。20 世纪 30 年代，贵州模仿国外建筑设计者逐渐增多，开始出现受西方建筑思潮和技艺影响的中西合璧或仿西式建筑。"西学为用、中学为体"的洋务运动，为引进西方近代科学技术奠定了基础，贵州建筑也自发地吸取西方建筑成就，砖石结构取代木结构，柱廊、壁柱、柱间设弧券的采用，一些具有现代特征的建筑，被各有产阶层或失意下野的政客修建入宅闲居而出现。首先是一批贵州军政要人，先后按照西方庄园、别墅、府邸的建筑风格，或委托国外或雇国内设计人员按自己意愿设计修建私邸。如贵阳王伯群故居、王家烈以及遵义柏辉章等的宅邸，既有罗马式建筑风格，又保持中国民居特色，均属中西结合类型。

一、王伯群故居

故居位于贵阳市护国路，修建于 1917 年。王伯群（1885 ～ 1944 年）贵州兴义人，历任国民党中执委、国民政府委员、贵州都督府总参赞、

黔军总司令秘书长、贵州省省长、国民政府交通部长等职，后致力于教育事业并兼交通大学、大夏大学校长。王伯群的故居为省级文物保护单位。主楼是一栋三层楼房，配有仿欧式圆顶，始建于民国 5 年。为五开间券廊式两层砖木结构，矩形平面，坐东北向西南，西南角有 3 层圆形古堡式塔楼联体。正房四周有拱券回廊环绕，廊柱为矩形砖柱，支承砖拱券，顶层为圆弧拱，底层有圆弧、马蹄形及多心拱。各层柱顶均为仿科林斯式灰塑卷叶花饰柱头，下为方形石柱础。柱廊四周有车花木栏杆围护，二层上部为上人平屋面，四周有灰塑宝瓶空花栏杆代女儿墙。屋面为四坡歇山青瓦顶，南北两侧有壁炉烟囱伸出瓦顶，装饰线脚优美，东西两面各开老虎窗一个。该建筑建于贵阳东南部最高点，凭栏四望，贵阳万家景色，尽收眼底。

古堡式圆形塔楼为 3 层，用弧形磨砖砌清水外墙，青砖白缝，与主楼内槽砖墙同。

王伯群故居主楼外形及装饰，带有浓郁的古罗马建筑风格，又具有中国民居的格局，整体立面独特、造型丰富，线条鲜明、凹凸有致，装饰华丽、做工精巧，颜色稳重大气，呈现出一种华贵，是民国初年贵州最时髦的古典西式建筑（图 9-16）。

图 9-16　王伯群故居

二、王家烈公馆（虎峰别墅）

位于贵阳市中山东路，原为国民党二十五军军长、贵州省主席王家烈的私邸，始建于20世纪30年代初王家烈主政贵州时期，为市级文物保护单位。主楼为五开间3层券廊式砖木结构楼房，属19世纪末叶近代西方建筑传入东南亚及国内广东一带沿海地区后，为适应炎热气候而发展起来的建筑形式，是典型的中西合璧式的三层楼房。

主楼平面为矩形，坐北向南，各层均有外廊环绕，民间称"走马转阁楼"。檐柱为矩形砖柱，上承连续拱券，拱券属哥特式双心圆弧拱，曲线柔美。拱形门窗，屋顶为小青瓦四坡单檐歇山屋顶，南向屋面有两个老虎窗，北向仅明间有一老虎窗。

虎峰别墅建筑尺度较大，室内净高4米多，形成建筑的高大体量，在当年各官僚私邸中首屈一指，整个建筑线条和谐，但造型及细部装修，则次于贵阳王伯群故居。因建于贵阳城东高地，可俯瞰原贵阳全景，在建筑选址上可与王伯群故居相媲美（图9-17）。

三、柏辉章官邸（遵义会议会址）

20世纪30年代建造的遵义柏辉章官邸，红军长征时期曾作为遵义会议会址。举世闻名的遵义会议会址，位于遵义老城子尹路一侧，这条路原叫枇杷桥，后为纪念清代遵义著名诗人、学者郑珍（字子尹），命名子尹路。"会址"原为贵州军阀二十五军第二师师长柏辉章的私邸。1935年1月15日至17日，中共中央在此召开政治局扩大会议（即遵义会议），现在这座楼房大门的屋檐下，悬挂着一块精致的匾额，黑底金字，是毛泽东1964年题字"遵义会议会址"。

主楼平面五开间坐北向南，立面为近代券廊式建筑，与贵阳虎峰别墅相似。主楼上下两层均有外廊环绕，青砖白缝圆形檐柱，上托连续砖砌拱券，承受楼廊及檐口屋面荷载，柱顶为仿科林斯式卷叶花形柱头。楼层柱间为车花木栏杆，底层为敞廊。内槽为青砖白缝承重墙，屋面为青瓦

图9-17 王家烈公馆

图9-18 柏辉章官邸（遵义会议会址）

歇山顶，四面出檐，自由落水。在堂屋上部的屋面有老虎窗，是顶层阁楼间采光通风口。室内外装修均较华丽，在当年遵义城属首屈一指的豪华"洋房"（图9-18）。

四、华家阁楼

华之鸿（1871～1934年），是贵州近代史上一位重要的人物。他兴实业、及教育、赈灾民、疏航道等诸多领域均有事成，为促进贵州经济、教育文化的发展起过积极作用。

图 9-19　华家阁楼

华家阁楼又称大觉经舍，是华氏宅第的组成部分，位于贵阳电台街，1924 年由华之鸿创建，为市级文物保护单位。主体建筑为五层八角攒尖顶木结构建筑，内供佛像多座。与阁楼相对的二层藏经楼，两厢配有僧寮，以曲栏回廊上下连通，设计精巧，造型别致，错落有致，布局缜密和谐，为省内优秀的木构建筑之一（图 9-19、图 9-20）。

五、周逸群故居

周逸群故居位于铜仁市城内的共同路 18 号，原街名叫大公馆。1896 年 6 月 25 日周逸群出生于此。周逸群烈士是洪湖、湘鄂西革命根据地和红二军团主要创始人之一。1919 年东渡日本留学。1923 年学成回国，在上海与李侠公组织贵州青年社，创办《贵州青年》旬刊，宣传反帝反封建思想。1924 年在黄埔军校学习，加入中国共产党。在周恩来同志的领导下，组建"中国青年军人联合会"，任该会执行主席。1926 年 3 月，任国民革命军政

图 9-20　华家阁楼

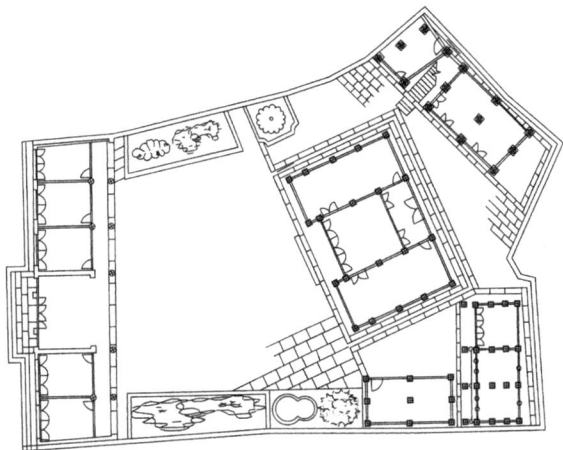

图 9-21 周逸群故居总平面图

图 9-22 周逸群故居起居室正立面图

训练部军委常委兼宣传部科长。同年 7 月，参加北伐并到贺龙率领的部队工作，先后任独立师师长及二十军政治部主任兼三师师长。次年，参加"八一"南昌起义。1928 年与贺龙将军共同创建湘鄂西苏区和工农革命军，任政治委员。同年 5 月，返洪湖，建立洪湖革命根据地，任鄂西特委书记和鄂西联县政府主席。1930 年，红四军和红六军在湖北公安会师，组成中国工农红军第二军团，贺龙任总指挥，周逸群任政治委员。1931 年 5 月，在湖南岳阳贾家凉亭遭敌伏击，壮烈牺牲，时年 35 岁。

烈士故居已进行维修，沿街正面为六间平房，外形白墙青瓦，大门上方悬有徐向前元帅亲题"周逸群烈士故居陈列室"横匾。陈列室内陈展有介绍烈士生平及革命业绩等内容。1918 年，烈士家在建中堂的同时，还在中堂左侧建有厨房二间。1876 年，烈士祖父于后院建有楼房二栋，右楼上下各四间，烈士出生、结婚都在此楼上。左楼上下各三间，楼下一间为谷仓，楼上即烈士青少年时的书屋。院内房屋皆为悬山顶单檐式木架构房屋，以石料为基，小青瓦覆面，四周绕以封火墙，房屋布局严谨，相互错置井然，颇具特色。1982 年 2 月 23 日，被列为贵州省级文物保护单位（图9-21～图9-24）。

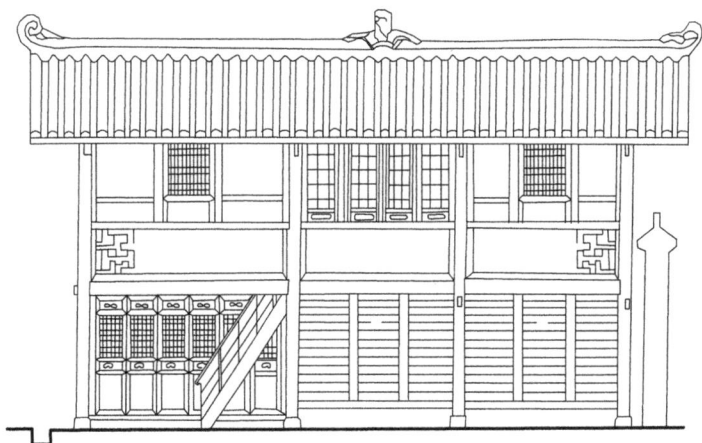

图 9-23 周逸群故居书楼立面图

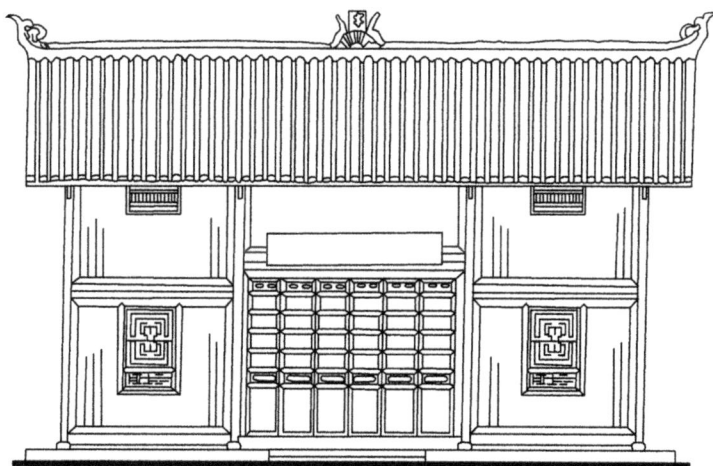

图 9-24 周逸群故居正堂立面图

第十章　民族交融与民居文化的相互影响

贵州是一个多民族聚居的省份，有苗、布依、侗、水、土家、回、仡佬、彝、白等十七个少数民族。由于各民族文化差异，经济发展不平衡，对各民族建筑的形成与发展均有影响。贵州民居亦和文化的总概念一样，不是那么单一纯净，它受着所处地域的各种固有文化因素的影响，是多元文化环境因素的复合体。

早在封建社会初期，一些著名的汉族文人、学者先后进入侗族地区开办书院、传播文化，对侗族文化的发展起到了积极作用。黔东南的苗与侗族，还有土家族与水族，他们的建筑有相同的外部环境与相同的建筑材料，因而都有住干阑房与吊脚楼的共同特点。但因民族性的差异，建筑亦各有不同，体现出各民族独特的文化内涵。

周边地区对贵州民居的影响也是十分明显的，这种影响与渗透部分是由于边民在交往中的影响，部分则由于匠人的介入使建筑出现的变化。从三门塘的民俗民风及民居建筑上，我们可以看出，这里既有侗族固有的民族文化特色，还带有深深的汉文化尤其是楚文化的痕迹。既有侗族的，又有其他民族的，充分显现这是民族文化融合的结果。而清水江，则是这种多元复合文化的载体。

第一节 汉文化对传统侗居的影响

早在封建社会初期，一些著名的汉族文人、学者先后进入侗族地区开办书院、传播汉文化，对侗族文化的发展起到了积极作用。肇兴侗寨五座鼓楼均具有汉族密檐佛塔造型，尤其是鼓楼顶部特殊的标志，虽然与佛塔的刹顶装饰不尽相同，但所取的覆钵构件仍然是吸收自汉族佛塔。攒尖顶鼓楼，以雷公柱通顶成刹，再用烧制的钵、瓶或坛装饰，上面再安放一支笔架形的铁器，好像一柄利剑直指苍穹。钵一般有三至九个不等，瓶或坛只有一个。密檐式斗栱鼓楼，顶层檐口较以下各层升高，鼓楼上的人字形斗栱，是一种古老的斗栱形式，从汉末至唐代，建筑上较多运用，

以后运用逐渐减少。从内部结构看，采用穿斗式木造，既有中国古代传统建筑的影响，又有侗族自身的特点（图10-1、10-2）。

"圆钱方胜"是汉族公共建筑的装饰美术品，在侗族鼓楼中也有应用，但赋予了侗民族的观念。从江县银粮寨，黎平县成格寨、肇兴智寨和信寨的鼓楼，均在斗栱铺作的下部椽窗内用作装饰，使鼓楼这顶冠冕显得更加辉煌壮观。汉族建筑装饰中用的是双线，以双为吉；而侗族则用单线，以单为吉。鼓楼的装饰在反映民族文化融合的同时，还表现了侗族的艺术创作面向社会和自然的现实，并向颂扬和改变现实的理性方向发展。

《三国演义》、《杨家将》和《西游记》等书中的正面人物，已成为鼓楼绘画和雕塑的形象。肇兴等鼓楼，将灵活机智，神通广大的孙悟空泥

图 10-1 我国最古的密檐砖塔：河南登封嵩岳寺塔

图 10-2 侗族鼓楼具有汉族密檐式塔的造型

图 10-5　鼓楼匾额反映汉侗文化的交流

图 10-3　鼓楼刹柱装饰吸收佛塔顶部钵、瓶、坛等构件

图 10-6　某侗家神龛

图 10-4　棂窗的单钱装饰来自汉族的双钱

像安放在"二龙抢宝"雕像或泥塑的旁边，使龙的形象显得更加神奇。

另外，鼓楼里的匾额、对联，也反映出侗汉文化的交流。在我们统一的多民族的国家里，各民族长期友好相处，文化上互相吸收，共同丰富了中华民族的文化宝库。

在黔东南地区考察中，我们还发现某些侗族民居以堂屋居中进行平面布置，充分反映这些地区受到汉族文化的影响，有些家庭还像汉族一样在堂屋里安置祭祀祖先的神龛，作为家庭精神生活的中心。

民族间的文化交融还反映在炉灶的引进上，出现了单独的厨房间，火塘仅作为传统象征性地保留在侗居，锦屏县大同乡平阳村某氏宅，采取三合院的形式，布置有汉族住宅中常用的天井、庭院等，这些都反映出侗汉两族文化交流与融合（图 10-3 ～图 10-12）。

图 10-7 "二龙抢宝"与孙悟空彩塑

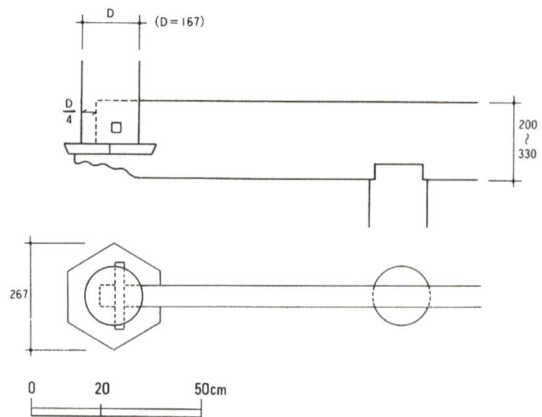

图 10-10 汉族住宅吊瓜的比较

图 10-8 挑檐采用汉末至唐代较多运用的人字形斗栱

图 10-11 陈宝爷

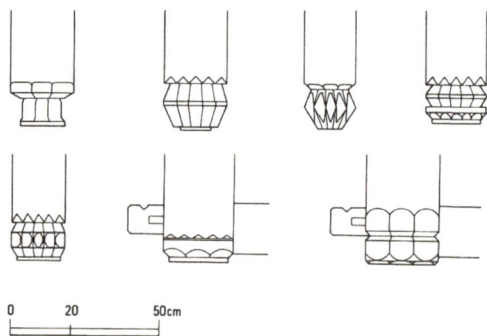

图 10-9 侗族住宅吊瓜的比较

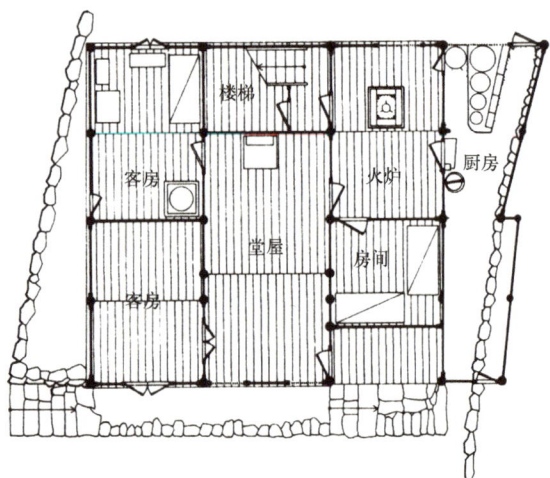

图 10-12 锦屏大同乡侗汉交融的居住平面类型

第二节 苗、侗文化的相互渗透

在贵州黔东南地区，苗族、侗族或其他民族的民居，既有外部环境相同而产生的共同特点，又有各民族独特丰富的文化内涵。

侗族村寨总体布局一般都有明显的中心空间，并有鼓楼戏台等公共建筑。而苗族村寨一般无明显的中心空间，但都配置铜鼓坪，在节庆时供村民进行歌舞等活动。考察发现，从江县山冈、高吊一带的苗族村寨中，在铜鼓坪上也建造鼓楼。台江县排羊乡九摆村的三层重檐歇山顶木结构鼓楼与侗族村寨的鼓楼大同小异。锦屏县敦寨镇亮司一村（苗族村寨）位于村寨出入口道路上的鼓楼则类似汉族的钟楼（图10-14～图10-16）。

图10-13 "三国演义""西游记"等汉文化内容的彩画

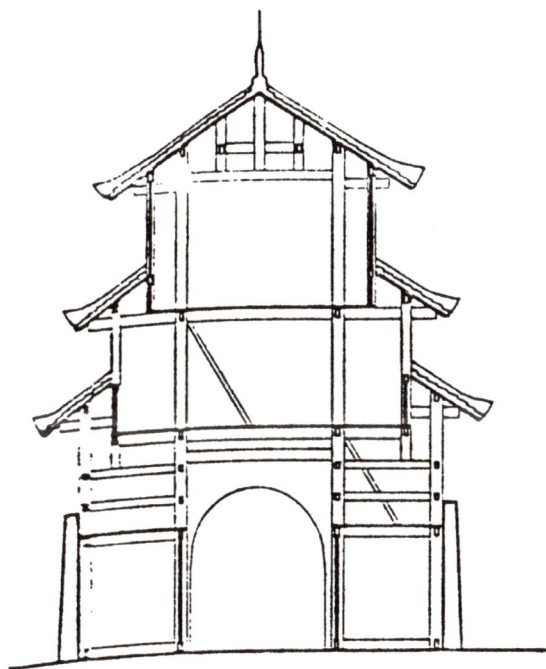

图10-15 九摆鼓楼平面

图10-14 台江九摆村苗族鼓楼

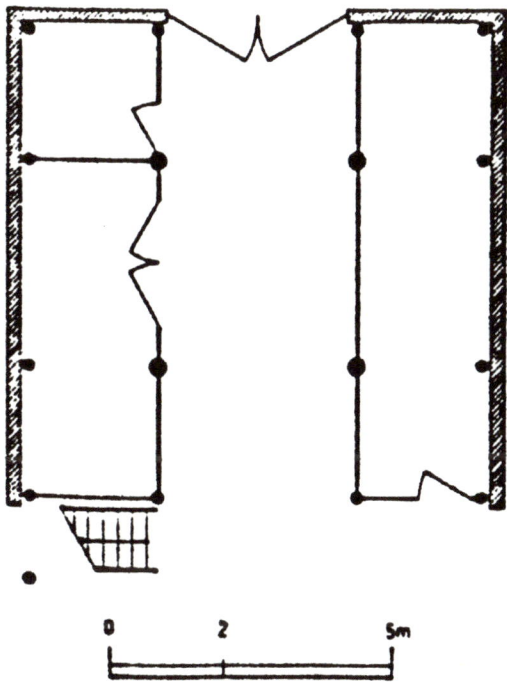

图10-16 敦寨入口鼓楼

由于兄弟民族建筑文化的相互渗透，侗居的平面空间形态也在逐渐发生演变，归纳有：

1．进深变浅，层数增多：使传统侗居的"前—中—后"串连式逐渐向"左—中—右"的并列式转变，以改进采光通风状况（图10-17）。

2．宽廊变窄，引入堂屋，两者都作休息起居用（图10-18）。

3．宽廊变短，与堂屋相通，或将廊在堂屋前放宽，类似苗居的退堂（图10-22）。

4．廊堂合一、扩大空间通透感（图10-21）。

5．楼梯空间位置从端部移到其他部位（图10-19）。

6．通廊栏杆采用美人靠的构造方式。

7．堂屋上空不做顶棚，上部空间与二层相通……（图10-23）。

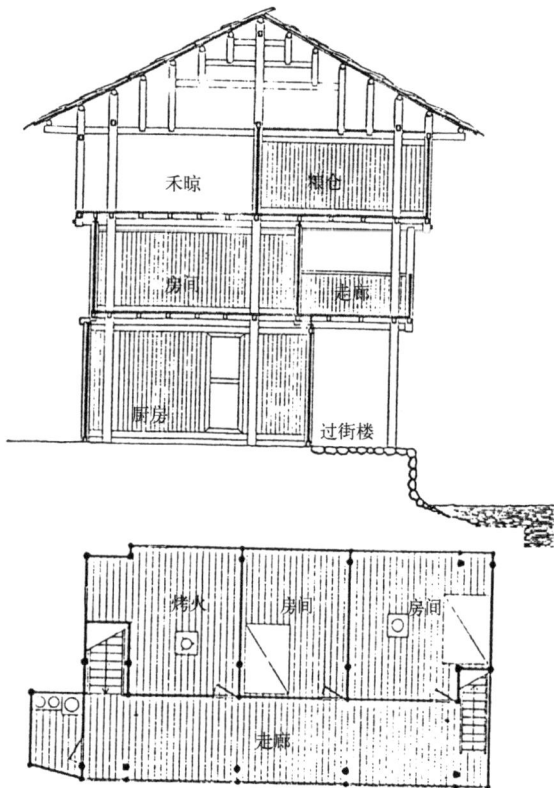

图10-17　进深变浅、层数增多

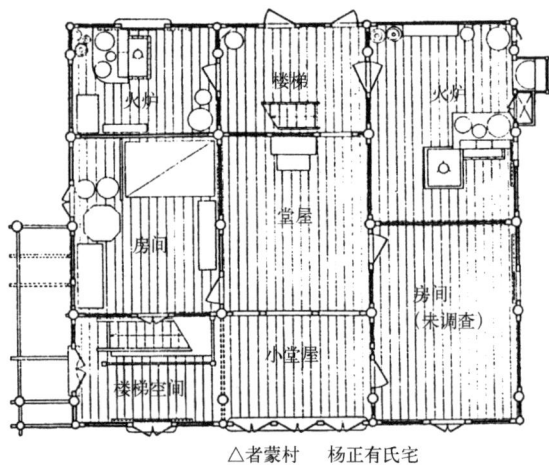

△者蒙村　杨正有氏宅

图10-19　楼梯移位

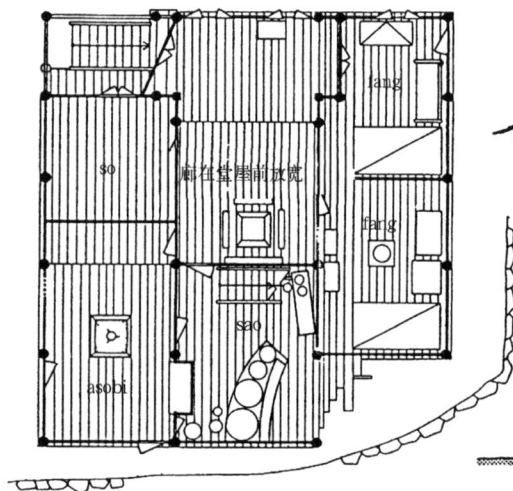

图10-18　宽廊引入堂屋

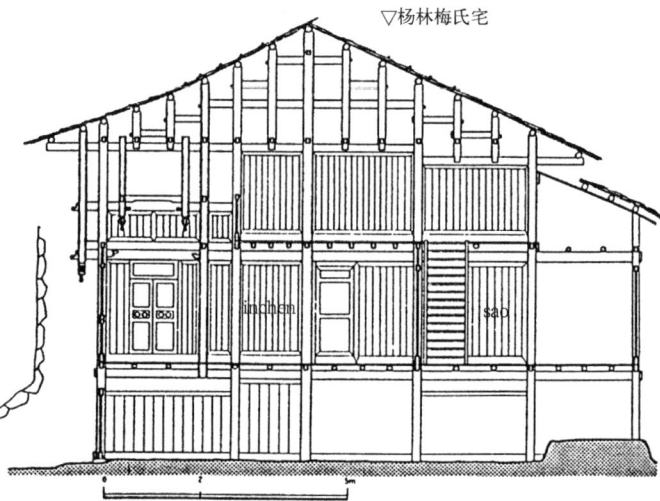

▽杨林梅氏宅

第三节 相邻地区与民族之间的文化交融

贵州是一个多民族聚居的省份，有苗、布依、侗、水、土家、回、亿佬、彝、白等十七个少数民族。由于各民族文化存在差异，经济发展不平衡，对各民族建筑的形成与发展均有影响。黔东南的苗与侗族，还有土家族与水族，他们的建筑有相同的外部环境与相同的建筑材料，因而都有住干阑房与吊脚楼的共同特点。但因民族性的差异，建筑亦各有不同，体现出各民族独特的文化内涵。比如：侗族村寨建有鼓楼作为侗寨标识，且由此而形成中心空间，其他民族没有。苗族村寨建有较大铜鼓坪，为苗胞节日活动的场所，亦成为村寨的中心空间。苗族与侗族同样喜居干阑房，然而苗族多居山上及坡地，纯粹的离地而居的干阑不适宜山地条件，逐渐演变成"半干阑"，即一半建在土上一半吊脚架空，形成爬坡式的"吊脚楼"；侗族则喜近水而居，干阑木楼大都建在较平的地基上，有的建在水中，用石墩柱基露出水面，在基上立柱筑干阑房，有的干阑房一半建在水中，另一半建在土上。遇到坡地需建吊脚楼，但除坡层架空以外，上层仍架空，木楼则成三、四层高楼。侗族保持"离地而居"的习惯区别于苗族的吊脚楼；水族的干阑房被称为楼上楼，底层为平台，柱网较密，十分坚固。平台上的木楼

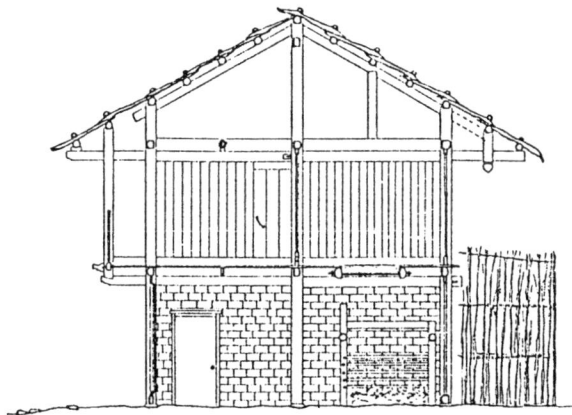

陆某氏宅

图 10-21 廊堂合一平面

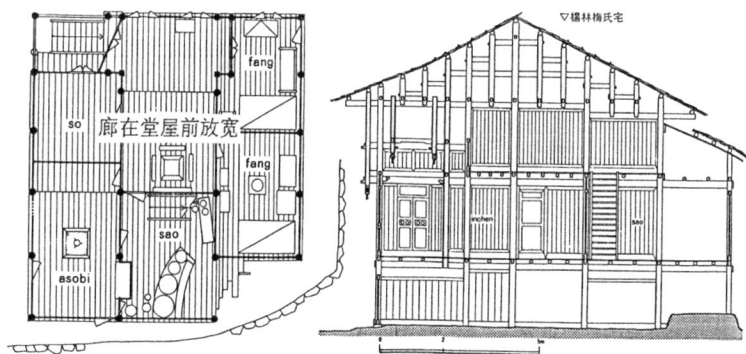

▽樨林梅氏宅

廊在堂屋前放宽

图 10-22 宽廊变短与堂屋相通

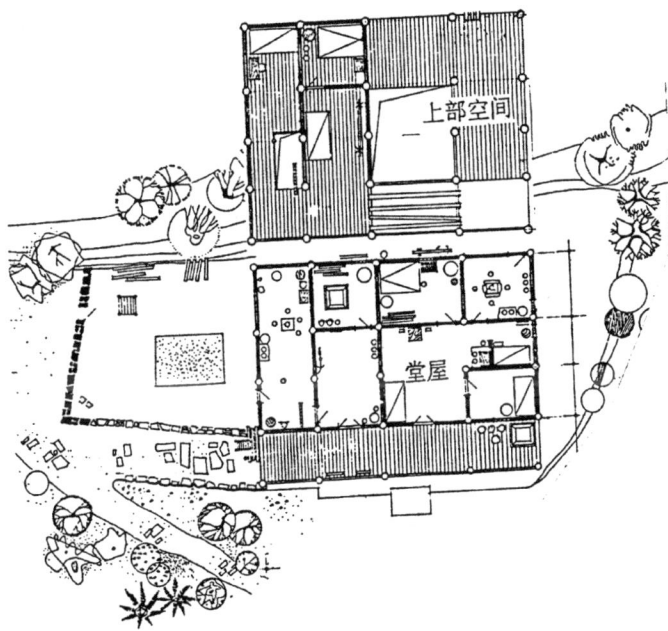

图 10-20 廊堂合一剖面

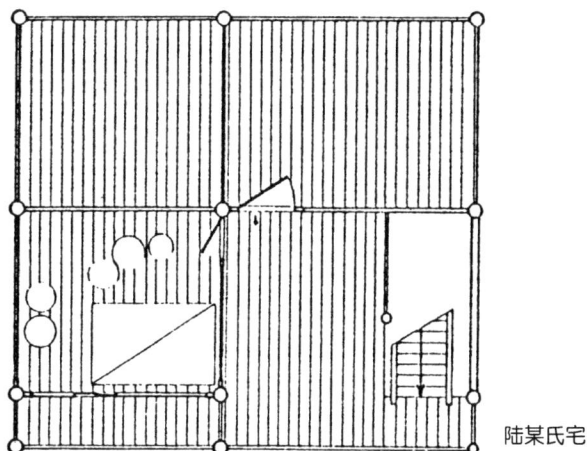

上部空间

堂屋

图 10-23 堂屋上空与二层相通

构造与苗、侗民族略有不同，部分采用抬梁结构，减少中柱与金柱，以扩大木楼堂屋房间。因为水族节日多且时间长，期间家家户户亲朋满座，要在室内跳铜鼓舞，没有坚固与宽敞的空间不能满足使用。凡此种种皆说明由于各民族的文化习俗不同在建筑中的反映也不相同。

周边地区对贵州民居的影响也是十分明显的，这种影响与渗透部分是由于边民在交往中的影响，部分则由于匠人的介入使建筑出现的变化。遵义地区因毗邻四川，民族建筑受汉族民居影响较多，大都是土木结构和竹木结构的地面建筑。靠近湖南的铜仁地区的民族建筑受湘西土家族民居影响，居住在这一地区的侗族民居，特色已不十分明显。靠近广西壮族自治州的黔东南部分边缘村寨的侗居与广西侗壮民居十分相近。贵州镇远县报京侗寨，凸入苗族聚居地区，报京的侗族民居中吸取了苗族的"美人靠"这一构造形式。住在龙里县千家卡苗寨的民居与石板哨的布依族民居十分相似，均是石木结构的石板房。这些都充分说明相邻地区和民族的建筑文化亦是相互影响，互相渗透的（图10-24～图10-26）。

第四节　北侗村寨多元文化的结晶
——三门塘

三门塘是清水江下游一个依山临江的北部侗族村寨。这里是一派北部侗族风情。他们讲北侗方言，着北侗布衣，唱北侗民歌，延续北侗先祖的方式生产和生活……

清朝嘉庆年间，三门塘获得了官方特许的木材贸易权，从此三门塘由一个农耕村落转变为木材贸易口岸，多数村民由农民转变为木商或木行的工人。在农业文化转变为商业文明过程中，在农耕的清贫变化为贸易的富庶的进程里，三门塘的北侗农耕文化接纳和吸收了楚文化甚至西方文化，从而使三门塘这个北侗村寨成为多元文化的结晶。

三门塘曾是清水江上最大的一个木材口岸。木材巨贾们用木材换回无数优质石材，把这个地方建成了一个永固的石头迷宫。

图10-24　封火墙融汇在北侗锦屏县城民居中

图 10-25　北侗三门塘多元文化的结晶

图 10-26　贵州黔东南天后宫

码头石阶尽头，有一片被古榕树遮蔽的古碑林。古碑共 56 块，一些大碑上盖有碑帽，周砌石围栏。古碑分为建学馆碑、修路碑、架桥碑、修渡口碑、修庵建庙碑、掘水造井碑等，记录了人们的义举功德。

三门塘依山而建，多条河溪穿寨而行，为方便交通，筑造了不少桥梁和道路。全寨共有石拱桥 6 座，石板桥 4 座，各种保爷桥 100 多座，石栏杆 3 处，石板走廊 1 处，有石筑道路近 5000 米。

寨中路用青石板铺设，路面装饰图形以鱼骨纹路居多，夹杂着用鹅卵石精心镶嵌出的太极纹路等，这些石板均为挂治岩，是从 60 里外锦屏县一个叫挂治的地方用木排运来的。挂治岩细腻坚固，百年不长青苔不变色泽。

三门塘的建筑灵秀清奇，各式建筑的流檐飞角掩映在翠竹之中，让人不知身处何邦何域。这个以侗族为主的村寨共 344 户人家，却拥有七八种风格迥异的建筑形式。三门塘的民居，从外形看有两大类：吊脚楼与四合院。其实不少四合院也是木结构吊脚楼，只不过外建封火墙，修成硬山顶罢了。四合院，当地人称"印子屋"，多为经营木行发财的大户人家所建，深受汉文化的影响。四合院的木雕、石雕和彩塑、彩绘极有讲究，内容以龙凤、麒麟、八仙及福禄寿喜之类吉祥图案居多。这些四合院的房子一层多立柱，这又带有吊脚楼的建筑风格。

三门塘的建筑款式是高墙窄窗，"歪门邪道"。这种建筑的主要功能特点是防火、防盗、防匪，安静且冬暖夏凉，宜于居住。所谓高墙，就是其四周的砖墙最低处也在 8 米以上；窄窗则是房屋的背墙留有几处高约 80 厘米，宽约 40 厘米的小窗，内宽外窄，呈漏斗形状，外人钻不进去，便于屋内向外观望与采光，更便于用湿棉絮堵窗防火，以免火灾时外火侵入或内火外延；所谓歪门，就是房屋的大门不是设在正中，而是在房屋前面的一侧；门既不正，进出的通道自然是斜的，故谓之"歪门邪道"。这种建筑构造，三门塘人称之为"财门义路"。

这里民居的门窗装修文化内涵相当丰富：大门上宽下窄，房门上窄下宽，便于财喜进屋，利于产妇分娩；大门连楹（俗称打门槌）外侧阳刻乾坤两卦，内作水牛角状，表达福寿康宁，安然无恙；大门门槛，前后两门避免对开，寓意财富进得来，出不去，可保富贵常驻。花窗的木制雕刻有多种动物图案组成。这些动物分别是蝙蝠、梅花鹿、麒麟、喜鹊，取"福、禄、寿、喜"之意。动物图案雕工精细，形态逼真，寓意含蓄，惟妙惟肖。凡此种种，既有侗文化的特点，又有汉文化的风格，可以说三门塘是侗汉文化交流在建筑文化上的具体表现。

村里的刘氏宗祠始建于乾隆年间，民国 22年（1933 年），是曾在王天培部当过军需官的三门塘人王泽寰解甲归田，回到故乡，由其设计。对刘氏宗祠正面牌楼式山门及两侧封火式山墙做过一次大规模装修。模仿西式建筑，形式中西合璧，充分体现了文化较高的三门塘人兼收并蓄的博大胸怀。

这一组的哥特式建筑气势雄伟，正前面壁上浮雕彩画层层叠起，大门两侧各有三个凸起的假柱直插檐顶，假柱每节骨段上均为塔楼式装饰。各层假柱之间又有圆顶假窗或真窗，左右两侧还各塑有一口洋式大钟。面壁两侧檐脊上，浮雕有动植物。动物浮雕各具姿态，栩栩如生。植物浮雕构思奇巧，工艺超群。祠的正面高柱上方，对称地凸塑着 11 组外文字母，这些字母组合如谜，让人百思不得其解。大门正上方横塑有"刘氏宗祠"四字。刘家宗祠，诉说着本土文化与外来文化的有机结合（图 10-27）。

与刘氏宗祠相距约半华里的"太原祠"。据说是王氏宗祠，"太原祠"始建于乾隆年间，光绪三十四年（1908 年）重建。由戏楼、大堂及封火山墙构成封闭式四合院。其结构与款式亦较独特，祠大门上方镌刻有"太原祠"三个镀金大字。正面牌楼式砖墙，其上浮雕二龙抢宝、八仙过海等图案。牌楼上部浮雕 9 棵大白菜，具有鲜明的地方特点。王氏村民其祖原为太原琅琊望族，故将宗祠命名为"太原祠",祠内壁题壁画,琳琅满目,形象逼真,工艺精良。大门两边砖柱之上,塑有二龙抢宝图案,盘柱缠绕,活灵活现。门楣及大厅堂两侧的人物壁画与诗作,总让人撩起无限的感慨与遐想。

三门塘的不少姓氏,在明清两朝,由湖南迁入。他们的祖先,溯清水江而上,选择了这块土肥水美的地方定居下来。这里方圆百里,都是侗族聚居的地方,侗族人们接纳了他们,久而久之,他们的后代融入了侗族之中,他们带来的较之本地先进的楚文化,得以传播下来。

从三门塘的民俗民风及民居建筑上,我们可以看出,这里既有侗族固有的民族文化特色,还带有深深的汉文化尤其是楚文化的痕迹。既有侗族的,又有其他民族的,充分显现这是民族文化融合的结果。而清水江,则是这种多元复合文化的载体。

由此说明:在三门塘不论是民风民俗,也不论是建筑还是文化,它既有侗文化的特点和传统,又有汉文化的风格和特点,这些都是侗汉文化交融的具体表现,同时也充分体现了三门塘村寨昔日的繁华和昌盛。

图 10—27　刘氏宗祠

第十一章 贵州山寨的图腾崇拜与居住文化

图腾崇拜是大多数国家具有民族特色的民族情绪，不同的生产、生存环境，产生不同的图腾崇拜，这就使民族之间有了根本性的区别。图腾崇拜又是自然崇拜和祖先崇拜结合在一起的原始宗教。原始人相信每个氏族都与某种动物、植物有着特殊关系，这就成为该氏族的图腾——精神保护者和象征。贵州是一个多民族聚居的省份，现今的民族，是由古代的若干个氏族发展而来的，因此在贵州山乡的村寨，这就产生了图腾体系的多样性，而且反映到居住文化之中。

第一节　铜鼓文化与居住习俗

一、各民族的铜鼓崇拜

铜鼓是我国南方少数民族象征权力、地位和财富的礼器。自春秋以来各朝历尽兴衰，而铜鼓的铸造和使用却不绝于世（图11-1）。

自古贵州就是使用和传世铜鼓的民族聚居地区。贵州的苗、布依、水、瑶等民族，自古崇拜并珍惜铜鼓。历代无论天灾或人祸引起的族群盛衰，铜鼓始终在他们的呵护下代代留传。因此，这些民族村寨，每个家族至少珍藏着一面以上铜鼓，并遵循着亘古以来的习俗与铜鼓生死相伴。铜鼓与有关的传说，如诗词、歌舞、习俗等，也共同构成了璀璨的贵州民族铜鼓文化（图11-2）。

苗族民众心目中的铜鼓是"老祖宗留下来的"，将铜鼓象征祖先、太阳、生命和水，以及象征能繁衍后代的精灵。因此，在各种民俗活动中，不仅要祭祀铜鼓，还通过铜鼓期冀实现各种美好的愿望。因此黔东南许多苗寨专设有铜鼓坪，每逢重要年节，即将铜鼓"请"出，悬于坪中心，祭祀后才能击鼓、歌舞。踩铜鼓是苗族的舞蹈之一，最早是一种祭祀性的古老舞步，因此节奏平

图11-2　民间的铜鼓

稳、舒缓而庄重。

布依族人民非常珍爱和崇敬铜鼓，它是布依族人的礼器，又是财富和权力的象征。因此，几乎每个布依村寨都有一面铜鼓。安顺一带布依寨中的铜鼓多为"公""母"一对。铜鼓的人格化，一则显示其在布依人心目中的地位，二则期望铜鼓也像人一样"雌雄结合"，世代繁衍，永远伴随布依人。

水族人民在他们使用的诸多乐器中，最珍贵的要数铜鼓。三都水族自治县，几乎每个村寨都有一面铜鼓。

古代，水族铜鼓与人的关系，还反映在葬俗上。三都水族自治县和荔波县境内，保留着一批古代的石板墓，在墓室外前后两端多雕刻有铜鼓鼓面的纹样，反映了水族人民历史上对铜鼓的崇拜。

二、铜鼓与太阳

任何民族都追求光明，铜鼓本身就是光明的化身。本来，铜鼓鼓面就是一轮红日。侗族的图腾崇拜与水稻文化有着密切的关系。太阳图腾是侗民族众图腾中的至尊，太阳是食谷民族赖以生存和五谷生长必不可少的能源。侗族是远在上古渔猎时期就开始耕作的稻作民族。他们崇拜太阳，依赖太阳，信仰太阳。侗族的萨玛（萨岁）崇拜，内含太阳崇拜的文化因素。在侗族民俗中，太阳图腾崇拜的现象体现在其日常生活、文化习俗中。如在南部方言区的侗寨鼓楼坪里，常用的卵石大

图11-1　出土的宋代铜鼓

多是拼成太阳图案。鼓楼坪中央多为一个圆圈，从圆周对称地向四方砌四根放射线，射线之间组成扇形放射状。侗民们在鼓楼坪围成圆圈，边唱边舞。1985年从江县高增出土的清代石刻"侗族踩歌堂"，记载了侗族青年男女跳多耶舞的情景。

其他侗族鼓楼坪也有造型不一的镶嵌艺术，如高定鼓楼坪和华练鼓楼坪，是太阳放射形图案；林略鼓楼坪和八江鼓楼坪，是铜钱图案；程阳平寨鼓楼坪，是三鱼共头图案等等。这些大大小小的图案，都体现了侗族图腾崇拜和自然崇拜的寓意（图11-3～图11-9）。

三、铜鼓坪与踩铜鼓

"铜鼓贵州自古多，又当军乐又当锅"。贵州铜鼓大小不同，形象各异，外观都是平面曲腰，中空无底。鼓面中心往往突起一个太阳纹，周围环绕一圈一圈的各种纹饰，分别有花草纹、水波纹、云雷纹和人、鱼、虫、兽等图案。有些在鼓面边沿还铸有牛、马、龟等多种立体饰物，纹饰美观，古朴典雅。古代铜鼓具有神圣不可侵犯的威严，谁拥有铜鼓，谁就可以成为一方统治者。

铜鼓坪是苗族村寨村民休憩聚会的场所，是开阔宽敞的非实体空间，也可作为晒晾谷物的场地。铜鼓坪用青石块或鹅卵石仿铜鼓鼓面呈同心圆放射状铺砌，图案纹饰与铜鼓鼓面意匠类似，形同一面巨大的铜鼓。坪子中央立一牛角形小柱，"牛角"下面排着一面铜鼓，富有浓郁的地方民

图11-3　牛角形小柱

图11-4　铜鼓坪

图 11—5　铜鼓坪

图 11—6　踩铜鼓

图 11—7　踩铜鼓舞

图 11-8　向人群敬酒

图 11-9　郎德上寨
芦笙场

族色彩。

每逢节日，众多身穿五彩缤纷苗族服饰的苗族人，佩戴琳琅满目的银饰，手牵着手，打起铜鼓，吹起芦笙，围绕鼓柱转圈，踩着鼓点跳舞，这种节奏缓慢，舞姿稳健的集体舞蹈，习称"踩铜鼓"。"踩铜鼓"源于古代的祭祖活动，从前仅在阴历六月吃新节，十月过苗年，以及盛大祭祖活动"吃鼓藏"时才能跳，如今已不受此限。"踩铜鼓"时，还向人群敬酒，高亢的酒歌声，与悠扬悦耳的铜鼓、芦笙、芒筒声汇成一曲浑厚的民族交响乐，使苗岭山寨别有一番情趣。

第二节 鱼、龙、鸟与装饰物

由于鱼为祖先恩赐之物，鱼类繁殖力又特别强，不仅富有生命力，且体态优美，所以在侗族妇女的装饰品中，多用鱼形作为吉祥装饰物。侗族妇女的侗锦、刺绣图案也多有鱼的图案；侗族地区很多鼓楼、风雨桥、风雨亭、庙宇的栋梁及天花板都绘有水波游鱼；有些瓦梁檐角上也塑有鱼形象。鱼在侗家人心里，是吉祥物，是祖神。历史上，在侗族人们的潜意识里，水中的鱼不是一般动物，而是最干净、最纯洁、最光亮，能赋予人生命、消灾赐福的神物，故侗族人崇拜的众神中就有鱼神，亦即鱼图腾。

在大自然的灾害面前常常显得束手无策，软弱无力时，对大自然的生态平衡现象便产生了图腾崇拜，在侗族地区，人们对鸟、太阳与水稻的图腾崇拜意识根深蒂固。至今在侗族地区的鼓楼顶尖上，大都塑有一只鹤（鸟），风雨桥上的中端亭顶上也塑有鹤。农家木楼的格窗也有鸟图案。木刻工艺中的每个图形都有一种寓意和意境，表现最多的图腾是龙（蛇）、太阳（形、色）、鸟、鱼图腾。

侗族认为龙是吉祥的神灵之物，因此在的墓碑雕刻中都以龙为主体，如碑柱、碑身、碑罩上的"蛟龙抱柱"、"二龙戏珠"；墓额、门楣上的"龙凤呈祥"；碑顶笔架上的鱼龙变化等。加之在墓碑上大量雕刻着与"福"谐音的"蝙蝠"，与"禄"谐音的"梅花鹿"，以及象征吉祥的麒麟和鸾凤，象征兴旺发达的飞马，象征升官封侯的猿猴、寓意万代绵长的蔓藤花草图案装饰等等，充分显现出侗族图腾崇拜、祖先崇拜的习俗以及祈盼神灵保佑的审美心理（图 11-10～图 11-14）。

图 11-10 云山屯
鱼纹木雕细部

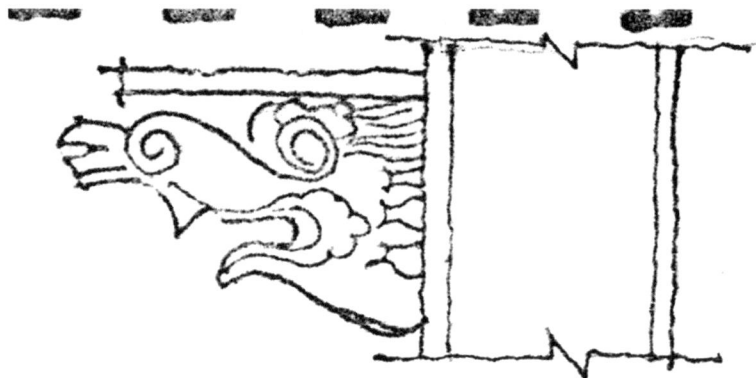

图 11-11   云山屯鱼纹木雕细部

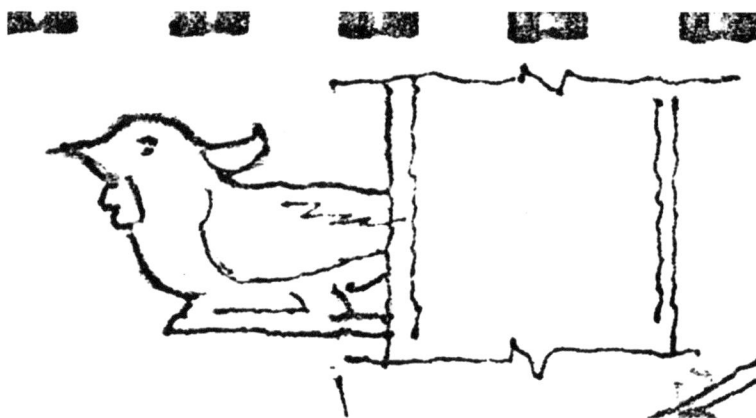

图 11-12   吊柱鸟类装饰

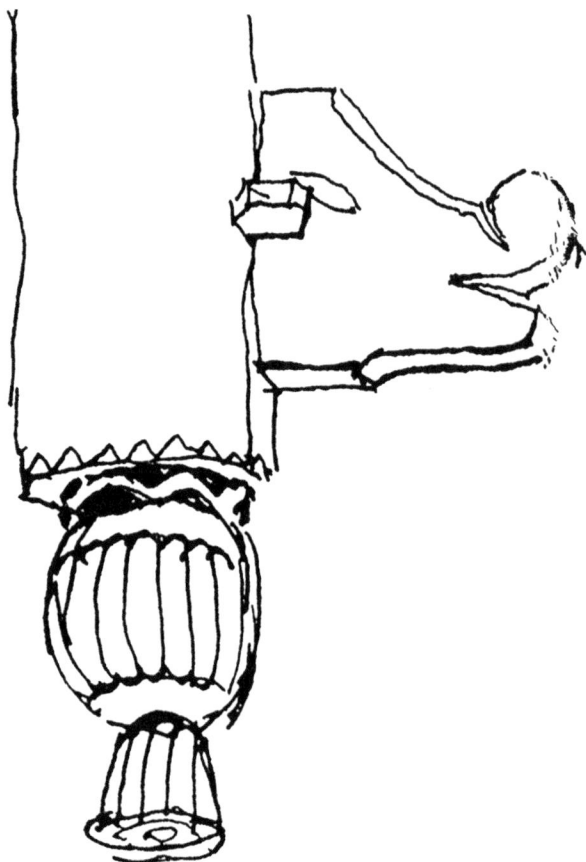

图 11-14   吊柱猪鼻装饰

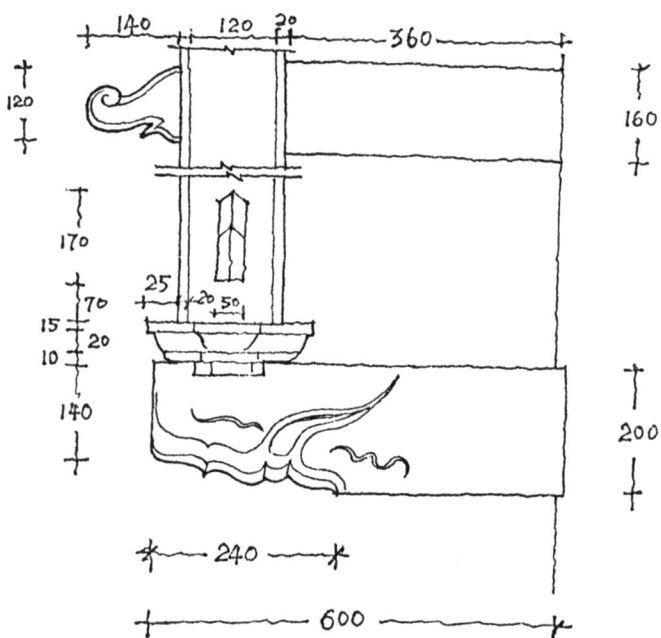

图 11-13   细部尺寸

第三节   酒文化与居住礼俗

一、酒不离俗

古今中外，酒文化是一个热门话题。1978年可乐出土的"西汉铜温炉"，炉壁、炉膛、托盘连为一体，温炉用途认为是供温酒及食物使用。清代"牛角酒器"由水牛角制成，生漆涂饰，漆面上以铝锡粉绘制有龙凤纹，可见贵州酒俗历史悠久。不同地方和民族的酒能展示出不同地域和民族的秉性。酒成了一种象征，一种特有的文化现象（图11-15～图11-17）。

贵州民族都热情好客，他们迎客要敬歌敬酒，待客要敬歌敬酒，送客也要敬歌敬酒，一首接着一首，一杯接着一杯，酒未醉人人先醉。

侗族地区的酒，带有浓郁的地域文化和侗族

特色，其中含有深远的稻作文化遗风。传承了稻作民族的特色。酒在侗族地区的意义已远不止酒本身的含义。酒成了各种婚庆、丧俗、祭礼的代名词。侗族歌不离俗，酒也不离俗。贵州民族礼俗的热情好客往往通过"诘难"客人体现出来，使人备感亲切。迎客场面以苗族的"十二道拦路酒"、侗族的"拦路歌"最为盛大。"转转席"即每户都要轮流宴客的习俗，在许多民族都有流行。大规模的侗族"寨宴"则是全寨凑集酒菜飨客。一进屋，主人不是忙沏茶而是敬酒，有"跨一道门槛喝一碗酒"的习俗。如果事先得知有客自远方来，村民便在村外设置"拦路酒"，以"阻拦"客人进寨的特殊方式隆重迎接客人。客人离寨之前，村民齐集寨门，举行饶有风趣的挂彩带、打酒印、挂彩蛋等送客仪式。

二、侗乡酒礼待客

在榕江县古州镇"三宝"侗乡可领略到待客"五部曲"的礼俗。村民身穿盛装，在寨门等候。寨门上倒挂着一簇簇新鲜榕树枝及两双精美鞋垫，形成一幅特殊的门帘。象征生机、希望和热情。寨门内摆着两张条桌，桌上放置酒壶和盛酒用的水牛角。四位容貌俊俏发结乌亮的侗家少女及其他主人，站立迎候。在3声铁炮巨响和一阵鞭炮声之后，少女奏起侗族乐器牛腿琴，唱起侗族迎

图 11-16 牛角酒器

图 11-17 西汉铜温炉

宾歌敬酒，然后迎客入寨。

围堂献歌。宾主在歌堂坐定，献歌开始。少女手执琵琶，自弹自唱，再表示对客人的欢迎。齐唱介绍之类的歌，向客人介绍侗乡的自然环境、建设成就、风土人情等等。最后唱歌颂祖国、赞美客人地方好、人好之类的歌。

踩歌堂。迎宾礼仪的高潮是踩歌堂。在歌堂坪上，浓妆艳抹的少女，手拉手，围成圈，边舞边唱，客人们也可与少女手拉手，转圈起舞，直至尽兴。

图 11-15 酒具

图 11—18　苗族姑娘迎宾歌敬酒

图 11—19　寨门前牛角杯敬酒迎客

图 11—20　"转转席"场景

图 11—21　饶有风趣的打酒印

图 11-22　侗家用酒菜接待宾客

侗家便宴。侗家宴客方式较为别致，饭前，先送一盆清水洗手，洗了手才好用手抓食糯米饭，另外还有米酒、腌鱼和烧鱼等。

送客出村，客人离去，宾主拉手、并肩而行，并由少女分成两队，每队抬一竹竿，挂赠客人的礼品，包括鞋垫、染红的熟鸭蛋和用菜叶包裹的糯米饭，祝愿客人吉祥如意，归途顺利（图 11-18 ～ 图 11-22）。

三、苗寨拦路歌与拦路酒

苗族村民以米酒和苗歌阻拦客人进寨，是苗寨隆重迎接客人的一种特色礼仪。拦路歌的歌词内容主要是陈述拦路的种种理由。与此同时，客人也以歌当话，排除主人设置的道道阻拦。拦路酒少则三五道，多至十二道，最后一道设置在寨门口，身着节日盛装的村姑或身着古装的寨老，双手捧着牛角杯，向来客一一敬酒以示隆重欢迎（图 11-23）。

拦路迎客，除显示宾主歌才与客人的酒量外，更重要的是为营造一种热烈有趣的气氛，增进交谊结友的良机，增强民族的凝聚力。

图 11-23　苗族拦路酒迎宾

第十二章　贵州民族村镇的保护与再生

民族是一个文化共同体，文化是民族这个共同体中最持久、最稳定的联系。正是文化使得任何一个民族都表现为一个整体，文化的民族性或民族性的文化是一个民族生存与发展的标志，因此保护民族文化是时代赋予我们的神圣使命。

第一节　贵州民族村镇的基本情况

贵州是民族文化资源大省，文化遗产类别多、分布广，具有较高的文化价值、科学价值和观赏价值，许多遗产是中国乃至世界的惟一。近年来，随着政府主导投入的增加，贵州省的物质文化遗产和非物质文化遗产保护和传承得到了加强，成为文化遗产保护强省，非物质文化遗产数目列浙江、福建之后居全国第三，有国家级文物保护单位 39 项，列全国第 17 位。

贵州是一个历史悠久、多民族聚居的省份。史前文化可追溯到旧石器时期的观音洞文化。牂牁、夜郎，早在春秋、秦汉就已载史册。我国古代活动于长江以南的"苗瑶"、"百越"、"百濮"、"氐羌"四大群族，在贵州均有分布。现在，全省 56 个民族中有 17 个世居少数民族。全省第五次人口普查少数民族人口为 1333.96 万人，占全省总人口的 37.85%。各民族在开发贵州的历史进程中，留下了丰富的文化遗产，丰富多彩的文化资源，使贵州博得了"民族文化大省"的美誉。

贵州境内有 1463 个乡镇，其中有 253 个民族乡，在 13973 个村中，民族村寨占有相当比重。由于独特的地理生态环境和历史因素酿就了贵州民族文化的独特、古朴、多样化、边缘性和多元一体的明显特征。它的生存和发展又是以特定的环境为基础的——和谐的生态环境、稳定的生产方式、恒常的家庭社会结构——这个特定民族文化生态环境，使得多样形态的文化得以最大限度的保留。

民族是一个文化共同体，文化是民族这个共同体中最持久、最稳定的联系。正是文化使得任何一个民族都表现为一个整体，文化的民族性或民族性的文化是一个民族生存与发展的标志，因此保护民族文化是时代赋予我们的神圣使命。

贵州有 2 个国家级历史文化名城——遵义（1982 年）、镇远（1986 年），有 9 个省级历史文化名镇。1997 年 10 月中国与挪威在北京签署了关于中国贵州省梭嘎生态博物馆的协议后，又有花溪镇山、锦屏隆里、黎平堂安先后被列为贵州生态博物馆群。黔东南苗族侗族自治州还加入了联合国"人与自然保护圈"计划，并列为世界十大"返璞归真，重返大自然"的旅游胜地。其中花溪镇山村是省政府 1993 年就批准的第一个民族文化保护村，并于 1995 年建成布依族民俗博物馆对外开放。

全省第一批 24 个省级典型民族村寨包括已建的民族村寨博物馆——雷山郎德上寨（苗）和关岭滑石哨（布依）。其中建寨 600 年以上历史的有麻江县铜鼓村、台江县九摆村、雷山县郎德寨上、黎平县高近村等。2000 年全省又列出 20 个省级重点建设的民族村镇，此外全省还分布有全国重点文物保护单位 39 个，省级重点文物保护单位 288 处，省级以下各级文物保护单位 2000 余处。

由于贵州地处云贵高原中部，地形地貌复杂，气候差异的特殊地理环境，同时受经济与交通发展滞后的影响，从生产生活的方式来看，这一地区都是以自然的农业生态为主。因此以民族村镇为载体的贵州民族文化保存得都比较完整。贵州是一个民族文化传统保持得相当完好的省份。在国务院公布的首批国家级非物质文化遗产名录中，贵州占 31 个项目、40 个保护单位，居全国第二位。这些非物质文化遗产，相当一部分都可以开发为体验性旅游项目。贵州各民族节庆加起来，全年有 1400 多个，平均每天都有几个，很有开发前景。它是贵州宝贵的文化财富和旅游资源，典型的民族村镇蕴藏和折射出大量的历史信息，主要体现于民居、寺观庙宇、院落、码头、古道、生产生活用具，或民族村寨中有代表性的各类建筑，如侗族的鼓楼和风雨桥、瑶族的禾仓、苗族的吊脚楼、布依族的石板房、屯堡村的碉楼等等。它们反映出贵州民族文化顽强的传承力，凝聚了贵州各族人民在生产生活中的智慧和创造精神。贵州有如此丰富的文化资源，目前正一步步撩开她的神秘面纱，让越来越多的人了解贵州。

第二节 贵州民族村镇的历史背景

贵州境内现有 13973 个村寨，贵州民族村镇具体是指历史文化名镇和典型民族文化村寨两部分，他们的形成都有各自的历史渊源，但总的历史背景有以下三个方面（图 12-1）。

一、战争原因

城是战争的产物。城是统治者为了对广大人民进行政治统治、思想奴役和军事控制的需要，因此，城的作用显得特别重要。在兵戈时代，一城之得失不仅可以决定战争的胜败，而且还意味着权力的更换。因此古代战争的目的是通过夺取城池而获得政权。

贵阳城历经了 350 多年的建城历史，其间遭到了明天启年间、崇祯年间等几次战争的破坏，在建城和毁城的交替中，形成了一个内城和外城相统一的古城格局。但从宋代以来与战争有直接关系的古屯堡还有遗存，著名的古城堡有遵义的海龙屯、凤冈的玛瑙山营盘遗址，其始建年代为宋代。贵州省列为省级文物保护单位的古城垣，除赤水古城垣建于明万历二十九年（1601 年）以外，其余的古城如福泉古城垣、镇远古城垣、镇宁古城垣以及普安州城垣（今盘县）均建于明洪武年间。

二、商业原因

城市与商业、贸易发展联系起来是商品经济发展的结果。换言之，如果没有商品经济的发展，则无市的出现。我国古人对城市的选址具有丰富

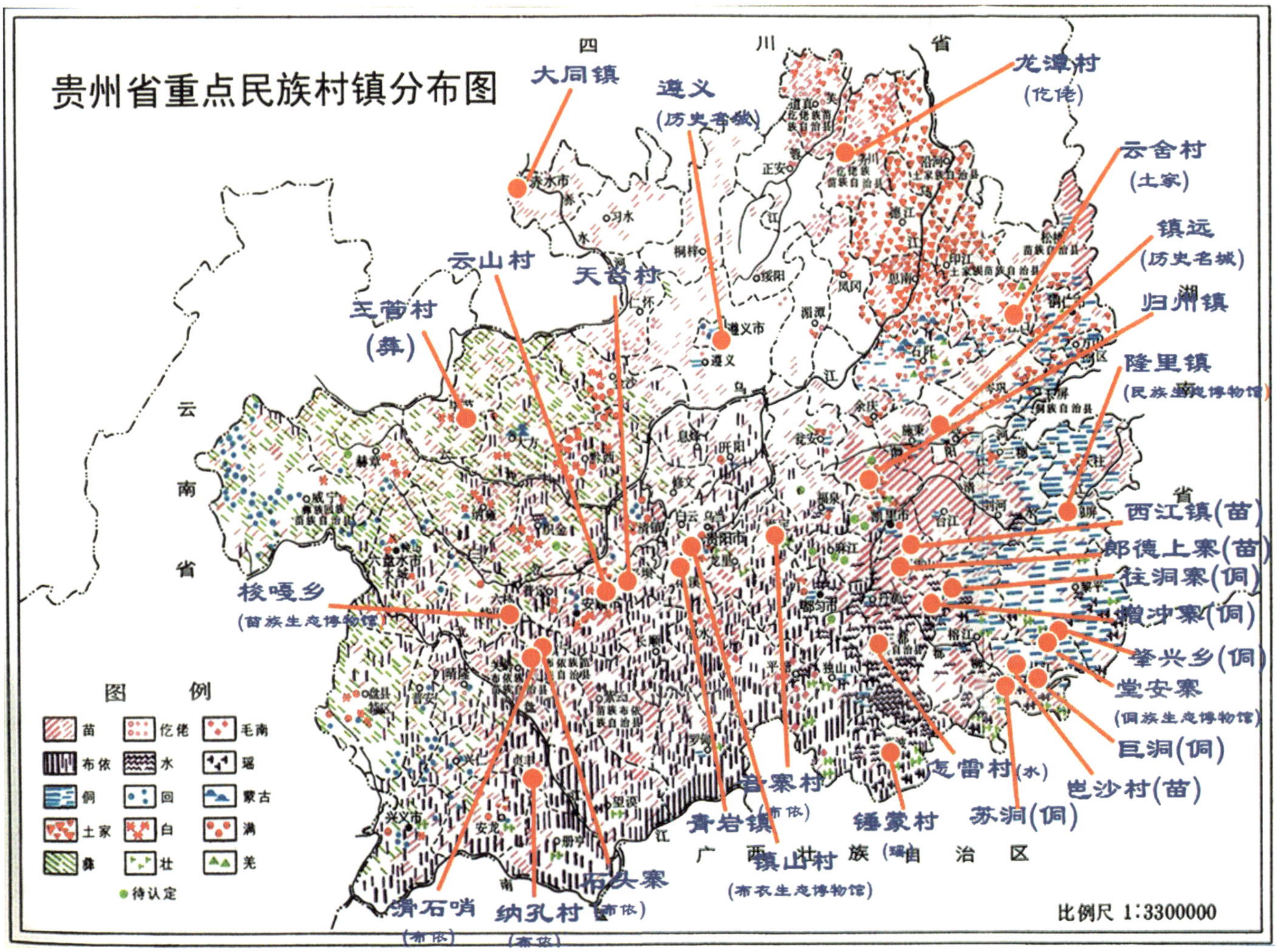

图 12-1 贵州典型民族村镇分布图

的理论和实践经验。贵州凡商贾云集的古城都建于江河之畔，古代交通主要靠水运，江河提供了舟楫之便，促进了古城、古镇商业的发展。仅黔北的赤水河畔就有大同、赤水、复兴、土城等四个古镇；黔东南潕阳河有旧州、镇远古镇；清水江有施洞、剑河、锦屏古镇；乌江有思南、沿河等古镇，此外铜仁、寨英、榕江、都匀、三都等城镇都是历史上的商业重镇。商业的交往带来了文化的繁荣，出现了多元文化集于一城，这些又首先体现在文化载体建筑方面。镇远古城则有江西会馆、两湖会馆、江南会馆、四川会馆、秦晋会馆、福建会馆、两粤会馆等八大会馆建筑，还有供奉"林氏姑婆"的天后宫。

其他的名城古镇虽有地域上的差异，但由于商业的日益发达，与外界交往日臻频繁，使贵州的古城（镇）打破了长期封闭的单一的地域文化，形成多元一体的具有地域特征的古城文化。

三、民族歧视等原因

民族歧视形成了贵州民族村寨星罗棋布于崇山峻岭之中，少数民族处于大分散、小杂居和聚居的状态。

贵州的民族成分有 49 个，其中世居少数民族 17 个，少数民族人口占全省总人口的 36.77%。早在春秋战国时期贵州境内是濮人、僚人的生息繁衍之地。战国至汉，由于历次的战争，苗族的先民首先由黄河流域迁徙长江中游，然后进入贵州，生活在广东、广西福建的百越人（布依族先民）也陆续来到贵州，和贵州的原住民——濮人、僚人相互融合，为创造贵州灿烂的历史文化作出了贡献。但明清以来直至国民党统治时期的民族歧视和阶级压迫，使贵州各族人民多次举行起义，争取平等和自由。

少数民族，为了逃避战争的灾难，迁徙到贵州交通闭塞的大山之中，聚族而居或几个民族共居，他们在制高点至营盘、设置哨卡，以抗击外敌的入侵。他们是生活在同一地域的共同体，有共同的语言、共同的经济生活、共同文化上的心理素质特征，形成了一个个民族的地域文化。这

些独具地域特征的民族村寨长期被大山阻隔，与外界联系甚少，成为民族文化的"活化石"。因此，它是贵州一笔宝贵的民族文化财富。

第三节　民族村镇保护的缘由

当前，提出民族村镇保护的主要原因：一、西部大开发战略将可持续发展摆在重要位置，环境保护、文化生态保护等问题已引起各方面高度关注；二、在加快小城镇建设、推进城镇化进程的过程中，一些地区提出把旅游作为新兴产业，因此作为文化载体的民族村镇必然提上工作议事日程；三、改革开放和市场经济的新形势，在多种文化的冲击下，西部省份的民族文化尤其是民族村镇保护和建设工作面对新的挑战和机遇，对此必须作出应答，并寻求相应的对策。联合国世界乡土文化组织确定的全球"回归自然，返璞归真"10 个圣地中，亚洲有两个，一个是西藏，一个就是贵州的黔东南。因此保护好贵州的民族文化资源是历史赋予的责任和时代要求。此外，经济发展和劳动力解放的负面影响：大量侵占土地、人口外流、生态环境恶化、村落形态的城市化现象，对乡土风貌、文化景观的破坏，以及村落特色的消失，导致人们对传统文化有越来越淡的迹象，都反映出保护与利用、传统与现代、眼前利益与长远利益、经济利益与历史文化价值之间的冲突越来越明显。一方面，作为历史见证的民族村镇是文化遗产的一大内容，理应受到保护；另一方面，传统村镇的广大住民生活居住质量，还需要跟上时代发展的要求，如何解决这些矛盾，也是民族村镇保护中的重要问题。

因此，从整体研究民族村镇的保护和再生是紧迫又具长远意义的重要课题。

第四节　贵州民族村镇保护措施

国家实施西部大开发战略，为贵州省民族文化的保护和利用提供了千载难逢的机遇。1999 年，

贵州省人民政府确定了 20 个全省首批重点民族村镇的保护对象，几年来，先后对 20 个重点民族村镇进行了保护和建设规划。投入重点民族村镇的保护与建设资金达 4000 余万元，用于村镇的环境治理、基础设施建设、道路建设、历史街区以及村寨典型民居、历史标志性建筑物的抢救、加固、维修；用于非物质文化方面的收集整理，建设"文化记忆"库，培训文化传承人，开发民族民间手工艺品等。在民族文化的保护利用方面取得了阶段性成果，为开展民族文化活动，发展旅游，振兴民族经济奠定了基础。

贵州民族村镇保护具有双重任务，一、保护民族文化；二、消除贫困。近年来，从贵州民族村镇保护的实践看，是处于多主体参与，多模式并存的形式。大致经历了这么一些过程：

一、开展普查摸清家底

通过对民族村镇普查工作，摸清民族村镇的"家底"。普查内容分自然遗产和文化遗产两部分。前者是与人们生活、生产、生存息息相关的部分；后者不仅包括物质文化遗产，同时包括非物质文化遗产，通过调查，充分发掘民族村镇的文化内涵和历史文化价值。

二、明确重点突出典型

就贵州而言，全省 17.6 万平方公里的土地分布着数以千计的民族村寨和上百个古镇，因此，保护工作宜分级负责，突出重点。一、选择具有历史、文化艺术价值的典型民族村镇有重点地进行保护；二、选择在旅游线上历史悠久、民族文化底蕴深厚、文化独特、生态环境优美的典型民族村镇（表 12-1）。

三、做好民族村镇保护规划

科学规划是实现有效保护与再生的关键。一、要从全局和整体发展出发，做好规划，民族村镇保护规划的重点是保护村寨环境和民族文化，不仅仅是考虑一些单体建筑；二、通过规划，解决保护民族村镇的传统风貌以及历史形成的肌理、格局，解决好保护区内的人口控制问题；三、提出具体保护措施；四、划定保护范围和建设控制地带；五、确定保护项目和保护地段，提出保护和整治要求；六、对重要历史文化遗产提出整修、利用的意见，此外还要重视整体文化环境保护。文化环境不仅仅是自然环境和社会环境，它的构成还包括教育、科技、文艺、道德、宗教、哲学、民族心理、传统习俗等。历史文化民族村除了要进行传统建筑风貌保护外，还应挖掘其精神文化内涵，进行深层次的非物资文化遗产的保护与延承。既要延承乡土文化的"文脉"，也要有选择地延承作为乡土文化载体的"人脉"，既要延承乡土文化的物资表象，也要注意延承乡土文化的精神内涵。特别不要忽视某些宗教及家族文化因素在乡土文化中的重要作用，其旺盛的生命力、感召力成为维系人们世代延续、和谐共生、善待苍生的重要精神支柱和心灵依托。这一点在时下的中国广大农村是要特别关注并应该给予妥善的保护政策。目前贵州省对 20 个重点民族村镇的保护规划都已编制完成（图 12-2）。

四、抢救濒危文化遗存

民族村镇保护坚持"保护为主、抢救第一"的方针和"有效保护、合理利用、加强管理"的政策。第一位是保护，没有保护则谈不上利用。然而当前急功近利的建设性破坏仍在大行其道，畅通无阻！对文化遗存的保护尚未引起人们足够的关注，甚至熟视无睹的现象大有存在，以至于有相当多的文化遗存已经或正面临着摧毁、被遗忘的绝境。

因此当前迫切问题就是要抢救属于历史文化遗存、有旅游价值和研究价值的村镇，抢救原貌尚存但已受到破坏的历史建筑。采取有效措施，停止乱搭乱建，以保护好特有和尚存的民族遗产。

早在 1986 年贵州省就以"民族村寨博物馆"的形式，对雷山县郎德上寨进行寨容寨貌整治。贵州青岩镇根据继承、保护、发展相结合的原则，一次规划、分阶段实施，规划近期是以解决古镇风貌的保护与恢复，抢救濒危历史建筑，解决城区人民生活的急需为主，远期达到城镇布局合理、市政功能设施齐全，生活居住环境优美，市场繁

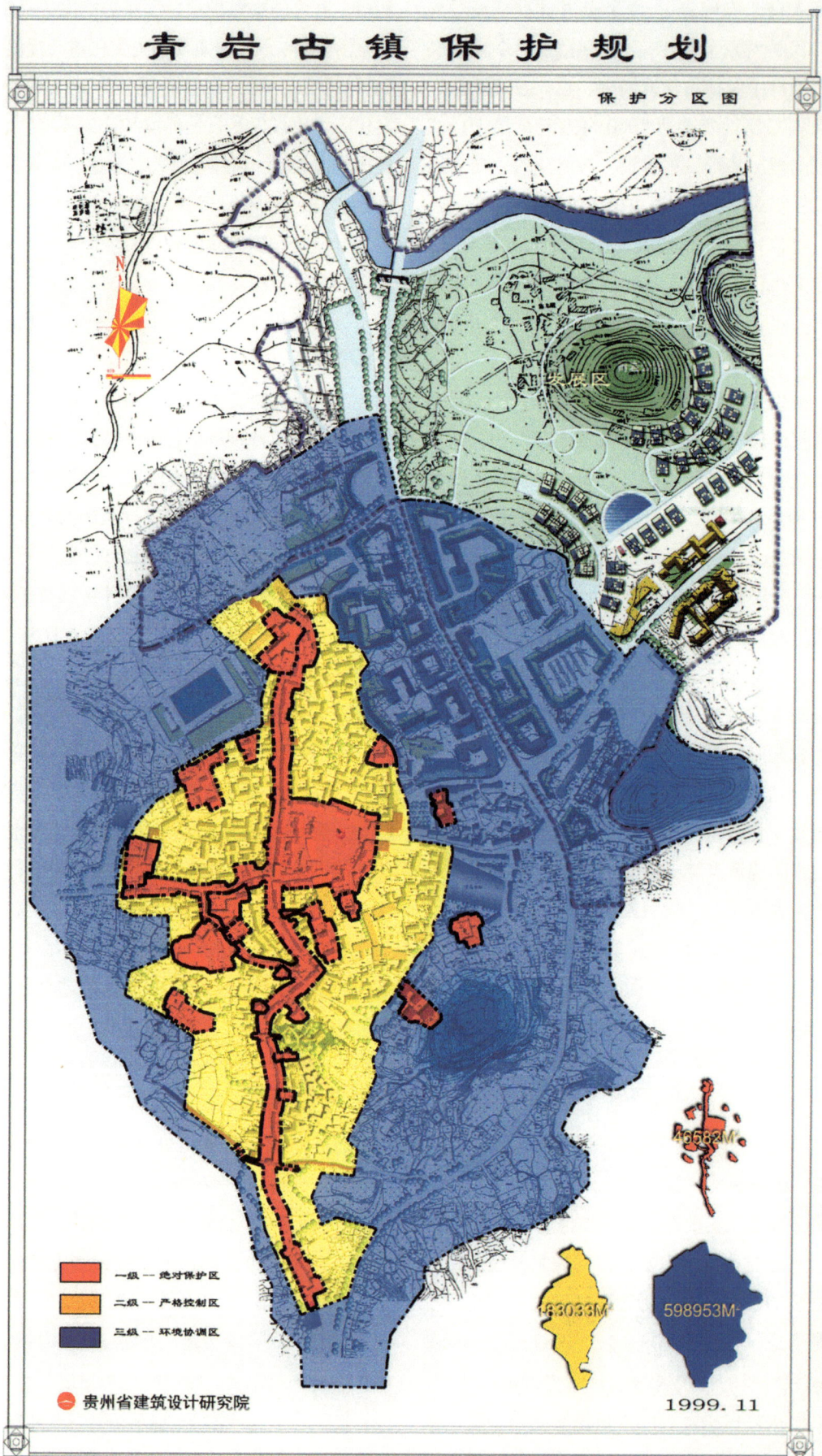

图 12-2 青岩古镇
保护规划图之一

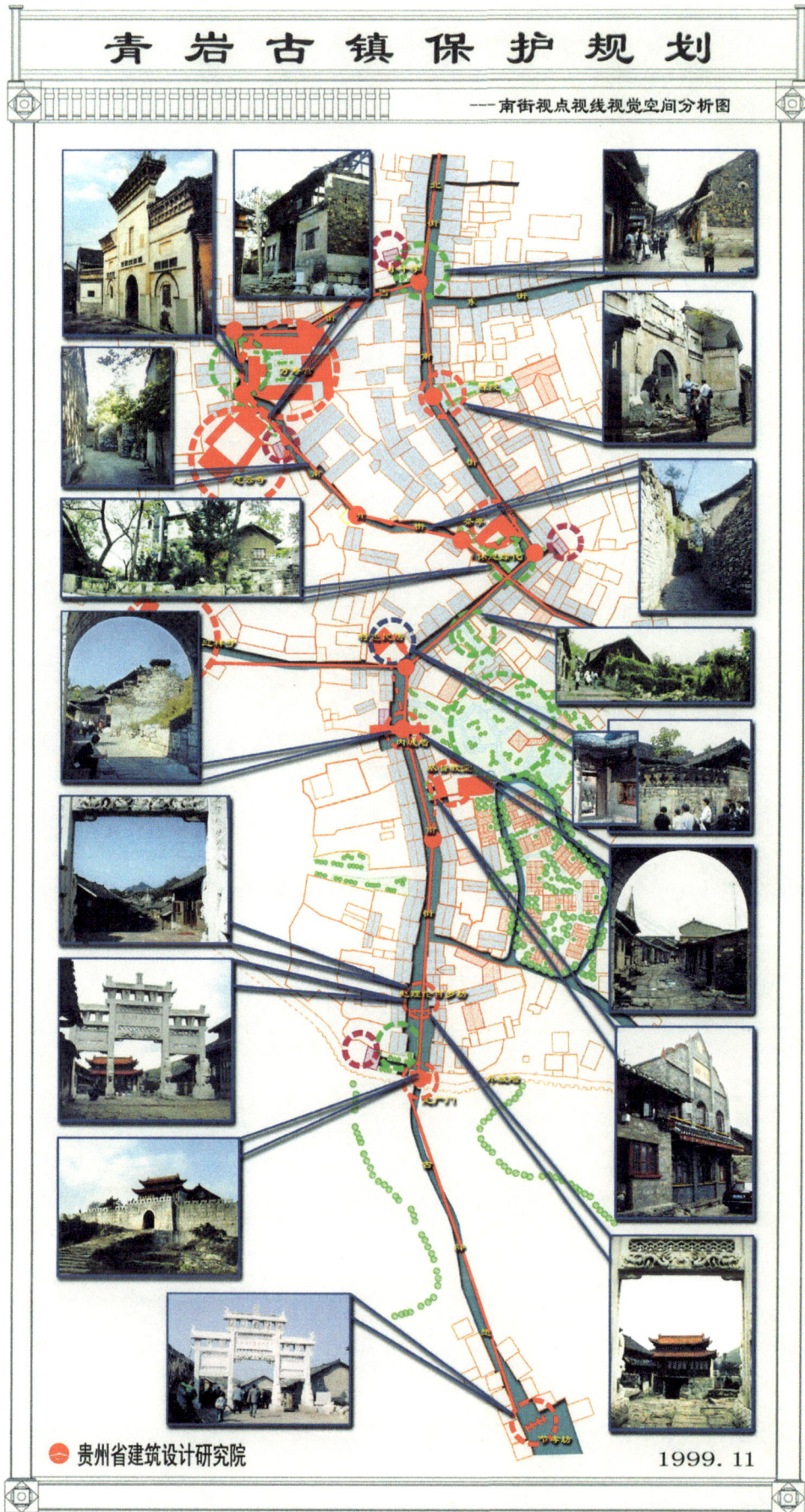

图 12-3　青岩古镇
保护规划图之二

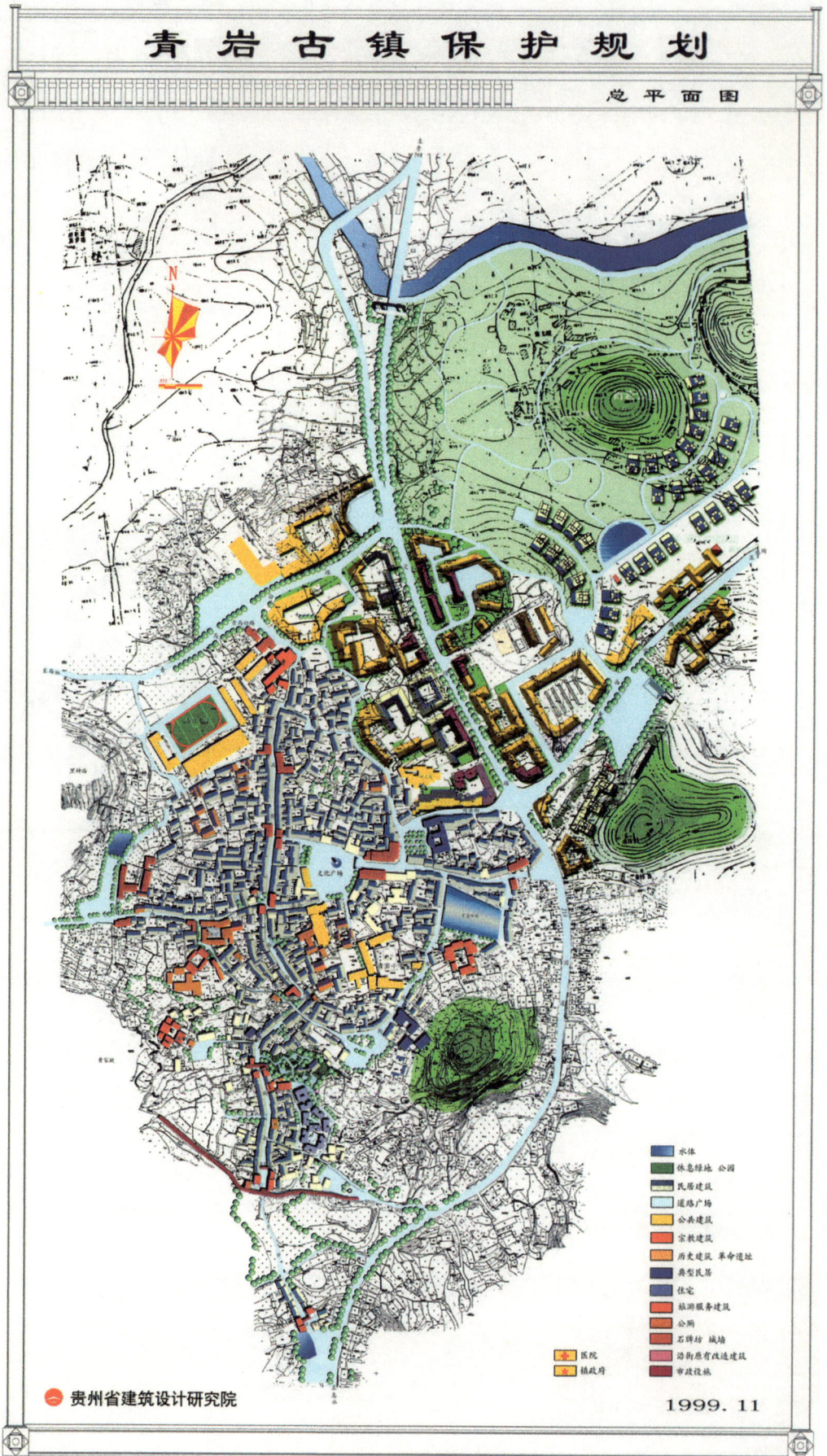

青 岩 古 镇 保 护 规 划

总 平 面 图

水体
休息绿地 公园
民居建筑
道路广场
公共建筑
宗教建筑
历史建筑 革命遗址
典型民居
住宅
旅游服务建筑
公厕
石牌坊 城墙
沿街原有改造建筑
市政设施

医院
镇政府

贵州省建筑设计研究院

1999.11

图 12-4 青岩古镇
保护规划图之三

贵州省重点民族村镇概况表

表 12-1

序号	所属地区	村镇名称	始建年代	主要代表民族	户　数(人)	文化特征	备　注
1	贵阳市	花溪青岩镇	明洪武十一年(1378年)	汉族	8000多人	古镇文化	省级历史文化名镇,贵阳花溪风景名胜区景区之一
2	黔东南州	雷山西江镇	清雍正六年(1728年)	苗族	5326人	苗族文化	省级历史文化名镇,紧靠雷公山国家级自然保护区
3	黔东南州	黄平旧州镇	清康熙二十六年(1687年)	汉族	16981人	古镇文化	省级历史文化名镇
4	遵义市	赤水大同镇	明末清初	汉族	19655人	古镇文化	位于赤水国家级风景名胜区境内
5	黔东南州	黎平肇兴	1322年	侗族	3800人	侗族文化	位于黎平侗乡国家级风景名胜区,侗族文化,保护相对完整,有五座鼓楼
6	黔东南州	黎平堂安村	700多年历史	侗族	165户	侗族文化	位于黎平侗乡国家级风景名胜区,贵州省第一批生态博物馆
7	黔东南州	锦屏隆里	明洪武十八年(1385年)	汉族	3280人	古镇文化	贵州省第一批生态博物馆
8	六盘水市	六枝梭嘎	清初	苗族	1436人	苗族文化	贵州省第一批生态博物馆
9	贵阳市	花溪镇山村	明万历年间400多年历史	布依族	144户	布依文化	省级文物保护单位,贵州省第一批生态博物馆,省第一个民俗文化保护村
10	安顺市	安顺云峰八寨	明洪武十四年(1381年)	汉族	220户	屯堡文化	全国重点文物保护单位,与国家级文物保护单位五龙寺相连
11	安顺市	平坝天龙镇	明洪武十五年(1382年)	汉族	5080人	屯堡文化	与国家级文物保护单位五龙寺相连
12	安顺市	黄果树滑石哨村	明洪武年间	布依族	45户	布依文化	位于黄果树国家级风景名胜区境内
13	黔东南州	贵定音寨村	500多年历史	布依族	128户	布依文化	有"金海雪山"奇景
14	铜仁地区	江口云舍村	明宣德八年(1443年)570年历史	土家族	462户	土家族文化	位于梵净山国家自然保护区境内
15	黔南州	荔波县董蒙村	明末清初	瑶族	165户	瑶族文化	位于梵净山国家自然保护区境内
16	黔南州	三都怎雷村	200余年历史	水族	62户	水族文化	汉化程度低,环境优美
17	黔东南州	贞丰纳孔村	600多年历史	布依族	86户	布依族文化	位于三叉河省级风景名胜区境内
18	黔东南州	从江岜沙村	500多年历史	苗族	422户	苗族文化	汉化程度低,生态环境保存完好
19	遵义市	务川龙潭村	明洪武年间	仡佬族	436户	仡佬族文化	
20	毕节市	毕节三官村	明洪武二十四年(1391年)	彝族		彝族文化	

荣之目标。

"青岩古镇保护规划"完成后，自 2000 年以来，已投资 7100 多万资金，加上民间资金投入，相继修复，抢救濒危的慈云寺、寿佛寺、赵公专祠等 12 个历史建筑，以及环境整治和民居改造等项目（图 12-5 ～图 12-7）。

五、注重整体风貌保护，加强基础设施改造

民族村镇的保护区别于文保单位的保护。它属于第二个保护层次。总的原则是保护村镇原有肌理、格局，保留建筑外壳，在建筑内部进行改造。保持村镇整体风貌的完整性和原真性。以村镇外部空间和建筑外壳为保存对象，从设施改造入手，进行综合治理。在保护村镇传统格局的前

图 12-7　慈云寺修复前后

提下，注重环境，抓住特点，体现特色。同时还要保护好山林、民居、传统生产生活器具、古道、古城墙、古井等，注意水、电、路、林、厕所等方面的综合治理，注意广播、电视、电话的配套，适应居民生活需求和发展旅游需要。

贵州黎平县堂安村作为贵州首批生态博物馆之一，保护规划基本保持村寨原有环境风貌，对村寨内的鼓楼、寨门、古井、古墓、石板路以及林木等都完整地保留，使村寨依然保持浓郁的侗族文化环境风貌。青岩古镇投资 300 余万元，对全长 1000 米的南街、北街的排污、供水、供电管网等基础设施进行改造更新，提高了镇民的生活环境质量。

六、民族民间工艺进课堂

针对许多民族文化"基因"迅速消失的状况，2005 年贵州西江"千户苗寨"开展刺绣培训，民族民间文化进课堂，以此来探索民族文化传承模式，挽救濒临失传的传统苗族文化。贵州安顺市西秀区刘官乡周官村的"傩雕艺术"素有"中国傩雕第一村"之称，其木雕制作已有 600 多年的历史，特别是独具风格的傩柱、龙柱、地戏柱、傩面具、地戏面具等，闻名于世。在面临民族民间工艺、技艺将要失传的情况下，为传承这项民间技艺能世代相传，作为基础教育课，安顺将"傩雕艺术"引入到刘官中学的美术课堂，美术教师边演示边讲授工艺制作过程，演示式的授课清新明了，印象深刻，是极好的传承方式。

西江"千户苗寨"和刘官村的这些举措，是对传统技艺和地域文化保护和继承的优秀范例。

图 12-5　慈云寺修复前后

图 12-6　慈云寺修复前后

七、建立生态博物馆

我国第一座生态博物馆——六枝梭嘎生态博物馆,是中(国)挪(威)文化合作的国际性项目,也是建国50年来贵州的第一个对外文化合作项目。建立生态博物馆对民族文化和自然遗产保护,具有现实意义。生态博物馆的概念产生于20世纪70年代法国,现在全世界有300多座,大都在欧洲和北美,1995年确定在贵州六枝梭嘎建立中国第一座生态博物馆。

生态博物馆是保护文化和自然遗产的一种好形式,它由信息资料中心和民族文化社区组成。生态博物馆有两项任务,一是为所属民族社区服务,保持传统的民族文化,发展民族经济,增强民族自豪感。二是为观光旅游者服务,让国内外游人认识、了解、研究贵州,增进交流,提高知名度。

1999年签署的中挪文化交流协定,在花溪镇山村布依寨、锦屏隆里镇、黎平堂安侗寨再建立三个生态博物馆,形成以梭嘎为龙头的贵州生态博物馆。

八、签订合同、实行挂牌保护

对村镇内的典型传统民居实行挂牌保护和居住者签订保护合同,实行“谁使用、谁管理”的原则。最近贵州安顺为一历史文化保护街区的20多处古迹,几十处够不上文物保护级别的“非文物”的老房子立档,实行挂牌保护,这一措施能够使城市更具文化特色。

九、制定保护管理办法

民族村镇,除遵循国家基本法律之外,还应该根据地方特色制定相应的保护管理办法,以逐步完善对民族村镇保护的法律依据。从某种意义上讲,保护和管理应该比修复更为重要。在文物的保护管理上应该是法规先行,并在实际的操作中不断完善,如果等到出现问题再来制定法律,则是我们在文物保护和管理上,法治观念滞后的表现。贵阳市制定有《贵阳市青岩古镇保护管理办法》。

第五节　民族村镇再生策略

一、保护传承与消除贫困相结合

经济发展滞后的贵州,人们往往将它和“贫困”一词联系在一起。特别是长期分布于大山之中处于封闭状态的民族村寨更是极贫极弱,村民的物质生活条件还处于温饱线上。民族村镇保护的又一项任务是消除贫困。因此应该充分认识国情、省情、县情和乡情,以提高村民的物质文化水平为目标,才能提高民族文化的保护水平和村镇建设的文明程度。

消除贫困的措施有:

(一)提高村民生活质量和村镇的文明程度

着力解决基础设施,如照明用电、电视收视、道路排污和治理脏、乱、差等问题,以及看病问题、读书难问题等,要对村镇民居内部空间进行改造,特别要改造卫生间和厨房,做到自来水入户,使村镇成为具有文化、文明和开放条件的村镇。贵州省从2004年起,每年用2000万元扶持五个重点民族村镇,计划用四年时间使20个重点民族村镇文明程度上一个新台阶。

(二)发展家庭旅游接待户

独特、稀有的自然和人文资源,最符合现代人追求返璞归真的理念和需求。贵州早在20世纪八九十年代就在全国率先提出了“旅游扶贫”的发展思路,选择了一些民族村寨进行旅游扶贫试点,取得了明显的成效。目前,全省农村已有上千个民族村寨形成了深度文化体验型乡村旅游、民族文化观光、歌舞表演、农业观光、城郊“农家乐”、民族节庆、民俗寻踪等乡村旅游产品。涌现出天龙屯堡、贵定音寨、凯里郎德、雷山西江千户苗寨等一批明星村寨。我省农村已有63.03万人通过发展旅游摆脱贫困。

贵阳花溪镇山民俗博物馆1995年建成并对外开放后,1998年农民人均收入已达5000元。2006年国庆旅游黄金周,接待游客15万人以上,取得较好的社会经济效益。村镇保护与脱贫致富相结合，实践证明是一条成功的经验。

（三）发展民族民间家庭手工工艺品作坊

推行家庭和村镇作坊，为旅游提供商品，又是一条脱贫的路子。家庭作坊立足于制作精品、制作小件、强调艺术和收藏价值。建立家庭手工工艺品销售点坚持"少出多汇、细水长流"的政策。龙里巴江乡平坡村素有"黔南苗族农民画艺术之乡"之称，其充满了浓郁民族风情和乡土气息的绘画作品被美术界誉为"东方的毕加索和马蒂斯"，2007年初，龙里县把民族民间文化作为一项助民增收的产业来抓，出资1.5万元，扶持农民画作者在县城开设平坡苗族农民画销售窗口。安顺西秀区周官村共有300余人从事木雕创作，去年，该村生产木雕工艺品18万件（套），生产总值540万元，实现年销售额435万余元，其木雕产品不仅销往全国各大城市，还远销日本、韩国、澳大利亚、英国、法国、美国等国家和地区（图12-8）。

（四）挖掘整理民族民间歌舞，发展旅游

本着挖掘、整理、研究、创新的思路，保护民族民间文化，使村民脱贫致富。只有保护文化才能既保持村镇特色和文化个性，又可持续发展，以吸引更多游客，增加收入，达到消除贫困的目的。保护与扶贫相结合，不仅使农民由脱贫走上致富道路，使贫困地区居民的观念更新，知识的技能水平提高，使这些地区的积累、创新、发展能力迅速增强，而且使正在加速消失的民族建筑、服饰、歌舞、风俗又鲜活地再现，并焕发出旺盛的生机和活力。实践证明：贫与富是一种动态的辩证发展关系，因其贫穷，所以保持了生态风貌，具备旅游价值。保护性的旅游开发为贫穷地区带来了不错的收益，当地老百姓自然而然有了保护民居的自觉意识，这就形成了良性循环。贵州受地理条件的限制，形成了丰富多彩的"文化千岛"——坏事变成了好事。从这个意义上可以说：因为贫穷，所以富有。

图12-8 发展民族民间工艺

图 12-9 青岩古镇定广门

二、保护传承与发展旅游相结合

谈及民族村镇的再生与利用时，各地都将它与发展旅游紧紧拴在一起，希望成为新的经济增长点，以期形成发展的优势产业。与此同时，不可避免会产生一些冲突，如盲目建设旅游设施，使原有环境风貌受损，因此旅游的商业行为一定要规范，决不允许杀鸡取卵，竭泽而渔。民族村镇保护的最终目的是为社会经济发展服务，即使要利用它发展旅游产业也要突出"保护第一"的原则。保护是前提，发展是结果，绝不能为了获取短期经济效益以牺牲民族文化和环境为代价。

贵州省经过 20 多年的不懈努力，已有 130 多个民族村寨发展了以浓郁的古朴民族文化为载体的民族村寨旅游。保护和利用相结合，是民族村镇保护与再生的重要途径之一，合理利用，才能充分发挥其固有价值。历史悠久，人文荟萃，具有传统文化特色是民族村镇吸引游人的魅力所在，通过发展旅游，使它与现代社会生活更好的结合，从而达到保护目的。民族村镇保护不同于文物保护，不应将它当成博物馆，追求的目标是既保护历史环境，又改善基础设施水平，提高住民的居住生活质量，做到人依然、物依然、事依然，但功效则迥然。

举例两则：

1. 青岩古镇结合发展旅游，组织游线，规划将一些分散的古迹串联起来，同时增加社会文化和休息服务功能，使保护与发展旅游结合。使青岩在这一派古朴之中，也有着属于自己的时尚：木质装潢的咖啡店里，前卫的年轻人会为你送上一杯现磨的香浓咖啡，他们轻柔的语调和灵动的服务，显示着现代与传统的和谐（图 12-9）。

旅游带动发展，给群众带来经济收益。古镇的修复，给了青岩崛起的物质条件，2005 年被列为全国魅力名镇，为古镇旅游的发展提供了平台，使城镇居民得到了实惠，2000 年时，居民年收入只有 1500 元，现在已远远高于贵阳市民的年收入。使青岩由以农业为主的农村集镇转变成为以三产占主体的文化旅游城镇。

2. 平坝县天龙屯堡古镇，具有 600 多年历史，数百年来，在特定的历史背景下所形成的独特心境，使其在生活方式、语言服饰、文化爱好、祭祀礼仪等方面，至今仍顽强地固守着大明王朝的祖制和自己突出的个性，形成了令人诧异的具有鲜明地域特色的安顺屯堡文化。这种屯堡文化是贵州不可多得的理想的人文旅游资源。

1998 年，成立了天龙旅游投资公司，不久，贵州风情旅游公司也加盟到了天龙旅游的开发中，首创了我省"政府＋公司＋旅行社＋农民旅游协会"的旅游开发模式。

具体操作方式和分工是：政府做好开发和保

护规划；公司管理经营、投资；旅行社做好客源市场营销；农民旅游协会负责村民参与维护村寨的治安和环境卫生等等。

天龙模式的推行，调动了各方面的积极性，使天龙村及周边村寨在经济、文化、信息、社会文明、农产品销售等方面都得到了实惠。一、农民收入大幅增加，2005 年，全村农户经营收入达1980 万元，比旅游开发前增长 48%，户均收入超过 1 万元，人均纯收入 2980 元，比旅游开发前净增 820 元。二、增强了集体经济实力，2005 年村级经济收入达到 69.28 万元，比旅游开发前增加 30 万元，对村干部实行了月工资制，人均月工资为 400 ~ 600 元。三、促进了农业产业结构的调整，过去，天龙村从事农业的劳动力占 90%以上，旅游业发展以后，天龙村仅从事旅游项目经营的农户就占总户数的 26%，经营收入达 460万元。天龙的发展，还带动了周边的蔬菜、西瓜、地戏脸子雕刻、农家饭庄等专业村的发展。四、解决了农村剩余劳动力的再就业，目前天龙全村直接从事旅游接待服务的就业人数达 145 人，间接就业人数 680 人，占全村总劳动力的 46%。

当前，对传统村镇及民居存在有两种呼声：一种是加强保护，另一种是旅游开发。两种呼声都出于现实，是从不同角度思考提出的不同看法，它提醒我们观照一个民族村寨或古镇的历史文化时，一、要用多角度的眼光，从生产生活方式、村民居住环境以及社会组织、生态保护、社区文化等各方面加以考察；二、要用历史的眼光，从文化演变过程中寻找历史遗留的民族文化存在；三、要用发展眼光，民族村镇保护的目的要使群众脱贫致富，使保护与提高生活质量和生活水平的愿望相协调。实践证明，民族村镇保护必须建立在历史文化价值和经济利益之间的最佳平衡线上，既能调动群众的积极性和创造性，又能使民族文化鲜活地再现。

因此，我们应该在历史动态中让文化遗产得以保护与再生，让群众在现代生活中保持自己的文化传统，并在传统文化保护和弘扬中过着现代的新生活。

三、保护传承与新农村建设相结合

随着时代的进步，传统村寨由于生活设施不全，住民拆旧居搬新房的渴望越来越强烈，此举就和"原生文化"的保护产生尖锐矛盾。社会生活的巨变，使民族村镇的保护工作面临严峻的挑战。情况尽管错综复杂，其实质就是所谓全球文化与地域文化激烈碰撞的反映。

事实上，民族村镇随着社会的变革而发展，发展中的"遗传和变异"也是不可抗拒的，经济的"杠杆"作用将传统和现代的东西不断地进行搅拌整合。在社会变革和发展中的民族村镇不可否认，传统观念将会受到猛烈的冲击，城市化的因素会不断地增多，民族村镇的传统文化会不断减少，并且两者均从相反方向变化。

由于传统的民族村镇，代表着一段历史，承载着一份厚重的已逝去的文明。在这样的情景下，民族村镇的保护与时代的进步不可避免地会发生矛盾：一、自然、文化生态的脆弱性与旅游开发的矛盾；二、当地村民对现代生活的向往与保护的矛盾。因此，如何在保护民族文化同时又提高住民的生活居住水平的双重任务中，探索民族村镇保护与再生的模式就成为人们关注的课题。

（一）完善设施、改善环境

在对古镇保护的同时，要关注居民生活水平的提高，青岩古镇的传统民居多建于明清时期的木结构建筑，建筑的耐久年限早已过期，迫切需要解决建筑的安全问题，青岩传统街区的居民与现代住宅小区的居民相比，最大差距在于设施落后，居住条件差。要维持传统民居建筑的延续性，就必须改善原有设施，使居民能够舒适地在其中生活。青岩的民居修复中，在对重点保护民居进行保护维修的基础上，对可整修的一般建筑的内部功能设施进行完善，满足居民生活发展的需要。同时对木结构的建筑充分考虑防火问题，改造消防通道，划分防火分区，按消防间距和保护范围要求布置消火栓，在居住环境方面，通过解决排水管网，使生活污水集中收集；保护区内部采用地下电缆，并沿道路铺设；增加绿化等改善古镇的整体生活居住环境。另外，为适应旅游发展需要，合理设置古镇商业街、停车场、旅馆、饭店等设施，使古镇焕发出新的活力。

（二）建设以户用沼气池为纽带的"生态家园"工程

在保护民族村寨同时，为改善农民生产和生活条件，增加农民收入，保护生态环境，建设以农村户用沼气池为纽带的"畜—沼—粮"能源生态模式工程，实现家居温暖清洁化、庭院经济高效化和农业生产无害化，通过沼气池对农家可再生能源的开发利用，可减少薪柴用量，保护生态环境，改善村寨环境，又能促进农业结构调整和农业可持续发展。

2001年以来，贵州铜仁地区已建成沼气池10万多口，发展沼气生态农业示范村86个，惠及10万多农户。

沼气建设给农户带来清洁能源，不仅改善了农户庭院小环境，还保护了生态大环境。铜仁川硐镇坞圯村以前由于生产生活用柴，后山的树木被砍得所剩无几。自2001年村里修建沼气池以来，山上又再现树木葱郁。

结合沼气池建设实施"生态家园"工程，推广"畜—沼—粮（果—菜—鱼）"等循环生态发展模式，使种植业推动畜牧业带动沼气建设，沼液、沼渣又用作肥料提高农产品品质和产量。印江自治县郎溪镇塘池村200来户村民中，有170余户建有沼气池。村里借此推广沼气综合利用技术，引导农户走"猪—沼—果"模式，利用沼渣、沼液作肥料，沼渣根施、沼液喷施，不仅减少化肥、农药的使用量，生产的水果还是优质无公害农产品，增加了农民收入。

1. 解决山区农户饮水难问题

对民族村寨保护的同时，要解决好农户迫切的饮水难问题。贵州铜仁地区松桃自治县瓦溪乡错坝井村平均海拔850米以上，属喀斯特地貌，饮水十分困难。在政府的大力支持下，建造小山塘、小水池、小水窖，切实解决广大山区，半坡

区农村群众用水困难，使过去严重缺水的"干旱山村"一定程度上实现了田有水灌，土有水浇，人有水喝。使"三小"工程变成了农民自家真正的财产，变成了农民脱贫致富的资本和引擎。给广大山区民族村寨经济社会带来了深刻变化。

2. 编制供民族村寨使用的住宅图集

为了使民族传承和新村建设能和谐地结合起来，贵州省建设厅组织编制了少数民族地区使用的农村住宅图集，从而起到指导省内民族村寨住房建设问题的作用，这样既可解决农房建设节能省地、适用、形式多样、突出特色问题，又解决民风民俗与村镇建设和谐发展的问题，突出特色、改善基础设施带动旅游业发展同时，又解决提高农民居住质量和水平的问题。以苗族、侗族住宅图集为例，基本型住户面积分别为176.7～226平方米（苗），186～206平方米（侗），适用于平地、缓坡地、山地等不同地貌环境的村民自建住房（图12-10）。

图集充分考虑了人畜分离、利用沼气作燃料等要求，"弹性可变部分"提供了多样性选择的

图12-10　编制农村住宅图集

可能，具有较强的适应性。灵活性可最大限度地满足当地农民建房要求，也体现设计者认同文化的差异与个性，为村民提供在多样化的生态环境中拥有多样化生活空间的期望。

第六节　创建生态博物馆

作为一种新兴的博物馆形态和"一个正在生活着的社会活标本"，迄今为止，我国已先后在贵州、广西、内蒙古等地建成苗族、布依族、汉族、侗族、瑶族、蒙古族等 7 座生态博物馆。

1995 年，中国和挪威合作建成了中国首个生态博物馆——贵州六枝梭嘎生态博物馆。1997 年，中国与挪威政府正式签署协议，在贵州建立生态博物馆群，目前，在贵州已经成功建立了梭嘎、镇山村、堂安和隆里四座生态博物馆。

这四座博物馆分别用以保存苗族、布依族、侗族和在当地占人口少数的古老汉族的文化。生态博物馆作为一种新理念、新模式，与属于静态的特定建筑的传统博物馆相比，突出强调保护和保存文化遗产的真实性、完整性和原生性。

一、保护多元民族文化的新模式

生态博物馆的一草一物、一人一事都是藏品，生态博物馆是没有围墙的，它是以社区为中心，以人为本的"活"的博物馆。严格意义上讲，它不是博物馆，是一个社区，具备共同的定义、语言、服饰、建筑、文化心理素质等。与传统博物馆相比，生态博物馆将就地保护文化遗产，突破传统博物馆藏品和建筑的概念，将保护对象扩大引入社区居民参与管理，强调社区居民是文化的主人。生态博物馆，对处在多数或统治地位文化包围之中的少数民族，及其文化精华的保护和延续，具有重要的意义。

生态博物馆核心理念是在文化的原生地保护文化，并由文化的主人保护自己。生态博物馆也不是保护贫困，中国生态博物馆都建在落后的少数民族地区，而且最终要回归村民，所以生态博物馆更重要的职能就是消除贫困，只有这样，生态博物馆才可能巩固下去。从我国目前在生态博物馆建设上的实践看，生态博物馆作为一种新理念、新模式、突出强调保护和保存文化遗产的真实性、完整性和原生性，已成为保护原生态多元民族文化的一种有效模式。

1998 年 10 月，贵州六枝梭嘎地区长角苗建成中国第一座生态博物馆，此后包括布依族、侗族、汉族在内的四座生态博物馆相继建设完成。贵州成为中国建设生态博物馆时间最早、数目最多的省份。随后，贵州的做法向我国西部的内蒙古、广西、云南等少数民族文化丰富的省区推广、延伸，不同形态的生态博物馆逐步建立起来。这些生态博物馆的建设，不仅保护了独有的民族民间文化，而且推进了生态博物馆所在社区社会经济文化的发展，改善了社区人民的物质生活条件，提高了他们对本民族、本社区特有文化的自尊心和自豪感。

二、"六枝原则"的确定

所谓"六枝原则"，它包括：1. 生态博物馆本土化，村民是其文化的拥有者，他们有权认同与解释其文化；2. 文化的含义与价值必须与人联系起来，并应予以加强；3. 生态博物馆的核心是公众参与，文化是公共和民众的财产；必须以民主的方式管理；4. 既要保护文化，又要发展经济。当经济和文化保护发生冲突时，应优先保护文化，不应出售文物，但鼓励以传统工艺制造纪念品出售；5. 长远和历史性规划永远是最重要的，必须制止损害长久文化的短期经济行为；6. 对文化遗产应进行整体保护，其中传统工艺技术和物质文化资料是核心；7. 观众有义务以尊重的态度遵守既定的行为准则；8. 生态博物馆没有固定的模式，应根据自己特有的文化和社会情况建设，因文化及社会的不同条件而千差万别；9. 促进社区经济发展，改善居民生活。

"六枝原则"是中挪合作建设贵州生态博物馆群项目的核心原则，2000 年由中挪专家及贵州四个生态博物馆的村民代表、地方政府管理层等成员，在贵州六盘水市六枝特区举办研习班时共同讨论提出框架后逐步完善的。它将国际生态博物馆的一般原则与中国的国情省情相结合，坚持政府主导、专家指导、社区居民参与的指导思想。

三、让村民自己保护原生态文化

生态博物馆的核心理念在于让村民掌握生态文化的主导权，在文化的原生地保护文化，并且由文化的主人保护自己。只有文化的主人真正成为事实上的主人的时候，生态博物馆才可能巩固下去。因此，不仅要帮助村民理解生态博物馆，更迫切的是帮助他们理解自己的文化。如果他们能科学地认识自己村寨文化的历史价值、艺术价值和学术价值，那么他们才会更加珍爱自己的文化，更加关心自己的文化的长远利益。

四、理想与现实对接，在发展和保护间寻找平衡点

追溯生态博物馆产生的历史背景，在一定程度可以说是对工业文明和传统博物馆反思和批判的产物。因此，生态博物馆基本上是以社区博物馆理念为核心，在制度上是以公众参与为主，并且削弱传统博物馆专业和专家的特权并使之民主化；在结构上回归原来被传统博物馆生硬分离了的物的原生环境，使其具有整体的认知感；在宗旨上试图超越传统博物馆，成为让居民参与社区的规划和发展的一个工具箱。

当前大多数原生态社区的发展水平都比较落后，都面临在社会发展和文化遗产保护之间寻找平衡点的问题。关键是居民在相关部门和专家的帮助下，能寻找到一条在经济上持续发展，而同时又能使独特文化得到传承的道路。这就需要首先要准确界定文化遗产的精髓所在，让居民对自己的文化遗产有一个清楚的认识，然后使当地居民独特的传统和生活方式得到有益的传承。当然，所有工作的根本目标是以促进当地社会发展为目的，找到一条可行的经济发展道路，同时最大限度地保护本社区特有的文化遗产。

应当探讨文化遗产与社会发展间如何建立起新的关系，尤其应当关注遗产的本地情况，这样，地方社区才能对全部遗产的博物馆化作出反应，

博物馆才可以作为一种可持续发展的工具，以更加人性化的行为保护全部遗产。10 年来贵州生态博物馆的特点表现为，生态博物馆的最高目标和境界：人依然，物依然，事依然，但功效则迥然；政府指导，公众参与，村民自我管理，构建政治文化自由的和谐社会；保护性开展乡村旅游，传承本民族文化；为贫困人口创造提高文化和科技素质的机会和条件。

目前世界生态博物馆面临的几个共同问题是：1. 当地居民参与，有效的领导机制，持续的进取。当地居民参与是首当其冲的问题。当地居民参与不是多余，而应当是项目开始的中心，没有当地村民参与的项目构思，要想完成很困难。2. 有效领导机制的建立来源与培训。这种培训是双向的，培训同时，专家也可以向当地居民学习到很多东西，可以找到与当地居民共通的交流方式，以便和他们更能贴心交谈。同时培训教育不仅仅面对生态博物馆的管理者，而且应该面向所以成年的当地居民。培训教育的内容应该涉及所有与当地有关的知识，包括遗产和公民责任。

五、贵州生态博物馆群

（一）六枝梭嘎生态博物馆（苗族）

六枝梭嘎生态博物馆位于贵州省六枝特区以北 50 公里的梭嘎乡陇嘎寨，这里居住着一支以长角为头饰的自称为"蒙仡"的一支苗族。"蒙仡"中的"蒙"，既是本民族的自称，也是对"人"的称呼；"仡"即"箐（密林）"，是对本民族本支系所处喀斯特自然地理环境的命名。史籍称"箐苗"，意为"居住在深山密林的苗族"。"蒙仡"的装束极为独特，是以木制新月状"长梳"并将亡故祖先的头发掺和黑麻及毛线束成巨大的发髻为头饰标志。"长角苗"是对居住在贵州六枝特区梭嘎苗族回族彝族乡，以陇嘎寨为中心的 12 个村寨，约 5000 人的一支苗族支系的俗称，比较正式的称呼则为"箐苗"。这支人数稀少的族群，以长角头饰为象征，并以其独特的文化与其他苗族支系相区分。它是中国和挪威文化合作的项目，也是我国第一座生态博物馆。该馆于 1998 年 10

月31日正式落成开馆，4900多苗族同胞在这里仍然处于男耕女织的自然经济状态。村寨由寨老、寨主和鬼司共同管理，寨老是行政领袖，鬼司是精神领袖。这支族群信仰山神，没有文字，刻竹记事，有独特的婚嫁、丧葬和祭祀仪式、音乐舞蹈等，它的建立使梭嘎苗族（长角苗）原始、古朴、独特的文化习俗得到了有效地保护。长角苗寨依山而建，苗民们日出而作，日落而息，纺纱织布，画蜡刺绣，民风民俗保持完整，民族文化也非常深厚。女儿梳盘的发髻，由长约2尺的木角盘置脑后，再在木角上盘五六公斤麻掺成的假发，并用白线捆绕成倒S形，凝重美观。梭嘎姑娘头发上的发丝除了自己的，还来自于母亲、外婆、祖母和曾祖母的，寓意将五代祖孙的命运和灵魂借着青丝的缠绕而紧密联系在一起，同时将祖先的记忆戴在头顶，也成为梭嘎苗人与其他苗族支系最大的区别所在，堪称"人类活化石"。这里每年的正月初一到十五的跳花节，是长角苗青年男女谈情说爱的时节，美妙的情歌对唱，拔河般的求爱方式，优美动听的三眼箫等都让人流连忘返。

在梭嘎乡的半山腰，葱茏苍翠的树林中掩映着几十户人家，房屋是木质结构，屋顶全由茅草铺就，和山林十分和谐。梭嘎苗人的民居主要以一层平房为主，按建筑材料分为三种：1. 为木板墙草顶房；2. 为生土墙草顶房；3. 为石墙草顶房。同时，也因为他们独特的民俗民风，因此被誉为了我国第一座生态博物馆（图12-11～图12-13）。

这支族群的历史沿革与其他苗族一样，他们也经历了艰难和长途的迁徙。据12个苗寨的老人回忆，他们迁到现在所居住的崇山峻岭大致是清代初年。清初，平西王吴三桂奉命"剿"水西彝族宣慰使安坤（今黔西、大方一带），清军打败水西后，许多依附于安氏的苗族群众四处散逃。部分人躲到织金、郎岱（今六枝郎岱镇）交界的大森林之中，被称为"箐苗"。由于受到战乱的冲击，"箐苗"不得不在森林里开辟新生活。

到本世纪，"箐苗"逐渐聚居，形成了12个相当规模的村落。这支苗族（长角）装饰的出现，大致也是这个时候。他们认为，长角是在大森林中模仿野兽的角以迷惑和抵御野兽而形成的。同时，亦以长角为识别物，以便同族相识、异族相别。长期以来由于交通极不便利，他们与外界交流不多，一般在本民族内部通婚。直到近十年，才与外界有交往，受外来文化的影响也逐年加深。至今这支"长角"苗族已有200多年的历史。

该苗族社区所处的自然环境位于海拔1400～2200米的高山之上，村寨多建在山腰及

图12-11　梭嘎生态博物馆总平面图

图 12-12 长角苗

图 12-13 六枝梭嘎民居

山顶，周围茂林修竹，风光绚丽，从外面完全看不到村寨。陇嘎寨的后面是一片原始森林，于对面山上，还遗留有石头营盘，很显然，这是出于战争的考虑而选定了这个易守难攻的寨址。

其他几个村寨也同样建在高山隐蔽之处。均因为被战争驱赶或其他迫害逃避到深山中并定居下来的。如今陇嘎村寨的自然环境仍然保持着几百年前的面貌。只有一条1994年才开通的公路通到山上，成为封闭的村寨与外界联系的唯一通道。

梭嘎12个寨的民居，依山就势而建，因地制宜，不讲究朝向。民居建筑除居住房屋以外，

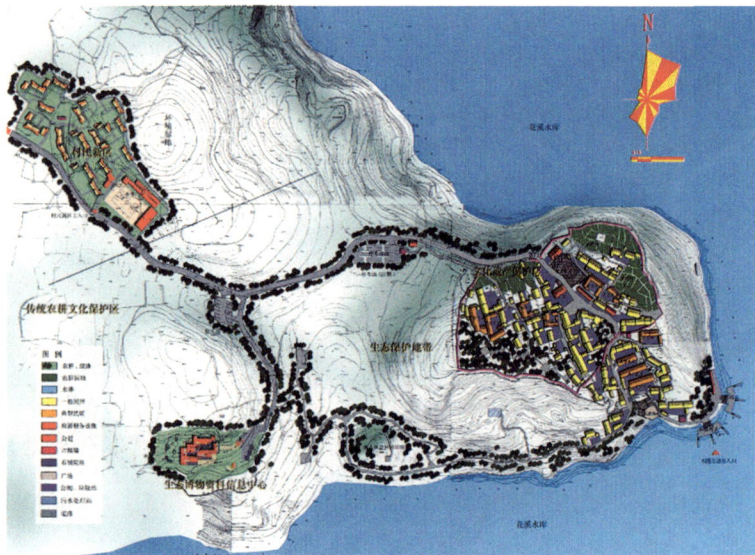

图12-14　镇山村总平面

图12-15　环水临山

还有"嘎房"和"妹妹棚"等特殊用途的建筑。居住房屋的形式多为一层平房，其中木结构草顶房是历史较长、为比较普遍的建筑形式。其房架为木柱、梁枋穿斗结构，四壁多用横向木板拼装，阁楼板多用竹条编织。房屋正中为"吞口"，两次间的门分别开于"吞口"左右两侧，门上方有半月形装饰。茅草盖顶，屋脊厚重。这里多数民居设有院坝，别具风格。

年代久远的房屋，正中一间为堂屋，用作织布、推磨及堆放杂物等。两侧的开间，又分为前后两小间，少数也有不分的。厨房、用餐多置于左侧前间，炉火的火常年不断。左侧的后间，多为老年人的卧室。右侧后间为卧室，前间作堆放粮食等使用。

"嘎房"，即"灵房"是老年人去世后用于停放灵柩，作为"打嘎"祭祀期间的临时建筑。"妹妹棚"，是男女青年晚上谈情说爱"晒月亮"的处所。

（二）花溪镇山村生态博物馆（布依族）

镇山村是集真山真水、民族建筑、历史遗存于一体的布依族村寨。掩映在大山怀抱之中的镇山村，一色的木构石板屋由溪边叠层而上，朦胧中散发出蕴存的气息。它三面环水，一面临山，山清水秀，景色迷人。层层叠叠的石板房依山而建，以石板为墙、为顶，是民居；以石为路，为巷，是村貌。一幢幢石板房檐下，挂着金色的玉米串，红色的辣椒还加一块块红绸挂满房前的屋檐下……。隔河眺望，整个村寨掩映在青山绿水之中，山中有寨，水里有村，步入村寨，令人们有置身于石头艺术的世界之感（图12-14、图12-15）。

镇山地处花溪水库中段，全村分上寨、下寨两部分，总面积3.8平方公里。从山顶眺望，镇山村掩映在一片葱茏茂密的树林里。一幢幢石板建造的房屋，泛着灰白的色光，在阳光下熠熠生辉。寨脚是碧波荡漾的花溪水库，碧绿的湖水将镇山村围合成一个半岛。巍峨的半边山矗立在湖畔，与镇山村遥相对峙，如一柄倚天长剑直刺云

霄（图 12-16）。

镇山村地处黔中高原苗岭山系的中段，地质为三叠系地层，以薄层灰岩为主，是典型的喀斯特（岩溶）低山丘陵地貌。村寨地势西北高东南低，海拔在 1128 ～ 1209 米之间。

镇山村是一座具有 400 多年历史的民族村寨，明代万历年间朝廷平藩，调协镇李仁宇征南，遂以军务入黔，屯兵安顺，后移屯石板哨镇山，现

图 12-16 半边山矗立湖畔

图 12-17 村内石板民居

在遗留的屯堡和武庙是屯兵和尚武的历史见证。村寨居民多姓李、班两氏。据该村著于明代万历间（1573～1620年）的《李班氏族谱》记载："昔我祖仁宇居于江西吉安府卢陵县大鱼塘李家村，出生科第，官至协镇。明万历年间，南方扰攘，明朝调北征南，遂以军务入黔，领数千兵于安顺等府驻扎。及黔中平服，乃迁居于石板哨。当时各大军即命坐镇其地，而我始祖兢兢业业，总以报国抚民为志，不幸迁地不良，我始祖母与水土不宜，又加以前受风霜之困苦，兵燹之惊惶，一病不起，乃已仙逝。而至半边山后，遂入赘班始祖太之门。不数年生二子，以长房属李，次房属班，始立两姓宗祧，载在族谱流传至今。"后来，其子女可姓李、可姓班。繁衍生息至今已有17代，400余年，形成李、班同宗，异姓民族相亲的大家庭。当时，因军事驻守的需要，将镇山修建成了堡子。至今，围墙、拱门等古迹仍保持完好。

在镇山村的正南面有始祖李仁宇墓，因有战功被明朝廷授四品军功顶戴，墓碑碑文记载有入黔移居镇山的历史，具有较高的史料价值。另外在镇山村东面的山头上有李仁宇两个儿子的墓，被封为德武将军和振武将军。

这里每年正月初十举行"跳厂"活动，主要来自石板镇的布依族和苗族，他们身着盛装，有吹芦笙、跳舞、斗雀等活动。农历"六月六"在寨内举行歌节，搭台对歌，为青年男女提供谈情说爱的场所。

镇山村是贵州中部地区典型的布依族村寨，全村以班、李二姓为主，其村寨环境及布局特色如下。

1. 三面环水的自然环境，山、水、田园于一体，有提供布依村民接近自然和生态的居住场所的可能。

2. 依山傍水的石板民居建筑风格，木构架、木装修、合院空间，石巷通道，村寨景色迷人（图12-17）。

3. 屯墙——屯兵的历史见证，屯墙高3米，周长约有700米，具有400多年历史，属历史遗存，现大部分保存完好。

4. 石巷——体现依山就势的山乡风貌。南北有约120米长，3米多宽的干道，东西有石阶巷道通至各户，步道拾级而上，民居鳞次栉比，庭院空间完整，分布错落有致，形成丰富的建筑群体轮廓。

5. 下寨民居呈梯形状布局，分布在四级台地上，并向两侧延伸，每栋长约30米，从南寨门到表演场形成向湖面围合的凹形空间，有良好的视觉景观。

镇山布依村最独特的是石头建筑。400多年来，村民们用当地盛产的石材将本村建成了一座独具特色的石头艺术的世界。

镇山村寨以围墙界，分为上、下两寨。上寨居民居住在屯墙内。几十户人家联在一起，集中构建，各家相互毗邻，又有围墙隔开，独立成户，有联有分，形成一处处空间完整的三合院或四合院。房屋一般采用穿斗式悬山顶一楼一底石木结构建筑。正房面阔三间或五间，明间有吞口，除正房外，有的还修两厢和大朝门。明间（堂屋）为双扇对开木质大门，配有雕刻各异的腰门。大门上有门簪，有向日葵图案或"福禄"字样。明间或次间窗户木雕图案精美，正对院坝的房屋，均有木雕花窗，图案多为传统的"三吊格"和"万字格"。最庄重的明间（堂屋），是祭祀祖先和重要庆典的场所。正面墙壁上有神龛，供奉着"天地君亲师"牌位，下面摆设八仙桌，两面还有太师椅。崇尚忠孝节义是镇山人传统的道德伦理观念。三合院或四合院民居，多设置朝门，与大门均不在一条轴线上。寨中所有的民居全用石头砌成，屋顶以石板代瓦，墙面用石板镶嵌，院坝和全村所有通道均以方块石板铺成，村民们装水的水缸、喂猪的猪槽等用具都是特殊的石头艺术品。上寨的南北两座寨门，均由巨石雕凿垒砌而成，城墙由大块的石墩构筑。寨中石巷依山就势，古朴幽深，颇能体现山寨风貌特色。主巷道由北向南，从上寨屯门直通下寨码头，将寨内寨外连为一体。东西向有巷道通到各家各户，沿石阶拾级而上，相互贯通。层层叠叠的石板房，沿着石墙、巷道，分布错落有序。

下寨原建于河畔，1958 年因修建花溪水库搬至围墙之下"椅子形"地带修建，呈阶梯状布局，分布在四级台地上，并向两侧延伸。坐北向南，房前均有平坦整齐的石板院坝，形成相对独立的自然庭院。几个庭院次第展开，形成向湖面围合的凹形空间，构成石板建筑别具特色的画面。

围墙始建于明万历年间（1573～1620 年），清咸丰年间补修。围墙依山势而建，东段和南段均以悬崖为屏而砌墙，全长 700 余米，高约 4 米，全用条石垒砌，至今保存完好。南、北两面各建有石拱门，南拱门保持原状，是当年防卫的实物见证。

武庙又称关圣庙，坐落于村口北寨门的屯墙内侧。庙里原供奉的是关羽像。关羽的"忠武"形象，为当地汉族和布依族人民共同敬仰。

为抢救保护镇山布依族文化遗存，使之在配合花溪区人民政府"以旅游为龙头"的社会经济发展战略中得以合理地开发利用，1993 年，省文化厅与花溪区文广局调查组对镇山的文化和自然遗存进行调查。同年 7 月，省政府正式批准镇山村为"民族文化保护村"。同年底省文化厅拨出专款对镇山民族文化遗产和寨容寨貌进行抢救性保护和整治。1995 年，经省政府批准，镇山村为省级文物保护单位，为了加强国际文化的交流合作，1995 年 4 月，省文化厅特邀中挪（威）文博专家到镇山进行考察，通过此次考察，中挪文博专家意向性地将镇山列入生态博物馆群的建设计划中。1998 年 4 月，挪威驻华大使白山先生到镇山考察。1998 年 10 月初，国家文物局、中国博物馆学会与挪威文博专家再次到镇山考察，此次考察正式确定将镇山列为中挪文化合作的国际性项目——贵州生态博物馆群之一。1999 年 3 月 16 日，挪威环境大臣古露·弗耶兰女士在北京和国家文物局局长张文彬签订了《关于中国贵州生态博物馆群合作意向书》。次日，环境大臣古露·弗耶兰率挪威国家文物局官员到镇山考察。

同年 4 月 23 日，挪威前首相、工党主席托尔比扬·雅克朗偕夫人在挪威驻华大使白山先生的陪同下到镇山考察。1999 年 9 月，青年博物馆学家安来顺先生受国家文物局和中国博物学会的派遣赴挪威起草《中国贵州生态博物馆群项目文件》，同年 12 月 9 日，省人民政府（黔府函 [1999] 286 号）批准建立贵州花溪镇山等三座生态博物馆，至此，花溪镇山布依族生态博物馆已纳入贵州的公共博物馆系列。

通过生态博物馆的建立，使镇山布依族文化生态和自然环境得以长期的保护，在城市现代化的进程中仍较好地保持着自身文化的个性和独特的文化面貌。为民族文化生态与自然的整体保护提供有益的经验，为研究民族文化学、人类学、民族学、生态博物馆学等建立基地，为配合花溪以"旅游为龙头"的发展战略注入活力，以生态博物馆的形式，展示新的文化面貌，同时提高了其在国际上的知名度。

（三）黎平堂安寨生态博物馆（侗族）

堂安生态博物馆是侗族文化的一个缩影。山寨地处黔、湘、桂三省毗邻地区的侗族南部方言区中心，距黎平县城 81 公里，与广西三江有国道和省道互相连接。它坐落在肇兴东边的"关对"山坳上，四面青山，峰峦叠嶂，阡陌纵横，梯田层叠。这里生态环境良好，田园风光独特。民居依山就势，悬空吊脚，井然有序，村寨空间布局合理。据侗族长者的口述资料，该寨已有 700 多年的历史。许多古朴典雅的实物留下历史上一道道的痕迹。村寨的干阑民居与寨门、鼓楼、戏楼、风雨桥、祖母堂、土地庙等村寨公共建筑彼此协调呼应，石板寨巷、石制瓢式自流吸水槽，石砌的水塘和水沟等公共设施，古意盎然。

堂安寨，是一个典型的侗族文化空间载体。堂安近邻的侗寨，有肇兴乡的肇兴大寨等 10 余个村寨，涉及方圆 10 余平方公里，1 万多人。1999 年 9 月 5 日，中挪奥斯陆协议正式确定建立堂安侗族生态博物馆，纳入中挪文化合作项目——贵州生态博物馆群之一。2004 年，在堂安

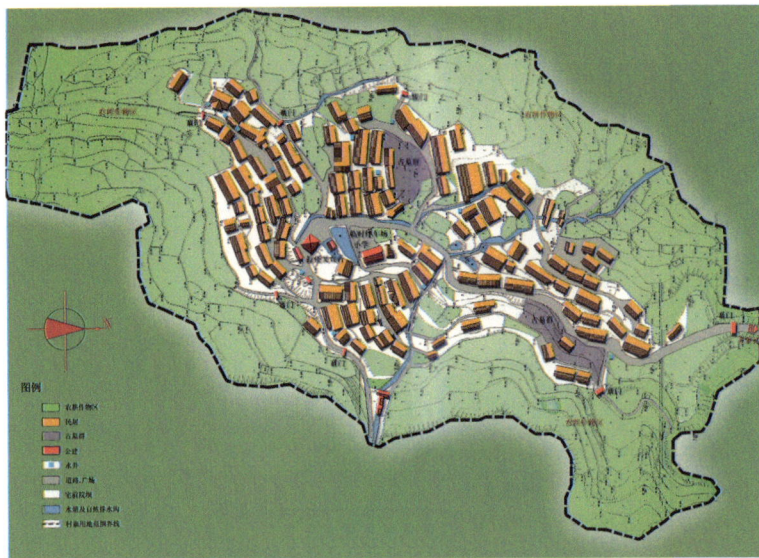

图 12-18　堂安寨总平面图

图 12-19　堂安寨内景

图 12-20　堂安干阑民居

建立了侗族生态博物馆资料信息中心，对该民族社区传统文化的本质特征及发展过程进行记忆保护，使该民族社区内独特的物质文化遗产和非物质文化遗产在动态的历史进程中得以储存、传承、延续和发展（图 12-18）。

于堂安村寨四周的一片片斜坡上，依山形坡度开辟梯田。田块大小宽窄不等，长短不一，初步统计有 1500 余丘块。侗民们就地取材，全部用青石垒砌田埂，弯弯曲曲，层层叠叠。山乡景色层层阡陌，春时块块明镜，夏时丘丘麦绿，秋来片片金黄，入冬斑斓多彩，形成了与自然和谐的田园风光。

堂安到处都有泉井，常年流量不变。其中，出自寨内鼓楼旁边的涌泉，经青石水槽流入石墩支撑的石瓢井中，再从左右凹槽中流出，只要提着水桶，就可自流汲水。该处清泉，顺沟穿寨而下，流入鱼塘，灌溉稻田。而那些吊脚楼民居、石板路、古墓葬群、古瓢井以及水碾、石碓、纺车等更是人类返璞归真的见证（图 12-19）。

干阑民居基本沿山体等高线平行布置，高低错落，疏密有致，形成了丰富的山脊天际轮廓线。民居均采取传统的干阑建筑形式，通长杉木柱穿枋构架，依山就势，悬空吊柱，自然组合，井然有序。干阑居民底层架空，堆放杂物、设置石碓或饲养牲畜，二层有宽廊、火塘和卧房，顶层阁楼可存放粮食。室内空间宽敞，家家都有的宽廊，平时作为纺纱织布，制作木器，编织筐篮，接待来客，纳凉用餐等生活功能。一些农户还将禾晾、谷仓建于寨边，与水碾、油榨房靠近，形成自给自足的家庭生活空间（图 12-20）。

寨中巷道，四通八达，皆以自然青石板铺墁，村寨共有 9 条出口通道与寨外相通，每一出口均建有寨门，形成开闭自如、内松外紧的村寨限定空间。寨门大小不一，形式多样，主入口寨门采用重檐歇山顶造型、三斗三升的如意斗栱装饰，彩绘双鱼、孔雀、凤凰等图案；其他次道寨门多为悬山顶，门栅牢实（图 12-21）。

于寨子中心，建有公众集会的鼓楼和鼓楼

图 12-21　寨中巷道

和雷公柱连接组成顶架。这种以穿斗结构为主，将抬梁和井干式结构融为一体的做法，使顶层檐口比楼身各层猛然升高，起到了突出表现冠冕的作用，成为我国古建筑法式之一绝。一根雷公柱、四根主承柱、十二根檐柱的结构方法，人们将其解释为一年、四季、十二个月，寓意"日久天长"。堂安戏楼，建于鼓楼坪西侧，为两层干阑式房屋，上层开敞，面向鼓楼坪，人们坐在坪子上就可观赏侗戏和歌舞表演。凡年节喜庆，侗戏开台，鼓楼坪上往往挤满了观众。

祖母堂，侗语称"萨堂"，是侗族崇拜女性祖先"萨"（祖母）神祇的传统宗教场所，建于鼓楼西北 20 米处的高坎上。祖母堂的正中间，用石块砌成直径 1 米有余的圆形祭坛，上植两株黄杨树，正中插一把红纸伞，围绕祭坛辟有米余宽的环行走道，供祭祀时绕坛行走。每年农历正月初八举行年祭时，都要重新卜选"登萨"。平时，由"登萨"管理门禁和扫除。在人们的心目中，"萨"是本寨本地方的主管神，有了她，人心凝聚，人丁兴旺，五谷丰登，六畜昌盛，风调雨顺，国泰民安 。

堂安寨内有两处古墓群，约有百余座古墓。据墓碑的记载和传说，堂安建寨已有 700 多年历史。墓碑工艺精湛，浮雕、镂空雕，比比皆是。

（四）锦屏隆里生态博物馆（汉族）

隆里古城位于黔东南州锦屏县的南部，距县城 45 公里，是贵州东部边缘茫茫林海中的一座明代军事城堡。这一地带为一片开阔的山间盆地，龙溪河从古城西边穿过盆地蜿蜒向北，良田千顷，阡陌纵横，四周群山环抱，浓荫覆盖，古城建在盆地北端，成为屯军的理想之地，古城也由此而始。社区居民多为明代楚王屯军守城常备军的后裔，分别来自河南、甘肃、江苏、江西、山东、福建等省，全系汉族，长期居住在城墙以内，很少与当地少数民族通婚，具有明显的汉族文化特征。很早以前，隆里被称为"蛮夷"之地，从隆里历史来看，其立所建成迄今已有 600 多年历史，古城始建于明洪武十八年（1385 年），是明代盛

坪，鼓楼是侗寨的吉祥物，可以扣住侗家人的心灵。堂安鼓楼为正方形平面，立面为九层重檐四角攒尖顶，通体施以装饰，与戏楼、鼓楼坪形成三位一体，凸显出侗族村寨的特征。鼓楼占地 60 平方米，鼓楼坪占地 80 平方米，均用石板铺墁。在侗家人的眼里，鼓楼被视为全寨政治、经济和文化活动中心，是整个村寨空间构成的灵魂。鼓楼构架，是以四根粗大的杉木做主承柱，用穿枋连接成一个长筒形的内柱环，俗称"圈档独"，意为源于农耕的"圈栏"构建方式；再利用逐层向内收分的梁、枋和檐柱、瓜柱支撑层层出挑的屋檐，构成横穿直套、互相依扯的柱、枋网络。檐柱有 12 根，用穿枋连接构成鼓楼的外柱环，排列构成等边的鼓楼平面。攒尖顶的斗栱，顶部结构是在主承柱上架梁支撑雷公柱，利用斗栱铺作的井干式枋架承载瓜柱，再用穿枋将瓜柱

图 12-22　隆里生态博物馆总平面图

行的军事制度——卫所制的遗存，也是明代以来中央政权强化对边远地区统治和中原文化向边疆少数民族地区渗透的产物。古城民居建造精良，街道布局巧妙，至今完整地保存着明清时期的军事防御体系和民居建筑群。1999 年 9 月 5 日，根据中挪奥斯陆协议被纳入中国与挪威文化合作项目——贵州生态博物馆群之一（图 12-22）。

隆里古城沿袭了中国古代造城的惯例，整体轮廓近似四方形，本地俗称"浮萍形"。登高俯瞰，古城处于盆地中间，犹如宽广水面上的一朵浮萍。民居布局依山临水，整体轮廓与所在地形、地貌、山水等自然环境十分和谐。

古城设东西南北四道城门，并设城墙、护城河、护城壕围护，多年来，由于城墙几近倒塌及城河、城壕被阻塞、填埋，古城规模范围逐渐向外扩展，但内部格局依然变化不大。

1. 隆里古城的布局与特色要素之一——城防体系与街道

明朝政府采用"高筑墙，广积粮"的统治政策，出现了继汉、唐后的第三次大规模的地方城市的营筑高潮，由于明清以后城墙营筑已广泛采用砖石修筑或土垣包砖，其防御能力和经受风雨侵蚀的能力有了大大提高。隆里古城，就是在这样的历史条件下诞生，属于明代修筑、清代拓补的遗存（图 12-23）。

图 12-23　隆里古城

隆里古城在选址、筑城、内部空间布局等方式上，传承了中国传统城市尊重自然环境的"相土和形胜"观的基本思想。当时的古城选址一方面充分考虑军事防御的因素，另一方面以中国传统风水理论为指导，强调人居与自然生态环境的和谐统一，具有完备的生产生活条件。将山川地貌与城相联系，以山为刚，水为柔，形成了"以形示气、道在气先"的独特价值取向，故有"城于山，则寇不入，可长保安逸"的记载。古城布局形成北踞山、南面水、四周山环水绕，并有足够农业用地的格局。由于地处黎平与锦屏的咽喉要道，背靠高山、面朝平地、进可攻退可守，因此具有明显的防御功能。明天顺元年（1457 年），其城以卵石砌筑，设东南西北四道城门，东门称"清阳"，南门称"正阳"，西门称"迎恩"，北门闭而不开，另于东北角开一道便门出入，在中国古代历朝由于多受来自北方地区的侵扰，使之具有一定北方外患的心理，在这种心理影响下，逐渐演变为一种风水观念，而应用在城池的构筑与布局上。城门上都设有戍楼，架设炮台，供战时守哨、瞭望之用，后将戍楼改为"鼓楼"具有祀神之功能。城墙外有城壕，城壕上有吊桥，出城开门架桥，进城收桥关门，最外层设护城河，河上架石桥，称护城桥。不难看出，中国古代城市中由"城墙环抱，四面设门，门内立神守卫"的布局模式在隆里古城也得到了印证。在古城的城防体系中，城墙，城壕起到重要的军事防御屏障作用。夯筑城墙和挖掘城壕常常是同时进行，挖壕所得的泥土，就用来筑墙，壕挖得越深，城就筑得越高，一正一负构成双重的防卫体系。同时，每个城门又在门洞前方筑有一堵直角围墙，出城门后需转 90 度弯再出一道门才到达城外，形似于翁城结构俗称"勒马回头"的设施。这种明通暗塞，暗通明阻，虚实结合，更进一步加强了其守御能力。

城内以千户所旧址为中心，有明显的东西轴线及中心结合点，东西南三条主街，形成了丁字形街道结构，成为古城的主要道路骨架，重要的衙署等建筑布局于丁字街口。衙署坐北朝南，具备较强的安全感，如北门不开、后背无患。从风水防御角度考虑，街道的错接，具有"固气"、"避灾去邪"和利于防御的意义。

古城的防御体系，设计精密，除城墙、护城河外，街巷交叉，避"十"就"丁"，因为"十"与"失"谐音，为军事城池所忌讳。"丁"则寓意人丁兴旺，城池永固。同时，丁字路口可造成街巷错综复杂，利于巷战。北门大街，有意不与东西主街相通，只有一条极为隐蔽曲折的巷道相连，并通往城外，一旦发生战争，可用于战时转移人员。三条大街，又分出六条巷道，条条街巷又把整个城区划分为相对独立的九个居住区域，也就是当地俗称的"三街六巷九院子"。城内共有大街小巷 20 余条，规划构成独道，街道以卵石铺面，镶嵌各种动物图案，以蜈蚣图案居多，并设有内环城路，可通绕全城。

2. 古城的特色要素之二——民居

民居的平面布置自外而内，多为前屋、正屋、后屋的格局排列。每一进深房屋均以四合天井相接，四合天井略低于台基，第一进院落的天井底层两侧布置为厢房，面对天井布置正屋，两侧厢房作杂物间及厨房使用，二层部分作为住所；第二进的合院位于第一进的正屋后，又是一四合院，房屋功能布局与前院大体相似；第三进的庭院则建筑三面围合，正对后墙上开有一门洞。与后院相通。后院功能作为宅第的菜园或花园。宅第的后院设有的户户相通的后门或侧门，便于战时通风报信及转移。所有房屋均为木质构造，结构精巧，堂屋窗格鱼虫鸟兽镂雕，惟妙惟肖（图 12-24 ～图 12-26）。

隆里当地的居民大多来自江南，以安徽、江西居多，其建筑造型、艺术手法均具有明显的徽派建筑特色。民居的基本单元为二层穿斗木结构建筑，一般通阔(面宽)为10米左右(即三"开间")，进深16米左右，每进有一个天井，以作采光通风。屋顶人字坡形，上盖小青瓦屋面，外围砖墙或泥石墙，天井青石铺地，设有青石防火水缸，雕凿

精美，龙蟠螭护。墙基垫条石，墙体为马头山墙，
装饰精美，富有生气。屋檐出水采用"双重脊檐"
形式，向外挑出约 30 厘米，披檐镶嵌在灰白色
砖墙上，显得清新活泼。宅基均高出街面约 1 米，
门前设有三步青石台阶，两侧设护座石，开八字
形大门，门框上下槛及左右立柱用料石制作，门
框上方有匾额，彰显着主人的郡望或家风。古城
的民居、祠堂一律用优质杉木建造，窗格木雕精
细，梁头枋头等木制构件雕有各式图案，以象鼻
形枋头最为普遍。室内家具装饰典雅，设有神龛、
桌椅、撑凳等。现存古建筑，以陶家大院、科甲第、
武举第和两座王氏宗祠（所王和西王）最为完整
和典型。在饮食、穿着、习俗上至今还保存着浓
厚的汉文化特色，尤其以舞龙文化历史悠久为甚。
其龙灯制作精巧，表演活灵活现，气势宏大，独
具魅力，民间汉戏、迎故事、玩蚌壳等更具民族
特色。

图 12—24　民居山墙

图 12—25　古城民居局部

图 12-26　隆里古城民居

第七节　民族村镇保护与再生的启示

多年来的工作实践，对于民族村镇的开发与利用，保护与再生，认识过程也在不断深化，争论的焦点是对传统民族村镇能否进行旅游开发。笔者认为，民族村镇是一种宝贵的文化资源，各地可以结合省情、县情，将村镇保护与经济建设和西部大开发战略接轨，与发展旅游结合起来，带动第三产业、农副产品供应和消费品工业的发展，可以成为民族村镇新的经济增长点，可以成为群众脱贫致富和村镇再生的重要途径。

但是当前规模失控是民族村镇开发利用的一大顽症，一些地方由于过度开发常常带来适得其反的效果，这类例子全国不在少数，致使我们的保护进程始终赶不上"破坏性建设"速度。由此说明民族村镇保护与利用涉及面广，影响因素多，情况复杂，稍有不慎，就会造成无法挽回的损失。因此，必须用历史的、现实的、发展的、超前的、长远的思路综合考虑民族村镇保护问题，制订规划。保护什么？如何保护？都必须经过充分的论证，在此基础上编制完整的保护规划，使民族村

镇的保护纳入到法制的轨道。

同时，保护不能单纯地理解为对文物的保护，也不能理解为对某些文化事项的保护，而应当看作是对民族文化系统传承与发展的保护。民族村镇保护能否取得成效，除法规制定及大量具体操作之外，还必须对这项保护活动的意义有清醒认识，特别是在当前，在无数建设性破坏带来巨大损失的时候，这种认识尤其显得重要。在文化遗产保护中要注意处理好 3 个重要关系，即花钱与"赚钱"的关系，权属、权益、权重的关系，职能机构在文化遗产保护与利用中的权力分配关系。

总之，民族村镇的保护和再生是文化与经济的有机结合，是两个文明建设的有机结合，做好这项工作需要统筹协调，形成合力，对于文化资源的利用，切忌目光短浅，那种只顾眼前经济利益，忽略长远影响，或者盲目无限制消费、损耗，对这类不可再生资源不注意保护，都是错误的。和谐是对民族文化最好地保护，只有实现了和谐有序地利用，做到在保护中合理利用，才能使在更高层次上实现统一，历史的脉络才能世代延续。

第十三章　贵州新农村民居建筑方案实例

　　为适应新农村建房的需要，帮助农民建设美观适用，建筑形式多样，具有特色的住房，以及适应旅游发展、保护黔东南民族建筑传统，贵州省建设厅组织编制了"贵州新农村民居建筑方案图集"。通过对方案的推广应用和组织试点实施，着重改善和提高农民居住水平及卫生条件，满足基本功能，做到设施基本配套，考虑人畜分离，设沼气池等要求。

　　该图集特点是，适宜性强，尽管只包括苗族、侗族住宅方案各两套，但"弹性部分"提供了多样选择，这种灵活性不仅能够满足当地农民的建房能力，更体现出对文化差异的认同，使得人们在多样化的生态环境中拥有多样化的生活选择。

第一节 方案平面空间构成分析

该方案最大特点是平面设计有"弹性可变部分",它可提供使用者的灵活选择和互换,以满足不同农户使用的需求(表13-1、表13-2)。

苗族民居空间构成分析表
表13-1

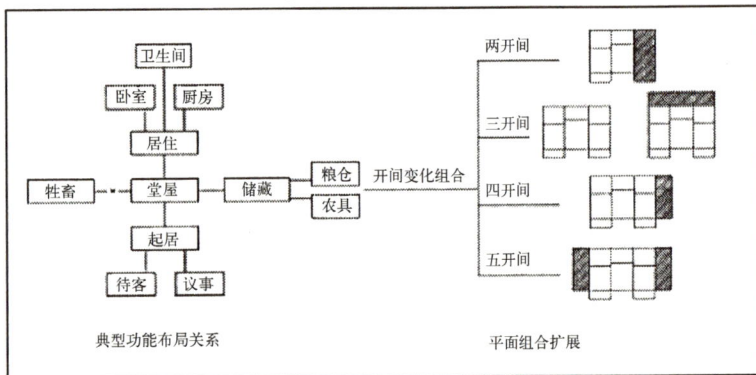

典型功能布局关系　　　　平面组合扩展

侗族民居空间构成分析表
表13-2

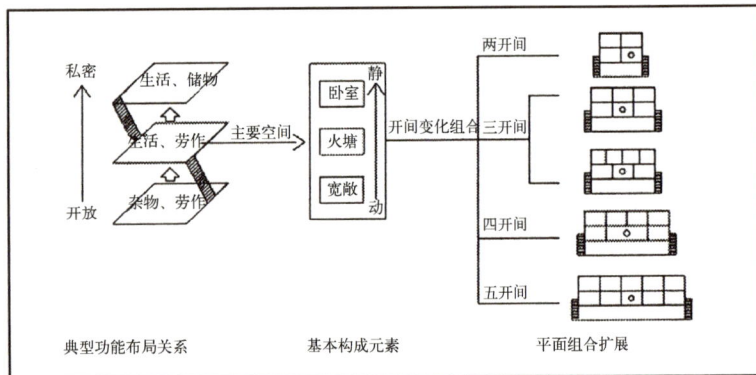

典型功能布局关系　　基本构成元素　　平面组合扩展

各户型的建筑面积表(平方米)
表13-3

名称	宅基地面积	总建筑面积	一层建筑面积	二层建筑面积
苗一	136.10	225.92	117.82	108.10
苗二	114.40	176.70	83.20	93.50
侗一	129.20	206.74	108.85	97.89
侗二	105.60	186.56	96.46	90.10

注:敞廊面积折半计算

第二节　建筑面积标准

该图集基本户型的建筑面积分别为176.7~226平方米(苗),206~186平方米(侗),农户可根据自身经济条件,在基本户型或弹性可变部分中任意选择适合的户型平面建造(表13-3)。

第三节　建筑材料

房屋的主要材料是石料、木材和屋面材料三大类,均系就地就近取材。

1、石料:常用的有毛料石、粗料石。石料主要用于屋基、堡坎等部位。砌筑基础、堡坎多为干砌或用石灰砂浆砌。

2、木材:房架的柱、枋、板、檩均用杉木制作,对柱和瓜柱材料的要求是相对竖直。柱和瓜柱以保证承接桁檩要求;桁檩以控制其挠度要求;楼楞以保证有足够的刚度要求,楼楞的顶部应与同层的斗枋标高相一致。

3、屋面材料:屋面椽皮用杉木制作,钉于檩条上。屋面采用小青瓦。

第四节　木构架构造

一、构架要点

1. 构架由柱、瓜柱和穿枋等组成。

2. 柱的径高比一般控制在1:30~1:44之间。

3. 瓜柱是为满足柱间檩条支点而设置,同时还起控制横向位移作用,瓜柱柱径200毫米。

4. 穿枋是为满足层间的柱与瓜柱联系的需要,穿枋宽度60~80毫米,高度170~300毫米。

5. 斗枋是构架之间的联系梁,是为了控制纵向稳定和整体牢固,断面宽度40~60毫米,高度150~200毫米。

6. 地脚枋起控制柱距、稳定柱脚和镶嵌墙板等作用。

7. 檐柱和边排屋架柱一般按高的1%向内倾斜（称向心）（图13-1）。

二、屋面要点

1. 屋面排水坡度采用五分水，并由桁檩、椽皮和小青瓦组成。

2. 桁檩的断面尺寸与开间有关，该图集选用的梢径不小于120毫米，檩距在剖面图表示。檩的拼装除要求牢固、稳定外，还需控制水平度，根径与梢径相差较大时，需采取削平、加垫和接头等找平处理。

3. 椽皮用杉木制作，厚度30毫米，间距中轴到中轴200毫米，青瓦搭接为1搭2.5。

三、楼楞与楼板要点

1. 楼楞：楼楞的断面为矩形或圆形，断面尺寸及间距同桁檩。楼楞标高的控制需与斗枋顶

部一致，便于楼板铺装平整。

2. 楼板以企口缝或错口缝铺装，板厚25～30毫米。

第五节 室外重点装修部位的装饰

黔东南农房的前立面为重点装饰部位，特别是在廊栏和柱饰上。廊栏的装修为立柱式和图案式等数种花饰。敞廊的栏杆、柱端的花饰应同屋檐、装饰纹样相配，以显示苗族、侗族民居特有的装饰风格。有关吊柱、腰门、窗花、美人靠栏杆、屋脊装饰，以及材料选用示例等，均列入图集的"弹性可变部分"，住户可根据自己的经济状况随意选用。

第六节 方案图摘选（图13-2～图13-17）

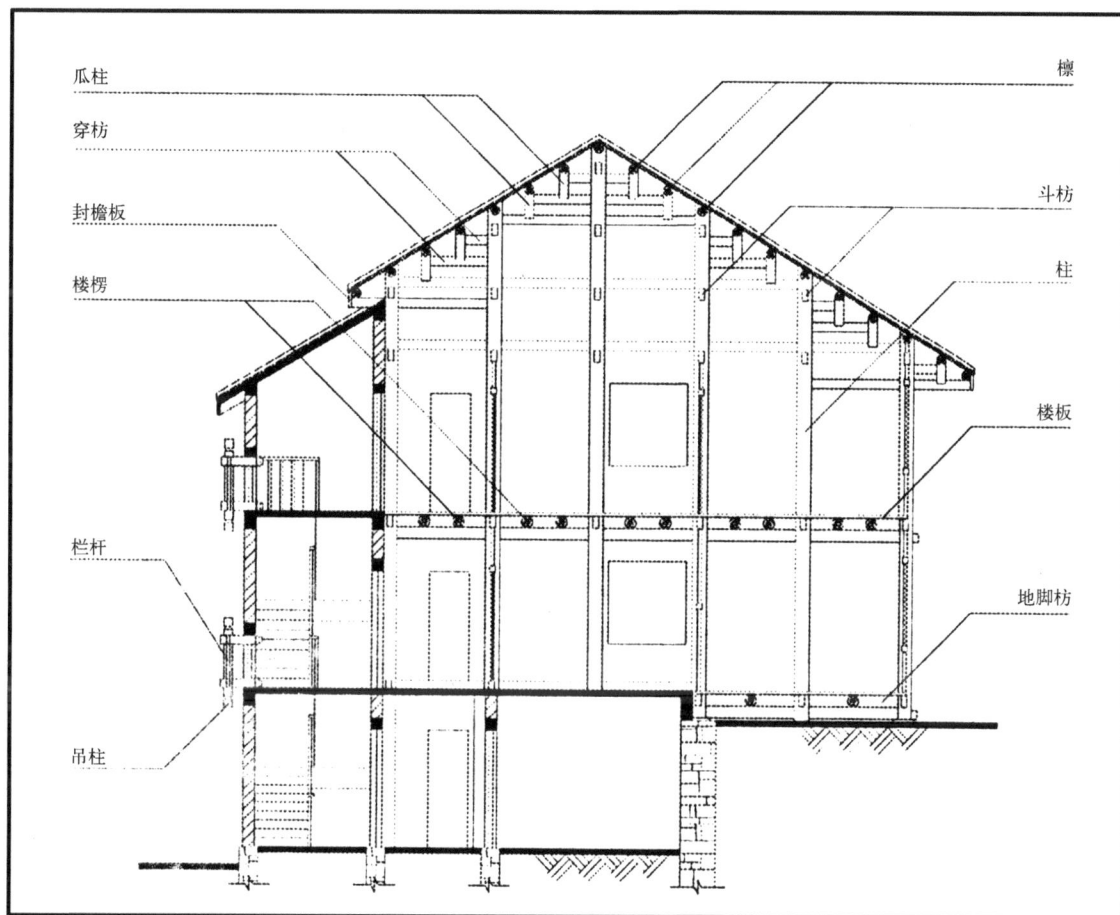

图 13-1 侗族民居构架

立面组合示意

| 苗一方案 | 立面组合一型 | 立面组合二型 | 立面组合三型 |
| 苗二方案 | 立面组合二型 | 立面组合三型 | 立面组合四型 |

图13-4 苗族民居方案立面组合

平面组合示意

总建筑面积：188M²	总建筑面积：172M²	总建筑面积：136M²	总建筑面积：126M²
苗居标准平面1	平面组合一型	平面组合二型	平面组合三型
总建筑面积：162M²	总建筑面积：146M²	总建筑面积：136M²	总建筑面积：128M²
苗居标准平面2	平面组合一型	平面组合二型	平面组合三型

图13-2 苗族民居平面组合图

立面组合示意

| 侗一方案 | 立面组合一型 | 立面组合二型 | 立面组合三型 |
| 侗二方案 | 立面组合一型 | 立面组合二型 | 立面组合三型 |

图13-5 侗族民居方案立面组合

平面组合示意

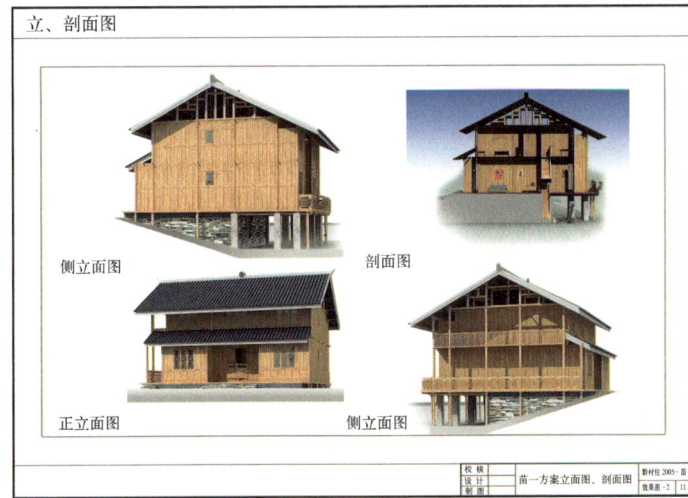

总建筑面积：188M²	总建筑面积：172M²	总建筑面积：136M²	总建筑面积：126M²
206.74M² 侗居标准平面1	169.20M² 平面组合一型	169.20M² 平面组合二型	131.66M² 平面组合三型
总建筑面积：162M²	总建筑面积：146M²	总建筑面积：136M²	总建筑面积：128M²
186.56M² 侗居标准平面2	154.63M² 平面组合一型	110.37M² 平面组合二型	169.10M² 平面组合三型

图13-3 侗族民居平面组合图

立、剖面图

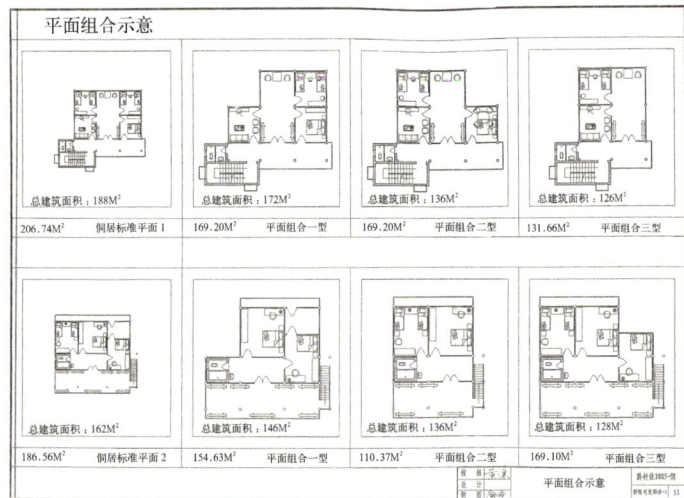

侧立面图　　　　剖面图

正立面图　　　　侧立面图

图13-6 苗族民居方案立面组合

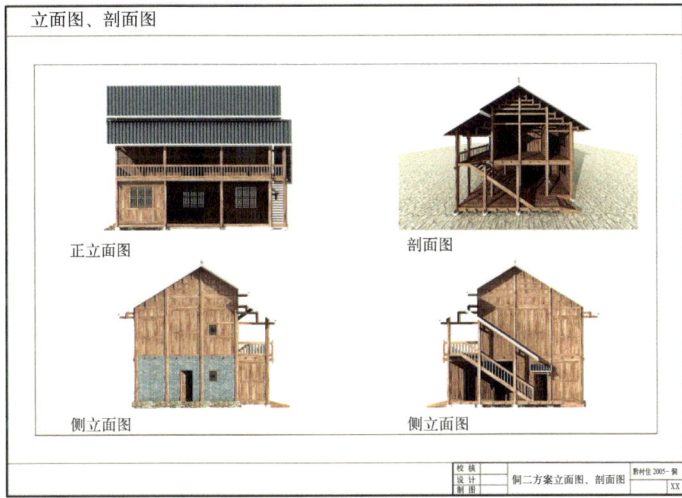

图 13-7　侗族民居方案立面组合

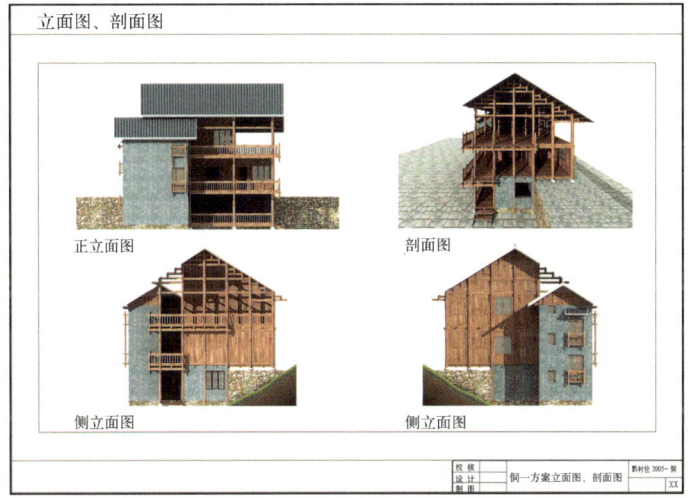

图 13-9　侗族民居方案立面组合

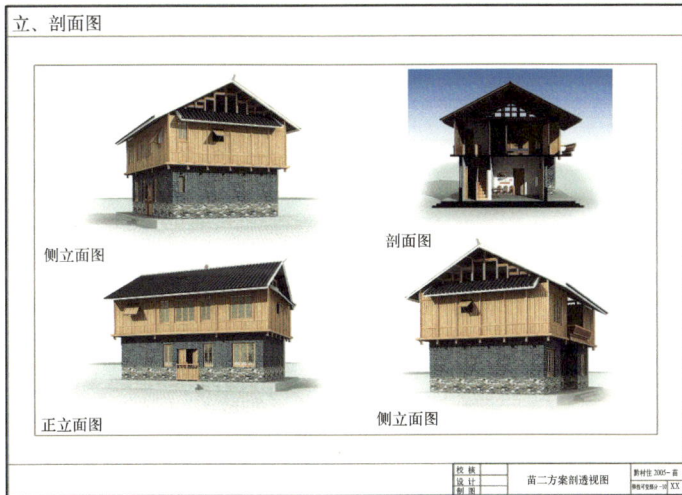

图 13-8 苗族民居方案立面组合

图 13-10　苗居方案透视图 1

图 13-13 侗居方案透视图

图 13-11 侗居方案透视图

图 13-14 苗族民居方案总图示意

图 13-12 苗居方案透视图 2

图 13-15 侗族民居方案总图示意

图 13-16　建 设 中 的 新 村 1

图 13-17　建 设 中 的 新 村 2

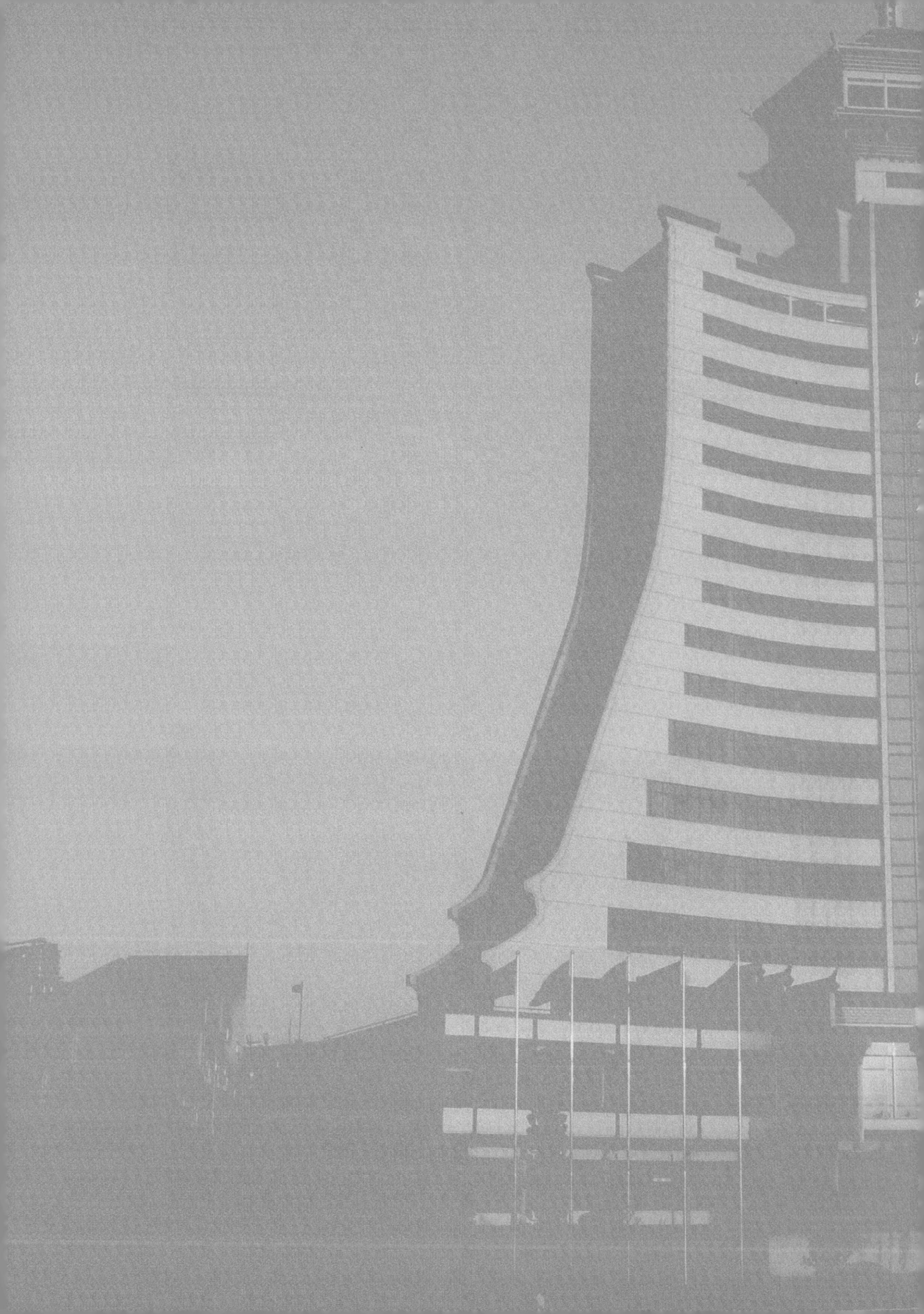

第十四章 山地民居文化对建筑创作的影响

　　地域性建筑应体现地域文化的连续性，不同地区建筑文化特色不同。地方民居是我们创造新的地方风貌的源泉之一，也是我们自身拥有的雄厚的多元文化资源，我们需要研究其意识特征，找出符合时代要求的可持续发展的路子。尊重地域文化传统，又必须立足当代，面向未来。

这些年来的"贵州民居"研究不仅取得阶段性研究成果，与此同时，贵州建筑师也立足本土，结合贵州当地特有的历史、文化和自然环境，在创作的工程项目中，对新地域主义建筑理论与实践不断地进行探索。这是因为现代主义的地区化、地区建筑的现代化是历史的必然。今天所说的地域性，是在现代化进程中对延续地域文化的追求。从创作的角度而言，就是从理性的和感性的认知出发，向往、回忆或重新建立起新的起点，力求创造具有地方特色的、有形象特征的建筑，取得时代形象和标志形象。

地域性建筑应体现地域文化的连续性，不同地区建筑文化特色不同。地方民居是我们创造新的地方风貌的源泉之一，也是我们自身拥有的雄厚的多元文化资源，我们需要研究其意识特征，找出符合时代要求的可持续发展的路子。尊重地域文化传统，又必须立足当代，面向未来。

多年来在创作实践中深切体会到，建筑文化地域性的本质特性是包含"因地制宜、因题而异"这两方面内容。"因地制宜"是考虑项目的外部条件和各种背景关联情况，就是对建筑所处的自然环境、社会文化、经济及技术条件等诸要素进行研究和分析，并找出解决问题的途径；"因题

而异"是从项目内涵上作深层次的研究发掘，准确把握项目性质和定位，将其融入建筑创作的氛围之中，使设计既能体现地域文化的历史延续，又能阐发出地域文化的崭新特征。

探索的过程是对延续地域文化的追求过程，是寻求地域传统文化与时代发展结合的过程，是学习借鉴传统民居文化尊天地、重人本、讲亲和的唯物辩证思想、意念表达；也是探索传统思维与现代思维，传统技术与现代技术，传统审美与现代审美意识的结合的过程；使蕴藏有贵州地域文化精髓的山地民居文化融汇到现代建筑创作之中。这里，用近年来建筑创作的部分实例加以说明。

1."花溪迎宾馆"体现尊重环境的设计理念和因山就势的山地特色。建筑根据不同高程，采取吊层、错层、局部架空、地下地上结合等布置手法，达到降低高度，减小体量，丰富空间层次，节省土石方量的目的，使环境植被最大限度得到保留。设计突出体现了具有地域文化和时

图 14-1　地域文化与时代精神融合

图 14-2　形似干阑吊脚

图 14-5 体现建筑与自然和谐的民居理念

图 14-3 具有贵州民居神韵的花溪迎宾馆

图 14-4 空间体现地域文化内涵

代精神融合的建筑空间，构成宾馆建筑的地方特色。室内设计注重民族民间传统文化的体现。外部建筑形象吸取贵州地方民居的神韵，体现地域文化内涵，并运用现代建筑语汇表达。局部采用石材体现材质纹理，悬挑的形体类似干阑吊脚，以全玻璃门窗、局部阳台，以及山墙构架形成虚实对比。建筑立面形象显现标志性、识别性。宾馆新地域主义风格源渊来自于贵州山地民居（图14-1～图14-4）。

　　2.“织金洞接待厅”设计中，力求体现建筑

与自然和谐，建筑与自然共生的设计思想。设计采取依山就势，屋顶覆土植草，立柱采用粗料石砌筑，建筑材料完全取材于当地的自然山石，从而取得了建筑与山地自然环境的和谐。建筑内部空间保留了几组原有地貌的奇异山石，使自然景物直接点缀于建筑之中，达到自然简朴、粗犷别致的空间效果。大厅的图腾柱，用彝族文字雕刻了“天上七十二星宿”的名字，虽然着墨不多，足以反映出贵州地域文化的特征（图14-5）。

　　3.“贵阳龙洞堡机场航站楼”、“荔波及铜仁支线机场航站楼”设计，除了体现空港的现代、快速、快捷通畅外，更多地表现出朴素大方、空间简洁、明快。贵阳候机厅空间隔断采用绘有贵州风景及地域民族风情的图案，还有以遵义会议会址和黄果树瀑布为特色题材的大幅壁画，以及传统民风、民俗及地域景观为题材的彩绘玻璃装饰。荔波、铜仁两机场候机楼分别取材于瑶族民居的“二滴水”重檐和“叉叉房”而创作，较好地体现了地方文脉和民族特色（图14-6、图14-7）。

　　4.“北京人民大会堂贵州厅”室内设计，构思立意为“迷人的山国”。以“山国”作为地域特色的构思基础。根据立意构思的“基本单元”，下部以山做文章，寓意贵州是以高原山地农业经济为基础的基本省情；上部是一组吊脚楼变形符号，由楼层与吊脚两部分组成，吊脚又与山字墙裙相连，寓意为“山坡住民”，细长的吊脚，也较好地解决了室内净空较高的构图比例。“基本单元”的整体内涵是：隐喻世居在贵州高原山区各族人民悠久的历史和光辉灿烂的文化。且突出以“山”字为基础，以石为基调，取传统居民的形象语言作符号，以简洁的手法，体现构思的主题和内涵。细部设计点缀民族工艺饰品，烘托环境氛围，体现地域特色（图14-8～图14-10）。

　　5.“黄果树演艺中心”是地域文化结合现代结构技术理念的一个建筑设计。设计中对建筑理念、结构技术、材质运用、传统文化的发掘以及功能和建筑效果诸方面，进行了探索。

图14-6　运用瑶族“二滴水”重檐元素

图14-7　运用“叉叉房”元素

图 14-8　民族形象语言的表达

该项目设计理念力求体现：（1）建筑与山体融合；（2）"屯堡文化"的现代诠释；（3）体现建筑本身的动感与时代性。设计的建筑立面以褐色木质感观材料作支撑和柱头，以石质感观材料作弧形外墙，同时配以现代感强烈的玻璃材质，使建筑造型和质感，既具传统"屯堡文化"的内涵，又充分体外观效果，并给人耳目一新的感受（图 14-12）。

6. "黔东南州体育场"是黔东南苗族侗族自治州可容纳 2 万观众的乙等田径比赛场地，工程项目位于凯里市。建筑造型吸取侗族建筑特点，于看台后部设计有一圈回廊，形似侗族风雨桥，主入口采取中国传统牌坊并结合侗族鼓楼多重檐造型，层层后退，建筑细部以垂花吊柱等细部构件装饰，使建筑外观极富当地民族地域特色。584 米长的走廊，是当今最长的风雨廊（图 14-13、图 14-14）。

7. "贵州民族文化宫"位于贵阳市人民广场东区，主楼为 24+1 层的塔式高层建筑，两旁配楼对称设置，主楼、配楼、塑像共同加强了广场主轴线的重心所在。平面呈三叉形，使三叉体的三个立面轮廓构成"山"字形，隐喻贵州云贵高原的地理内涵。构思上汲取了贵州侗寨鼓楼轮廓曲线的神韵（图 14-11）。

曲线体型与现代材料、结构综合运用，体现时代感。设计细部、色彩等方面，追求丰富而浓厚的贵州民族味和文化味，以体现山地民族建筑的个性特色。

建筑地域探索的道路永无止境。它源于尊重环境、尊重文化，是现代化进程中对延续地域文化的追求过程，是对传统与现代双向探索和不断融合的过程。从贵州近年来创作的部分实例，不难看到，这些作品，都是受到了贵州地区历史建筑文化和自然环境的影响，不难看到贵州的建筑师，在民居研究的基础上，也在不断对新的地方建筑文化和艺术表现进行探索，而且从这些作品中还能看到，地方民居的文化观念，已经有形无形地影响到作者的创作素质上来。虽然这种探索还不怎么显眼，它却蕴含着深刻的内涵。这种有意识的创作活动，体现了一种地区精神和民族精神，可以说是认识上的精神表现。当今人们在追求生活的多样性，社会现象的多元化，也要求建筑形式的多元化。地方民居的深层底蕴，会增添人们情绪的多样性。因此，我们应该让地域文化以新的活力和魅力，走出一条适合自身条件的"殊途"，推动当今建筑创作的繁荣，使中华民族找到失去的精神家园和自己的"根"，再创我们美好的未来。

图 14-9　地域特色的室内设计

图 14-10　地域特色的形象符号

图 14-11　借鉴侗族鼓楼造型

图 14-13　黔东南州体育场

图 14-14　黔东南州体育场

貴州黄果樹新城會議中心

具合圖

設 計 理 念 :

1,建築與山體的融合。
2,屯堡文化的現代詮釋。
3,建築本身的動感具時
　代感的體現。

貴州省建築設計研究院.2005.12.2

14-12 "屯堡文化"的现代诠释

主要参考文献

[1] 贵州省情（修订本）编委会.贵州省情（修订本）.贵阳：贵州人民出版社，1992.

[2] 贵州省地方志编纂委员会.贵州省志——建筑志.贵阳：贵州人民出版社，1999 年.

[3] 贵州省文化厅.贵州文物精华.贵阳：贵州人民出版社，2006.

[4] 中华民族建筑编写委员会.中国民族建筑（第一卷）.南京：江苏科学技术出版社，1998.

[5] 贵州侗族住居调查委员会.中国贵州干阑住居和村寨——黔东南侗族及其周边.（日）东京：住宅建筑，1990 年 4 期.

[6] 贵州侗族住居调查委员会.关于贵州侗族干阑住居和村落构成的调查及研究.（日）东京：住宅总合研究财团（住总研）.研究年报 18 卷 .1991.

[7] 贵州侗族住居调查委员会.苏洞——贵州侗族的村寨和生活.（日）东京：住宅建筑，1993 年 4 期.

[8] 西秀区人民政府.屯堡文化研讨会交流资料.安顺.屯堡文化活动周西秀区领导小组办公室 .2005.

[9] 何积全等.苗族文化研究.贵阳：贵州人民出版社，1999.

[10] 韦启光等.布依族文化研究.贵阳：贵州人民出版社，1999.

[11] 冯祖贻等.侗族文化研究.贵阳.贵州人民出版社 .1999.

[12] 杨昌鸣.东南亚早期建筑文化特征初探——我国西南地区与东南亚地区建筑文化形态若干问题的比较研究.南京：东南大学博士学位论文 .1990.

[13] 刘芝凤.中国侗族民俗与稻作文化.北京：人民出版社 .1999.

[14] 罗德启，金珏，谭鸿宾等.贵州侗族干阑建筑.贵阳：贵州人民出版社，1994.

[15] 戴复东，罗德启，伍文义.石头与人——贵州岩石建筑.贵阳：贵州人民出版社，1989.

[16] 黄才贵.日本学者对贵州侗族干阑民居的调查与研究.贵州民族研究 .1991 年 2 期.

[17] 李先逵.贵州的干阑式苗居.建筑学报，1983 年 11 期.

[18] 余卓群.山地居民空间环境剖析.建筑学报，1983 年 11 期.

[19] 张　民.贵州少数民族.贵阳：贵州民族出版社，1991.

[20] 邓敏文."萨"神试析.贵州民族研究，1990 年 2 期.

[21] 罗德启.侗寨特征及侗居空间形态影响因素.建筑学报，1993 年 4 期.

[22] 罗德启.贵州布依族的石造建筑.东京：住宅建筑，1993 年 4 期.

[23] 罗德启.石头.建筑.人——从贵州建筑探讨山地建筑风格.建筑学报，1983 年 11 期.

[24] 罗德启.中国贵州民族保护和利用.建筑学报，2004 年 6 期.

[25] 贵州省民族村镇保护与建筑联席会议办公室.贵州民族村镇.内部资料，2005.

[26] 贵州省建筑设计研究院.贵州省农村住宅图集（黔东南分册）——苗族、侗族.贵阳：贵州省建设厅，2005.

后　记

　　翻开 1982 年和戴复东院士在贵州安顺地区一起进行石建筑考察时的照片夹，二十多年前的往事又一一再现。在二十多年里，曾多次跋山涉水，到贵州少数民族山寨进行考察、调研、测绘。还与贵州学者谭鸿宾、金珏、黄才贵等先生以及日本学者田中淡、浅川滋男教授等共同研究贵州干阑建筑。多年积累的资料，终于通过本书整理出版，由此感到十分欣慰，与此同时，也解除了写作当初的压力。在撰稿即将结束的时刻，用语言难以表达我内心的激动。

　　一年来，虽然我的业余时间基本都投入到写作之中，但是从劳累中能够体验到快慰。这一年写作期间，由于身体原因，曾三次住院治疗，经过医院医生，特别是在爱人陈时芳的精心护理和关心下，每次终将转危为安。此间也曾得到贵州省建筑设计研究院领导和许多同事、朋友以及中国建筑工业出版社李东禧主任和唐旭编辑专程来贵阳看望，对于同志们的关爱和真情，在此表示衷心感谢。因此本书的出版，理应与朋友们一起分享愉悦。

　　因编写"千年家园"一书，在谭晓东、董明先生后期补拍的照片中，本书选用了一些。此外，本书还吸收了参考文献中因不知地址，无法联系的专家、学者们的研究成果，在此一并表示真诚的感谢和歉意。

罗德启

2008 年 7 月 18 日于贵阳

作者简介

罗德启，江苏人，1941 年生，1965 年毕业于东南大学建筑系建筑学专业。现任中国建筑学会副理事长、贵州省建筑设计研究院总建筑师、国家特许一级注册建筑师、教授级高级建筑师。

长期从事建筑规划、设计及管理工作，历任院技术室副主任、副主任建筑师、副总建筑师、副院长、院长、总建筑师等职，主持参加过规划、工程设计、科研项目计 70 余项，并有 21 项工程 32 次获奖。其中《花溪迎宾馆》、《贵阳龙洞堡机场候机楼》、《贵州省图书馆》、《北京人民大会堂贵州厅室内设计》、《织金洞接待厅》、《青岩古镇保护规划》、等工程项目曾先后获国家优秀工程设计铜奖、省优秀工程设计一、二等奖、省科技进步奖及省科学大会奖等奖项。

他主张建筑创作应立意于建筑环境，认为山地建筑的重要属性在于围绕起伏的地貌环境做文章；主张吸收借鉴民居的思维方式和构思技巧，运用其建筑文化特有的标志性和识别性，作为当代建筑创作多元化的补充与借鉴；他认为建筑师不仅要能追踪、感应时代气息，还应该不断注意自我修养。

出版的著作有：《21 世纪贵州城市与建筑》、《石头与人——贵州岩石建筑文化》、《新型住宅设计》、《贵州侗族干阑建筑》、《老房子——贵州民居》、《中国民族建筑——贵州篇》以及作为《中国传统民居建筑》、《20 世纪中国建筑》、《中国民族建筑艺术全集（第四卷）》、《中国建筑评析与展望》、《建筑的盛宴——建筑师眼中的欧洲建筑之美》、《建筑百家谈古论今》等书的撰稿人。在《建筑学报》、《时代建筑》、《新建筑》以及柏林"国际城市文化协会"论文集、日本《住宅建筑》、《建筑杂志》、《日本住宅财团研究年报》等国内外学术刊物发表论文 75 篇。

他被人事部授予"国家级有突出贡献的中青年专家"、享受"国务院特殊津贴"，曾荣膺"全国优秀勘察设计院院长"、"建设部劳动模范"、"贵州省建设系统优秀建设者"等荣誉。为"贵州省四化建设标兵"、省"五一"奖章获得者。被省委、省政府命名表彰的首批省管专家，被建设部授予《全国建设创新工作先进个人》及首批"贵州设计大师"荣誉称号。

《中国百名一级注册建筑师作品选》、《建筑巨匠集——当代中国著名特许一级注册建筑师作品选》、《中国建筑师》、《中国当代著名建筑师作品选》等书籍专门介绍有他的情况和作品；有关报刊媒体也专门报道有他的特写和专稿。